JN233218

現代非線形科学シリーズ　11

2点境界値問題の数理

理学博士　山本哲朗 著

コロナ社

現代非線形科学シリーズ編集委員会

編集委員長　大石　進一（早稲田大学教授・工学博士）
編 集 委 員　合原　一幸（東京大学教授・工学博士）
　（50音順）　　香田　　徹（九州大学大学院教授・工学博士）
　　　　　　　田中　　衞（上智大学教授・工学博士）

（所属は初版第 1 刷発行当時）

刊行のことば

　理工学においては，実在する現象に対し，それをある程度理想化した物理モデルをつくる．理工学が今日のように発展したのは，この物理モデルから，微分方程式で記述される数学モデルを導き，これを解くことによって，未知の現象を予測したり，新しい工学的な製品を設計することが可能であったからである．
　このような，物理モデルを経て，数学モデルをつくり，これを解くことによって，現象を説明する方法を確立したのはニュートン (Newton) である．ニュートンは力学現象の物理モデルをつくり，それからニュートンの運動方程式と呼ばれる微分方程式の導き方を示した．そして，微積分学を創始して，これを解く方法を与えた．これを契機として，電磁気学，相対性理論，量子力学などが作られ，半導体などの発明に結びつき，コンピュータが実現されるようになった．このような方法は，生体や脳，経済現象などの社会科学にまで適用されるようになっている．このように，現象の物理モデルをつくり，それから，数学モデルとして微分方程式を導き，これを解いて，現象の予測や，設計を行うという方法により，現代の高度に発展した科学技術が築かれてきた．なぜ，このような数学モデルがこれほどまでに有効なのか，それは謎である．逆にいえば，科学が成立できたのは，困難の連続の中で，ほとんど唯一の成功といってよい，微分方程式によるモデル化という方法論を得たからということができよう．
　こうしてどのような理工学の分野にたずさわっても，現象のモデル化によって得られた微分方程式を解析して，現象に対する知見を導きだすことが要求されるようになる．従来，小さな入力を加えれば，それに対する応答は入力に比例して大きくなるような現象を利用して，工学的なシステムが作られることが多かった．すなわち，線形性の利用である．しかし，科学技術が高度に発展するにつれて，そのような線形性の仮定が成立しないような領域での現象を取り

扱うことが普通となりつつある．すなわち，現代は非線形現象と相対することが，分野を越えて共通する時代となっているのである．

従来，非線形現象のモデルである非線形微分方程式を解くことは容易なことではなかった．しかし，計算機環境の飛躍的な発展により，現代では，コンピュータを駆使して数値計算によって近似解を求め，それによって微分方程式から現象に関する情報を引き出すことが可能となっている．こうして，カオス，ソリトン，フラクタルなど予想もしなかったような非線形現象および新しい概念が発見されている．また，コンピュータ技術の発展により，離散系(ディジタル系)の研究，応用がめざましく進展している．さらに，コンピュータはニューラルコンピュータなど，人間の脳をめざして新しい方向へ発展しつつあるが，これらも非線形科学にその基礎を置く部分が多い．

本シリーズは，このように現代理工学の学習，研究においていまや必修となった非線形科学・工学について，数学的，物理的基礎から工学的研究の第一線までを体系的に習得するための専門教科書シリーズとして編まれたものである．すなわち，本シリーズの内容は非線形解析入門，非線形物理などの基礎から始めて，カオス，ニューラルネット，ソリトン，フラクタルなどの非線形科学の新しい基礎，精度保証付き数値計算，高速自動微分などの数値計算法から生体，経済現象に至るまで，非線形科学全般にわたっている．それぞれの巻の著者は各分野の気鋭の研究者にお願いすることができた．本シリーズにより，理工学における新しい共通基礎分野としての非線形科学が基礎から第一線まで総合的に学習できるようになると考えている．

編者は，内容を吟味して，時には書き直しまでお願いしている．御協力頂いた各著者に深謝する次第である．また，新しい時代のシリーズとして共通のスタイルファイル($\LaTeX$)による執筆も行った．スタイルファイルを作成して下さった中央大学牧野光則助教授に感謝する．また，本シリーズの企画において大変お世話になったコロナ社の各位に心から御礼申し上げる．

1997年春

編集委員長　大石　進一

まえがき

本書は，線形および非線形 2 点境界値問題に対する解の存在理論と同数値解法の数理を中心に記述したものである．標準的読者としては理工系 3 年生から大学院生を想定するが，微分積分学と線形代数学の基礎知識さえあれば，初学者でも十分理解できる．

本書の内容はつぎのようである．
I. 基礎事項 (準備篇)
   1 章 関数解析の基礎，2 章 不動点定理，3 章 常微分方程式の基礎
II. 2 点境界値問題に対する解の存在定理と固有関数展開
   4 章 線形境界値問題，5 章 固有値問題，6 章 非線形境界値問題
III. 2 点境界値問題の数値解法
   7 章 有限差分法，8 章 Ritz 法と有限要素法

さらに付録として，付録 A. 多変数関数の微積分 (平均値定理と発散定理) と付録 B. Newton 法に関する解説を巻末に付け加えた．n 次元発散定理は Brouwer の不動点定理の証明に用いる．また Newton 法は非線形境界値問題に対する離散化方程式を解く場合の基本的な手法である．

2 点境界値問題に関しては，すでに H.B. Keller : Numerical Methods for Two-Point Boundary Value Problems, Blaisdell (1968), および U.M. Ascher, R.M.M. Mattheij and R.D. Russell : Numerical Solution of Boundary Value Problems for Ordinary Differential Equations, Prentice-Hall (1988) などの好著があり，また邦書では，偏微分方程式も含めた境界値問題全般にわたる優れた入門書として，草野 尚：境界値問題入門，朝倉書店 (1971, 復刻版 2003) があるが，本書はそれらに屋上屋を架さぬよう記述に工夫をこらした．特に 6 章の非線形境界値問題に対する解の一意存在理論と 7 章の任意分点を用いる有限差

分法の収束理論は，対応する離散化方程式に対する解の一意存在定理も含めて他書にはない記述である。ただし，この収束理論は構築してまだ日が浅く，改良の余地が残されている。今後時間をかけて磨いていきたいと思う。また付録 B では，著者の論文(巻末の引用・参考文献 30)) に基づき，Newton-Kantorovich の定理に対する完全な証明を与えている。その結果，有名な Kantorovich の優原理に基づく誤差評価が，実は漸化式を用いる本来の誤差評価と同じであることが明らかにされる。

本書が常微分方程式の境界値問題に関する入門書，参考書としていささかでも存在価値をもつことを切に願う。

本シリーズ編集委員長大石進一早稲田大学教授から本書の執筆を打診されお引き受けして以来，実に 5 年の歳月が経過した。これはすべて著者の怠慢によるものであるが，その間辛抱強く原稿の完成をお待ちいただいた大石教授とコロナ社にはただただ感謝のほかはない。なお，本書原稿のタイプは早稲田大学大学院生藤田祐作君による。ここに記して謝意を表する。

2006 年 3 月

山本　哲朗

初版第 2 刷の重版にあたって，第 1 刷の誤植を正すとともに，適宜本文に加筆して記述に完璧を期した。また，文献 39)～42) を追加した。

2009 年 1 月

山本　哲朗

目次

1. 関数解析の基礎

1.1 ノルム空間と Banach 空間 1
1.2 内積空間と Hilbert 空間 9
1.3 線形作用素と非線形作用素 15
1.4 有界作用素と非有界作用素 17
1.5 Hölder の不等式と Minkowski の不等式 20
1.6 いろいろなノルム 24
    1.6.1 有限次元ノルム 24
    1.6.2 Sobolev ノルム 30
1.7 コンパクト集合 32
1.8 Ascoli-Arzela の定理 36
1.9 Weierstrass の多項式近似定理 39

2. 不動点定理

2.1 不動点定理 44
2.2 Banach の不動点定理（縮小写像の原理）............................. 44
2.3 Brouwer の不動点定理 46
2.4 Schauder の不動点定理 56

3. 常微分方程式の基礎

3.1 常微分方程式 60
3.2 Gronwall の補題 64

- 3.3 初期値問題に対する解の局所存在定理 66
- 3.4 初期値問題に対する解の大域存在定理 69
- 3.5 ε 近 似 解 72
- 3.6 n 階線形方程式 75
- 3.7 求積法の初歩 84
  - 3.7.1 1階線形方程式 84
  - 3.7.2 変数分離形 85
  - 3.7.3 定数係数2階線形方程式 86
  - 3.7.4 $u'' = f(u)$ 88
  - 3.7.5 $u'' = f(u')$ 89

4. 線形境界値問題

- 4.1 は じ め に 91
- 4.2 n 階線形方程式に対する境界値問題 91
- 4.3 Green 関 数 95
- 4.4 随 伴 作 用 素 102
- 4.5 対称作用素と Green 関数 104

5. 固 有 値 問 題

- 5.1 固有値と固有関数 109
- 5.2 Green 作用素の性質 112
- 5.3 固有値の重複度 115
- 5.4 固有値, 固有関数の存在 117
- 5.5 固有関数展開 123

6. 非線形境界値問題

- 6.1 は じ め に 134
- 6.2 Green 関数の性質 135

6.3	解の存在定理	139
6.4	Leesの定理	144

7. 有限差分法

7.1	差分近似	149
7.2	有限差分方程式	151
7.3	等分点を用いる有限差分法	154
7.4	任意分点を用いる有限差分法	159
7.5	有限差分方程式の解の存在と一意性	162
7.6	誤差評価	169
7.7	伸長変換	176
7.8	非整合スキームの収束	178
7.9	離散化原理	180

8. Ritz法と有限要素法

8.1	はじめに	182
8.2	変分問題	182
8.3	Eulerの方程式	185
8.4	境界値問題の変分的取扱い	192
8.5	Ritz法	194
8.6	スプライン関数	200
8.7	有限要素法	203
8.8	Nitscheのトリック	211

付録A. 多変数関数の微積分

A.1	多変数関数のTaylor展開と平均値定理	217
A.2	発散定理	220

付録B. Newton法

B.1 Newton法 223
B.2 Newton-Kantorovich の定理 225
B.3 誤差の上・下界評価 234

引用・参考文献

索引

1 関数解析の基礎

1.1 ノルム空間と Banach 空間

線形空間 (linear space) の定義から始めよう。

定義 1.1 (線形空間) 集合 X が**実線形空間** (または**実ベクトル空間**) であるとは, X の任意の元 x, y と実数 α に対して和 $x + y \in X$ と**スカラー積** (scalar product) と呼ばれる積 $\alpha x \in X$ が定義されていて, つぎの条件が成り立つときをいう。

(i) $x + y = y + x \quad (x, y \in X)$

(ii) $(x + y) + z = x + (y + z) \quad (x, y, z \in X)$

(iii) 任意の元 $x \in X$ に対して $x + 0 = x$ となる元 $0 \in X$ が存在する。この元 0 を**零元** (zero element) という。

(iv) 任意の元 $x \in X$ に対して $x + x' = 0$ となる元 $x' \in X$ が存在する。x' を x の**逆元** (inverse element) といい, $-x$ と書く。

(v) $1 \cdot x = x \quad (x \in X)$

(vi) $(\alpha \beta) x = \alpha(\beta x) \quad (x \in X, \ \alpha, \beta \in \mathbf{R})$

(vii) $\alpha(x + y) = \alpha x + \alpha y, \quad (\alpha + \beta) x = \alpha x + \beta x \quad (x, y \in X, \ \alpha, \beta \in \mathbf{R})$

上記定義において実数 α, β を複素数で置き換えるとき, **複素線形空間** (または**複素ベクトル空間**) という。実 (または複素) 線形空間 X の元を**ベクトル** (vector) または**点** (point) という。

例 1.1 $\mathbf{R}^n = \{\boldsymbol{x} = (x_1, \cdots, x_n) \mid x_1, \cdots, x_n \in \mathbf{R}\}$ の元 $\boldsymbol{x} = (x_1, \cdots, x_n)$,

$\boldsymbol{y} = (y_1, \cdots, y_n)$ と実数 α に対して和 $\boldsymbol{x} + \boldsymbol{y}$ とスカラー積 $\alpha\boldsymbol{x}$ を

$$\boldsymbol{x} + \boldsymbol{y} = (x_1 + y_1, \cdots, x_n + y_n)$$

$$\alpha\boldsymbol{x} = (\alpha x_1, \cdots, \alpha x_n)$$

と定めることにより, $\boldsymbol{R}^n$ は実線形空間となる. これを $\boldsymbol{n}$ 次元実 Euclid (ユークリッド) 空間と呼ぶ. 同様に $\boldsymbol{n}$ 次元複素 Euclid 空間

$$\boldsymbol{C}^n = \{\boldsymbol{x} = (x_1, \cdots, x_n) \mid x_1, \cdots, x_n \in \boldsymbol{C}\}$$

も定義される.

例 1.2 閉区間 $[a,b]$ 上の連続関数の全体を $C[a,b]$ と書く. $f, g \in C[a,b]$, $\alpha \in \boldsymbol{R}$ に対し, $f + g$ と αf を

$$(f + g)(t) = f(t) + g(t)$$

$$(\alpha f)(t) = \alpha(f(t))$$

と定義するとき, $X = C[a,b]$ は実線形空間となる. 以後, 特に断らない限り, $[a,b]$ は有限区間 $(-\infty < a < b < +\infty)$ を表すとする.

定義 1.2 (線形空間の次元)　X を実 (または複素) 線形空間とするとき, x_1, $\cdots, x_n \in X$ が **1 次独立** (linearly independent) であるとは

$$\alpha_1 x_1 + \cdots + \alpha_n x_n = 0 \ (\alpha_1, \cdots, \alpha_n \in \boldsymbol{R}(\text{または}\boldsymbol{C}))$$

$$\Rightarrow \alpha_1 = \cdots = \alpha_n = 0$$

のときをいう. また, 1 次独立でないとき **1 次従属** (linearly dependent) であるという. X 内の 1 次独立な元の最大数 N が有限値として存在するとき, N を X の**次元** (dimension) といい, $\dim X = N$ と書く. また X は N 次元空間であるという. この場合, N 個の 1 次独立な元 $x_1, \cdots, x_N$ を X の**基底** (basis) という. 基底の選び方は 1 通りとは限らないが, 基底 $\{x_i\}_{i=1}^N$ を一つ選び固定するとき, X 内の任意の元は $x_1, \cdots, x_N$ の適当な 1 次結合として書ける. また最大数 N が有限値として存在しないとき, X は無限次元空間であるといい,

$\dim X = \infty$ と書く。

明らかに
$$\dim \boldsymbol{R}^n = \dim \boldsymbol{C}^n = n \quad \text{かつ} \quad \dim C[a,b] = \infty$$
である。実際
$$\boldsymbol{e}_1 = (1,0,\cdots,0), \quad \boldsymbol{e}_2 = (0,1,0,\cdots,0), \quad \cdots, \quad \boldsymbol{e}_n = (0,\cdots,0,1)$$
は $\boldsymbol{R}^n$(または $\boldsymbol{C}^n$) の (一つの) 基底である。また $C[a,b]$ 内の元
$$x_i = t^i \quad (i = 0,1,2,\cdots)$$
はその任意有限個が 1 次独立であるから, $C[a,b]$ は無限次元空間である。

定義 1.3 (ノルム空間) X を実 (または複素) 線形空間とするとき, 写像 $\|\cdot\|: X \to \boldsymbol{R}$ が, X 上の**ノルム** (norm) であるとは, $x,y \in X$ とスカラー α に対し

(i) $\|x\| \geq 0;\ \|x\| = 0 \Leftrightarrow x = 0$

(ii) $\|\alpha x\| = |\alpha|\|x\|$

(iii) $\|x+y\| \leq \|x\| + \|y\|$ (3角不等式)

を満たすときをいう。ただし, (ii) における α は実線形空間では実数を, 複素線形空間では複素数を表すものとする。

ノルムの定義された空間 $(X, \|\cdot\|)$ を**ノルム空間** (normed space) という。$\|\cdot\|$ を省略して X をノルム空間と呼ぶことも多い。しかし, 後で見るように, 無限次元空間では二つのノルム $\|\cdot\|, \|\cdot\|'$ が異なれば, ノルム空間 $(X, \|\cdot\|)$ と $(X, \|\cdot\|')$ は性質がまったく異なる空間となるかもしれないから, 注意が必要である。

例 1.3 $X = C[a,b]$(例 1.2 参照) の元 f(実数値連続関数) に対し
$$\|f\|_\infty = \max_{a \leq t \leq b} |f(t)|$$
と置けば, $\|\cdot\|_\infty$ は X 上のノルムとなる。$I = [a,b]$ として $\|f\|_\infty$ を $\|f\|_I$ と書くこともある。また

$$\|f\|_2 = \sqrt{\int_a^b |f(t)|^2 dt}$$

と置けば, $\|\cdot\|_2$ は X 上の異なるノルムを与える。これを見るには 3 角不等式

$$\|f+g\|_2 \le \|f\|_2 + \|g\|_2 \qquad (f, g \in X) \tag{1.1}$$

を示す必要があるが, (1.1) は **Cauchy-Schwarz** (コーシー・シュワルツ) の **不等式**

$$\left|\int_a^b f(t)g(t)dt\right| \le \sqrt{\int_a^b |f|^2 dt \int_a^b |g|^2 dt} \tag{1.2}$$

から従う (この不等式を含むさらに一般的な不等式については, 定理 **1.1** および定理 **1.7** などで後述する)。

ノルム空間では点列の収束がつぎのように定義される。

定義 1.4 (収束) ノルム空間 ($X, \|\cdot\|$) の元 x と点列 $x_1, x_2, \cdots$ に対し

$$\lim_{n\to\infty} \|x_n - x\| = 0$$

となるならば, $\{x_n\}$ は x に **収束** (convergence) するといい, $\lim_{n\to\infty} x_n = x$ あるいは $x_n \to x (n \to \infty)$ と書く。

点列 $\{x_n\}$ が収束するときは, 収束先はただ一つである。実際 $x, y \in X$ に対し

$$\lim_{n\to\infty} x_n = x, \quad \lim_{n\to\infty} x_n = y$$

とすれば, $n \to \infty$ のとき

$$\|x - y\| = \|(x - x_n) + (x_n - y)\| \le \|x - x_n\| + \|x_n - y\| \to 0$$

したがって $\|x - y\| = 0$ となり, 定義 **1.3** (i) によって $x - y = 0$ を得る。

また収束列 $\{x_n\}$ は Cauchy の条件

$$\|x_m - x_n\| \to 0 \quad (m, n \to \infty) \tag{1.3}$$

を満たす。実際, x_n の収束先を $x \in X$ とすれば, $m, n \to \infty$ のとき

$$\|x_m - x_n\| \le \|x_m - x\| + \|x - x_n\| \to 0$$

となる. (1.3) を満たす $\{x_n\}$ を **Cauchy 列** (Cauchy sequence) という.

Cauchy 列は必ずしも収束列ではない. 例えば, ノルム空間 $(C[0,1], \|\cdot\|_2)$ において

$$f_n(t) = \begin{cases} 1 & \left(0 \leq t \leq \dfrac{1}{2}\right) \\ 1 - 2n\left(t - \dfrac{1}{2}\right) & \left(\dfrac{1}{2} < t < \dfrac{1}{2} + \dfrac{1}{2n}\right) \\ 0 & \left(\dfrac{1}{2} + \dfrac{1}{2n} \leq t \leq 1\right) \end{cases} \quad (\boxtimes \mathbf{1.1})$$

と置けば, $m > n$ のとき

$$\begin{aligned} \|f_m - f_n\|_2^2 &= \int_{\frac{1}{2}}^{\frac{1}{2}+\frac{1}{2m}} \left\{2(n-m)\left(t - \frac{1}{2}\right)\right\}^2 dt \\ &\quad + \int_{\frac{1}{2}+\frac{1}{2m}}^{\frac{1}{2}+\frac{1}{2n}} \left\{1 - 2n\left(t - \frac{1}{2}\right)\right\}^2 dt \\ &= \frac{1}{6m}\left(1 - \frac{n}{m}\right)^2 + \frac{1}{6n}\left(1 - \frac{n}{m}\right)^3 \\ &< \frac{1}{6m} + \frac{1}{6n} \to 0 \quad (m > n \to \infty) \end{aligned}$$

よって $\{f_n\}$ はノルム $\|\cdot\|_2$ に関し $X = C[0,1]$ 内の Cauchy 列であるが

$$\lim_{n \to \infty} f_n(t) = \begin{cases} 1 & \left(0 \leq t \leq \dfrac{1}{2}\right) \\ 0 & \left(\dfrac{1}{2} < t \leq 1\right) \end{cases} \quad (\text{不連続関数})$$

となって, f_n は X 内の元に収束しない.

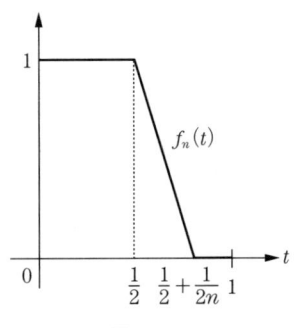

図 **1.1**

したがって，微積分学でよく知られた事実 (実数の完備性)

実数列 $\{x_n\}$ が収束する $\Leftrightarrow$ $\{x_n\}$ は Cauchy 列をなす

はノルム空間では必ずしも成り立たない。このため，ノルム空間をさらに制限した空間を考える。

定義 1.5 (Banach 空間) $(X, \|\cdot\|)$ をノルム空間とする。X 内の Cauchy 列が必ず X の元に収束するときノルム空間 $(X, \|\cdot\|)$ は**完備** (complete) であるという。$\|\cdot\|$ を省略して，X は完備なノルム空間であるともいう。完備なノルム空間は **Banach** (バナッハ) **空間**と呼ばれる。

命題 1.1

$X = C[a, b]$ とする。$(X, \|\cdot\|_\infty)$ は Banach 空間であるが $(X, \|\cdot\|_2)$ は Banach 空間でない。

証明 $(C[0,1], \|\cdot\|_2)$ が Banach 空間でないことはすでに見た。同じ議論を有限区間 $[a,b]$ に適用すれば，$(X, \|\cdot\|_2)$ は Banach 空間でないことがわかる。しかし $(X, \|\cdot\|_\infty)$ は Banach 空間である。実際

$$f_n \in X \quad (n = 1, 2, \cdots),$$

$$\|f_m - f_n\|_\infty = \max_{a \leq t \leq b} |f_m(t) - f_n(t)| \to 0 \quad (m, n \to \infty) \tag{1.4}$$

とすれば，$t \in [a, b]$ に対し

$$|f_m(t) - f_n(t)| \leq \|f_m - f_n\|_\infty \to 0 \ (m, n \to \infty)$$

よって，t を固定するとき $\{f_n(t)\}$ は実数の Cauchy 列であるから収束する。収束先を $f(t)$ と書けば，$[a,b]$ 上の関数 $f : t \in [a,b] \to \boldsymbol{R}$ が定義される。このとき $f \in C[a,b]$ であることを示そう。(1.4) により，任意に与えられた正数 ε に対し適当な自然数 n_0 を定めて

$$m > n > n_0 \Rightarrow \|f_m - f_n\|_\infty < \varepsilon$$

とできるから

$$|f_m(t) - f_n(t)| < \varepsilon \quad \forall t \in [a, b]$$

ここで $m \to \infty$ とすれば $[a,b]$ 上一様に

$$|f(t) - f_n(t)| \leq \varepsilon \qquad (n \geq n_0) \tag{1.5}$$

よってこのような n を一つとり固定する。f_n の連続性により，与えられた $t_0 \in [a,b]$ に対し，適当な $\delta = \delta(\varepsilon, t_0) > 0$ を定めて

$$|t - t_0| < \delta \Rightarrow |f_n(t) - f_n(t_0)| < \varepsilon$$

とできる。このとき (1.5) によって

$$|f(t) - f(t_0)| \leq |f(t) - f_n(t)| + |f_n(t) - f_n(t_0)| + |f_n(t_0) - f(t_0)|$$
$$< \varepsilon + \varepsilon + \varepsilon = 3\varepsilon$$

これは $f(t)$ が $t = t_0$ で連続であることを示している。t_0 は任意の点として選べるから $f \in C[a,b]$ であり，$(X, \|\cdot\|_\infty)$ は Banach 空間である。 ♠

注意 1.1 有限閉区間 I 上で定義され，$\boldsymbol{R}^n$ に値をとる連続関数

$$\boldsymbol{f} : t \in I \to \boldsymbol{f}(t) = (f_1(t), \cdots, f_n(t)) \in \boldsymbol{R}^n$$

の全体を $C[I; \boldsymbol{R}^n]$ で表すとき

$$\||f\||_\infty = \max_{t \in I} \max_i |f_i(t)| = \max_i \max_{t \in I} |f_i(t)|$$

と置けば，$\|\|\cdot\|\|_\infty$ は $X = C[I; \boldsymbol{R}^n]$ 上のノルムを定義する。このとき命題 **1.1** と同様な議論を繰り返して $(X, \|\|\cdot\|\|_\infty)$ は Banach 空間であることが示される。

例 1.4 $[a,b]$ 上 1 回連続的微分可能な関数のつくる線形空間を $C^1[a,b]$ で表す。$f \in X = C^1[a,b]$ に対し

$$\|f\|_{C^1} = \|f\|_\infty + \|f'\|_\infty$$

と置けば $\|\cdot\|_{C^1}$ は X 上のノルムを与える（定義 **1.3** におけるノルムの公理 (i)〜(iii) の成立を各自確かめよ）。このとき $(X, \|\cdot\|_{C^1})$ は Banach 空間である。これを示すために

$$f_m \in X, \quad \|f_m - f_n\|_{C^1} \to 0 \quad (m, n \to \infty)$$

とすれば

$$\|f_m - f_n\|_\infty \to 0 \text{ かつ } \|f'_m - f'_n\|_\infty \to 0 \quad (m, n \to \infty)$$

よって命題 **1.1** により，適当な $f, g \in C[a,b]$ が存在して，$n \to \infty$ のとき

$$\|f_n - f\|_\infty \to 0 \text{ かつ } \|f_n' - g\|_\infty \to 0$$

このとき

$$\left|\int_a^t f_n'(s)ds - \int_a^t g(s)ds\right| \le \int_a^t |f_n'(s) - g(s)|ds$$
$$\le \int_a^t \|f_n' - g\|_\infty ds$$
$$\le \|f_n' - g\|_\infty (b-a) \to 0 \quad (n \to \infty)$$

よって

$$\int_a^t f_n'(s)ds \to \int_a^t g(s)ds \quad (n \to \infty)$$

であり,等式

$$f_n(t) = f_n(a) + \int_a^t f_n'(s)ds$$

において $n \to \infty$ とすれば

$$f(t) = f(a) + \int_a^t g(s)ds \tag{1.6}$$

右辺は t につき連続的微分可能であるから,左辺の関数 f も連続的微分可能であり $f \in X$ となる.

(1.6) の両辺を t につき微分して $f' = g$ を得るから

$$\|f_n - f\|_{C^1} = \|f_n - f\|_\infty + \|(f_n - f)'\|_\infty$$
$$= \|f_n - f\|_\infty + \|f_n' - g\|_\infty \to 0 \quad (n \to \infty)$$

ゆえに $(X, \|\cdot\|_{C^1})$ は Banach 空間である.

注意 1.2 (ノルム空間の完備化)　$(X, \|\cdot\|)$ を完備でないノルム空間とするとき,つぎの性質を満たす Banach 空間 $(\tilde{X}, \|\cdot\|_{\tilde{X}})$ と写像 $J: X \to \tilde{X}$ の存在が知られている.
 (i)　J は単射 (すなわち $x, y \in X$, $x \ne y$ ならば $Jx \ne Jy$)
 (ii)　$\|Jx\|_{\tilde{X}} = \|x\|$ $(x \in X)$
 (iii)　JX は $\tilde{X}$ の中で **稠密** (dense) (ちょうみつとも呼ばれる) である (すなわち, $\tilde{X}$ の任意の元 $\tilde{x}$ は JX の元でいくらでも精密に近似できる).

この空間 $(\tilde{X}, \|\cdot\|_{\tilde{X}})$ を X の **完備化** (completion) といい,通常 $\|\cdot\|_{\tilde{X}}$ を X のノルムと区別せず同じ記号 $\|\cdot\|$ で表す.証明は有理数から実数を構成する Cantor (カ

ントール) の議論と同じである.興味ある読者は Bachman-Narici 12),増田 6) などを参照されたい†.

注意 1.3 命題 **1.1** によってノルム空間 $(C[a,b], \|\cdot\|_2)$ は完備でない.この空間の完備化は $[a,b]$ 上 Lebesgue (ルベーグ) 可測な関数 u で

$$\|u\|_2 = \sqrt{\int_a^b |u(t)|^2 dt} < +\infty$$

を満たすものの全体であり,$L^2(a,b)$ と表される.この空間では測度零の集合を除いて一致する二つの関数 u と v は同一視される.詳細は,例えば伊藤 1) を参照されたい.本書では Lebesgue 積分については立ち入らない.

1.2 内積空間と Hilbert 空間

定義 1.6 (内積空間) 実線形空間 X につぎの条件を満たす写像 $(\ ,\ ) : X \times X \to \boldsymbol{R}$ が定義されているとき,$(\ ,\ )$ を**内積** (inner product) といい,$(X, (\ ,\ ))$ を**実内積空間** (real inner product space) という.以下内積 $(\ ,\ )$ を省略して単に X を実内積空間ということにする.

 (i) $(x,x) \geq 0\ (x \in X);\ (x,x) = 0 \Leftrightarrow x = 0$
 (ii) $(x,y) = (y,x)\ (x,y, \in X)$
 (iii) $(x_1 + x_2, y) = (x_1, y) + (x_2, y)\ (x_1, x_2, y \in X)$
 (iv) $(\alpha x, y) = \alpha(x, y)\ (\alpha \in \boldsymbol{R}, x, y \in X)$

X が複素線形空間ならば対応する複素内積 $(\ ,\ ) : X \times X \to \boldsymbol{C}$ はつぎの条件を満たすものとして定義される.

 (i)' $(x,x) \geq 0\ (x \in X);\ (x,x) = 0 \Leftrightarrow x = 0$
 (ii)' $(x,y) = \overline{(y,x)}\ (x,y \in X)$ (— は共役複素数を表す)
 (iii)' $(x_1 + x_2, y) = (x_1, y) + (x_2, y)\ (x_1, x_2, y \in X)$
 (iv)' $(\alpha x, y) = \alpha(x, y)\ (\alpha \in \boldsymbol{C},\ x, y \in X)$

例 1.5 $X = \boldsymbol{R}^n$ のとき $\boldsymbol{x} = (x_1, \cdots, x_n), \boldsymbol{y} = (y_1, \cdots, y_n) \in X$ に対して

---
† ここで,片かっこ付番号は,巻末の引用・参考文献番号を示している.

$(\boldsymbol{x},\boldsymbol{y}) = \sum_{i=1}^{n} x_i y_i$ と定義すれば $(\ ,\ )$ は内積の公理 (i)〜(iv) を満たし, X は実内積空間となる. 同様に $X = \boldsymbol{C}^n$ のときは

$$(\boldsymbol{x},\boldsymbol{y}) = \sum_{i=1}^{n} x_i \bar{y_i} \qquad (x_i, y_i \in \boldsymbol{C})$$

と置くことにより, X は (複素) 内積空間となる.

内積空間 $(X, (\ ,\ ))$ が与えられたとき

$$\|x\| = \sqrt{(x,x)} \qquad (x \in X) \tag{1.7}$$

として X 上のノルム $\|\cdot\|$ が定義される. これを**内積から誘導されるノルム**という. (1.7) がノルムであることを見るには, 3 角不等式

$$\|x+y\| \leq \|x\| + \|y\| \qquad (x, y \in X) \tag{1.8}$$

が成り立つことを示す必要がある.

$$\begin{aligned}
\|x+y\|^2 &= (x+y, x+y) \\
&= (x,x) + (x,y) + (y,x) + (y,y) \\
&= \begin{cases} \|x\|^2 + \|y\|^2 + 2(x,y) & (X:\text{実内積空間}) \\ \|x\|^2 + \|y\|^2 + 2\mathrm{Re}(x,y) & (X:\text{複素内積空間}) \end{cases}
\end{aligned}$$

であるから, (1.8) を示すためには, X が実内積空間のとき

$$(x,y) \leq \|x\| \cdot \|y\| \qquad (x, y \in X)$$

X が複素内積空間のとき

$$\mathrm{Re}(x,y) \leq \|x\| \cdot \|y\| \qquad (x, y \in X)$$

を示さねばならない. これはつぎの事実からわかる.

定理 1.1 (Cauchy-Schwarz の不等式)

内積空間 X においては不等式

$$|(x,y)| \leq \|x\| \cdot \|y\| \qquad (x, y \in X)$$

が成り立つ。

証明 $y = 0$ のときは左辺, 右辺, ともに零であり不等式は成り立つ。$y \neq 0$ のときは $\alpha = -\dfrac{(x,y)}{\|y\|^2}$ と置くとき

$$0 \leq (x+\alpha y, x+\alpha y) = \|x\|^2 + (x, \alpha y) + (\alpha y, x) + |\alpha|^2 \|y\|^2$$

$$= \begin{cases} \|x\|^2 + 2\alpha(x,y) + \alpha^2\|y\|^2 & (X: \text{実内積空間}) \\ \|x\|^2 + 2\mathrm{Re}(\alpha y, x) + |\alpha|^2\|y\|^2 & (X: \text{複素内積空間}) \end{cases}$$

$$= \|x\|^2 - \frac{|(x,y)|^2}{\|y\|^2}$$

$$\therefore \quad |(x,y)|^2 \leq \|x\|^2 \|y\|^2$$

したがって $|(x,y)| \leq \|x\|\|y\|$ $(x, y \in X)$ が成り立つ (等号は $x + \alpha y = 0$ すなわち $x = -\alpha y$ のときに限る)。 ♠

系 1.1.1 $\left|\displaystyle\sum_{i=1}^{n} x_i y_i\right| \leq \sqrt{\displaystyle\sum_{i=1}^{n} |x_i|^2 \sum_{i=1}^{n} |y_i|^2}$

証明 例 **1.5** の内積に定理 **1.1** を適用すればよい。 ♠

結局, 内積空間はその内積から誘導されるノルム (1.7) によりノルム空間となる。この空間を内積空間から導かれるノルム空間という。

定義 1.7 (Hilbert 空間) 内積空間 X から導かれるノルム空間が Banach 空間となるとき, X を **Hilbert** (ヒルベルト) 空間という。

例 1.6 (Hilbert 空間 l_2) 集合

$$X = \left\{ x = (x_1, x_2, \cdots) \mid x_i \in \mathbf{R}, \ i = 1, 2, \cdots, \ \sum_{i=1}^{\infty} |x_i|^2 < +\infty \right\}$$

を考え, $x = (x_1, x_2, \cdots), \ y = (y_1, y_2, \cdots) \in X$ と $\alpha \in \mathbf{R}$ に対して

$$x + y = (x_1 + y_1, x_2 + y_2, \cdots),$$

$$\alpha x = (\alpha x_1, \alpha x_2, \cdots),$$

$$(x, y) = \sum_{i=1}^{\infty} x_i y_i \tag{1.9}$$

と定義すれば $(\ ,\ )$ は X 上の一つの内積を与える。実際

$$|x_i + y_i|^2 \leq 2(|x_i|^2 + |y_i|^2)$$

より

$$\sum_{i=1}^{\infty} |x_i + y_i|^2 \leq 2\left(\sum_{i=1}^{\infty} |x_i|^2 + \sum_{i=1}^{\infty} |y_i|^2\right) < +\infty$$

よって X は線形空間をなし

$$|x_i y_i| \leq \frac{1}{2}(|x_i|^2 + |y_i|^2)$$

$$\sum_{i=1}^{\infty} |x_i y_i| \leq \frac{1}{2}\left(\sum_{i=1}^{\infty} |x_i|^2 + \sum_{i=1}^{\infty} |y_i|^2\right) < +\infty$$

により, $(\ ,\ ) : X \times X \to \boldsymbol{R}$ は X 上の内積を定義する。さらにこの内積から誘導されるノルム

$$\|x\| = \sqrt{(x,x)} = \sqrt{\sum_{i=1}^{\infty} |x_i|^2}$$

に関して $(X, \|\cdot\|)$ は完備であることを証明しよう。いま

$$x^{(n)} = (x_1^{(n)}, x_2^{(n)}, \cdots) \qquad (n = 1, 2, \cdots)$$

を X 内の Cauchy 列とすれば, $m, n \to \infty$ のとき

$$|x_i^{(m)} - x_i^{(n)}| \leq \sqrt{\sum_{j=1}^{\infty} |x_j^{(m)} - x_j^{(n)}|^2} = \|x^{(m)} - x^{(n)}\| \to 0$$

したがって i を固定するとき $\{x_i^{(n)}\}_{n=1}^{\infty}$ は $\boldsymbol{R}$ の Cauchy 列をなし, ある $x_i \in \boldsymbol{R}$ に収束する。そこで

$$x = (x_1, x_2, \cdots, x_i, \cdots)$$

と置くとき, $x \in X$ を示せば証明が終わる。これを示すために ε を任意に与えられた正数として, m, n を十分大きくとれば

$$\|x^{(m)} - x^{(n)}\|^2 = \sum_{i=1}^{\infty} |x_i^{(m)} - x_i^{(n)}|^2 < \varepsilon^2 \qquad (m > n > n_0(\varepsilon))$$

であるから, 自然数 k を任意にとり固定するとき

$$\sum_{i=1}^{k} |x_i^{(m)} - x_i^{(n)}|^2 < \varepsilon^2$$

ここで $m \to \infty$ とすれば

$$\sum_{i=1}^{k} |x_i - x_i^{(n)}|^2 \leq \varepsilon^2 \qquad (n > n_0(\varepsilon))$$

さらに $k \to \infty$ として

$$\sum_{i=1}^{\infty} |x_i - x_i^{(n)}|^2 \leq \varepsilon^2 \qquad (n > n_0(\varepsilon)) \tag{1.10}$$

$$\therefore \quad x - x^{(n)} \in X$$

したがって $x = (x-x^{(n)})+x^{(n)} \in X$ となる。(1.10) は $x^{(n)} \to x \in X (n \to \infty)$ を意味し, $(X, \|\cdot\|)$ は完備なノルム空間, すなわち Banach 空間である。この Hilbert 空間 (完備内積空間)X を l_2 で表す。なお X として

$$X = \left\{ x = (x_1, x_2, \cdots) \mid x_i \in \boldsymbol{C} \ \forall_i, \ \sum_{i=1}^{\infty} |x_i|^2 < +\infty \right\}$$

を考える場合もある。この場合には内積 (1.9) は

$$(x,y) = \sum_{i=1}^{\infty} x_i \bar{y}_i$$

により置き換えられる。

例 1.7 $X = C[a,b]$ とする。$f, g \in X$ に対して

$$(f,g) = \int_a^b f(t)g(t)dt \tag{1.11}$$

と置けば, $(\ ,\ )$ は X 上の内積を定義する。ただし f, g として複素数値連続関数を許し, X を複素線形空間とみなすときは

$$(f,g) = \int_a^b f(t)\bar{g}(t)dt \tag{1.12}$$

と置く。このとき内積 $(1.11), (1.12)$ に対する Cauchy-Schwarz の不等式 (定理 **1.1**) は

$$\left| \int_a^b f(t)\bar{g}(t)dt \right| \leq \sqrt{\int_a^b |f(t)|^2 dt \int_a^b |g(t)|^2 dt} \tag{1.13}$$

となる。

定義 1.8 (距離空間)　集合 X の任意の 2 元 x,y に対してつぎの条件を満たす写像 $d : (x,y) \in X \times X \to d(x,y) \in \mathbf{R}$ が定義されているとき，(X,d) を**距離空間** (metric space) という。

 (i)　$d(x,y) \geq 0 \ (x,y \in X); \ d(x,y) = 0 \Leftrightarrow x = y$
 (ii)　$d(x,y) = d(y,x)$
 (iii)　$d(x,z) \leq d(x,y) + d(y,z) \ (x,y,z \in X)$

(i)～(iii) は距離の公理と呼ばれる。また写像 d を**距離**または距離関数と呼ばれる。

距離空間 X 内の点列 $x_n \in X \ (n = 1, 2, \cdots)$ が

$$d(x_m, x_n) \to 0 \ (m, n \to \infty)$$

を満たすとき，$\{x_n\}$ は X 内の Cauchy 列であるという。X 内の任意の Cauchy 列が X 内の元に収束するとき，(X,d) は完備であるという。ノルム空間 $(X, \|\cdot\|)$ が与えられれば

$$d(x,y) = \|x - y\|$$

により $d : X \times X \to \mathbf{R}$ は X 上の距離を定義するから，ノルム空間，内積空間は自然に距離空間となる。

読者の理解を容易にするために，いままで述べてきたいろいろな空間の相互関係を図 **1.2** に示しておく。

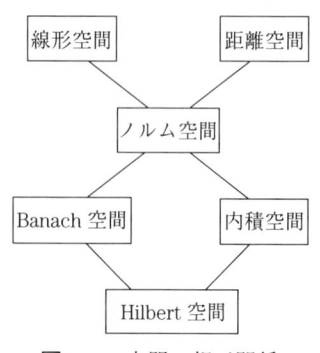

図 **1.2**　空間の相互関係

1.3 線形作用素と非線形作用素

$(X, \|\cdot\|_X)$ と $(Y, \|\cdot\|_Y)$ を (実または複素) ノルム空間, D を X の部分空間 $(x, y \in D,\ \alpha, \beta \in \boldsymbol{R}(\text{または}\boldsymbol{C}) \Rightarrow \alpha x + \beta y \in D)$ とするとき, D 上で定義され, Y に値をとる写像 $L : D \subseteq X \to Y$ が**線形** (linear) であるとは

$$L(x+y) = Lx + Ly \qquad (x, y \in D) \tag{1.14}$$

$$L(\alpha x) = \alpha L x \qquad (x \in D, \alpha \in \boldsymbol{R}(\text{または}\boldsymbol{C})) \tag{1.15}$$

を満たすときをいう。また線形でないとき**非線形** (nonlinear) であるという。D は L の**定義域** (domain) と呼ばれる。L が線形ならば, (1.15) で $\alpha = 0$ と置いて $L0 = 0$ を得る。

関数解析学では写像のことを**作用素** (operator) と呼ぶのが慣例であるので, 以下, 本書もこれに従う。また上記定義では D は部分空間であること (演算に関して閉じていること) を仮定したが, 部分空間とは限らない部分集合 $\mathcal{M} \subseteq X$ の上で定義された作用素 $A : \mathcal{M} \subseteq X \to Y$ に対しても $\mathcal{M}$ を A の定義域という。

定義 1.9 (作用素の連続性)　上記作用素 A が $x \in \mathcal{M}$ において**連続** (continuous) であるとは, 任意の正数 ε に対して適当な正数 $\delta = \delta(x, \varepsilon)$ を定めて

$$y \in \mathcal{M},\ \|y - x\|_X < \delta \Rightarrow \|Ay - Ax\|_Y < \varepsilon \tag{1.16}$$

とできるときをいう (これを $y \to x$ のとき $Ay \to Ax$ と記す)。また A が $\mathcal{M}$ の各点で連続のとき A は $\mathcal{M}$ 上連続であるという。

定理 1.2

作用素 $A : \mathcal{M} \subseteq X \to Y$ が $x \in \mathcal{M}$ において連続であるための必要十分条件は, 任意の $x_n \in \mathcal{M}(n = 1, 2, \cdots)$ に対して

$$x_n \in \mathcal{M},\ x_n \to x\ (n \to \infty) \text{ ならば } Ax_n \to Ax\ (n \to \infty) \tag{1.17}$$

となることである。

証明 (1) (*1.17*) が必要条件であることは明らかである。

(2) 十分条件であることを見るために, (*1.17*) が成り立つとし, 仮に $x \in \mathcal{M}$ において A が連続でないとすれば, ある正数 ε_0 が存在してどのような $\delta > 0$ に対しても

$$\|y - x\|_X < \delta \text{ かつ } \|Ay - Ax\|_Y \geq \varepsilon_0$$

となる $y \in \mathcal{M}$ がある。δ として特に $\delta_n = \dfrac{1}{n}$ を選び, 対応する y を x_n で表せば

$$x_n \in \mathcal{M}, \ \|x_n - x\|_X < \delta_n = \frac{1}{n} \text{ かつ } \|Ax_n - Ax\|_Y \geq \varepsilon_0 \quad (1.18)$$

ここで $n \to \infty$ とすれば $x_n \to x$ であり, (*1.17*) によって $Ax_n \to Ax$ となるはずであるが, (*1.18*) の最後の不等式によりこれは成り立たない。これは矛盾であるから, A は $x \in \mathcal{M}$ において連続である。 ♠

例 1.8 $X = C[a,b]$ とし, X 上に最大ノルム $\|\cdot\|_\infty$ を定義する (例 **1.3** 参照)。このとき作用素 $L : X \to X$ を

$$(Lx)(t) = \int_a^t x(s)ds \quad (x \in X)$$

により定義すれば, L は連続な線形作用素である。実際, 線形性は明らかである。連続性は定理 **1.2** を用いて, $\|x_n - x\|_\infty \to 0$ のとき

$$\begin{aligned}
\|Lx_n - Lx\|_\infty &= \max_{a \leq t \leq b} \left| \int_a^t x_n(s)ds - \int_a^t x(s)ds \right| \\
&\leq \max_{a \leq t \leq b} \int_a^t |x_n(s) - x(s)|ds \\
&= \int_a^b |x_n(s) - x(s)|ds \\
&\leq \int_a^b \|x_n - x\|_\infty ds \\
&= \|x_n - x\|_\infty (b - a) \to 0
\end{aligned}$$

よりわかる。

例 1.9 $X = C[0,1]$ に最大ノルム $\|\cdot\|_\infty$ を導入しノルム空間とする。$D = C^1[0,1]$ とすれば D は X の部分空間である。$x \in D$ に対して $Lx = \dfrac{dx}{dt}$ と定

義すれば，$L : D \subset X \to X$ は線形であるが連続ではない．何故ならば
$$x_n(t) = \frac{1}{n} t^n \quad (n = 1, 2, \cdots)$$
と置くと，$x_n \in D, \|x_n\|_\infty = \dfrac{1}{n} \to 0 \ (n \to \infty)$ であるが
$$\|Lx_n - L0\|_\infty = \|t^{n-1}\|_\infty = 1 \neq 0$$
ゆえに L は $x = 0$ で連続ではない．

1.4 有界作用素と非有界作用素

$(X, \|\cdot\|_X)$ と $(Y, \|\cdot\|_Y)$ をノルム空間とする．X の部分集合 S が**有界** (bounded) であるとは，適当な正数 M が存在して，つぎを満たすときをいう．

$$\|s\|_X \leq M \quad \forall s \in S$$

線形または非線形作用素 $A : X \to Y$ が有界であるとは，X の任意の有界集合を Y の有界集合に写すときをいう．有界でない作用素は**非有界作用素** (unbounded operator) と呼ばれる．例 **1.9** において，$x_n = \sin nx, S = \{x_n\}$ とすれば

$$\|x_n\|_X = \|x_n\|_\infty \leq 1 \quad \forall n$$

しかし

$$L(S) = \{n \cos nx\}$$

で，$Y = X, \|\cdot\|_Y = \|\cdot\|_\infty$ であるから $y_n = n \cos nx$ は

$$\|y_n\|_Y = n \to \infty$$

を満たす．よって $L = \dfrac{d}{dx}$ は非有界作用素である．

特に線形作用素に対してつぎが成り立つ．

定理 1.3

$A : X \to Y$ を線形作用素とするとき，つぎの条件は同値である．

(i)　A は有界作用素 (bounded operator) である。

(ii)　適当な正定数 K が存在して $\|Ax\|_Y \leq K\|x\|_X$ $(x \in X)$

(iii)　$\|A\| \equiv \sup_{x \neq 0} \dfrac{\|Ax\|_Y}{\|x\|_X} < +\infty$

(iv)　A は連続作用素 (continuous operator) である。

証明　(i) $\Rightarrow$ (ii)　明らかに

$$S = \{x \in X \mid \|x\|_X = 1\} \quad (単位球面)$$

は X の有界部分集合であるから，A が有界作用素ならば

$$\|Ax\|_Y \leq K \quad \forall x \in S$$

を満たす定数 $K = K_S$ がある．X の任意の元 $x \neq 0$ に対して $z = \dfrac{x}{\|x\|_X}$ と置けば $z \in S$

$$\therefore \quad \frac{1}{\|x\|_X}\|Ax\|_Y = \left\|A\left(\frac{x}{\|x\|_X}\right)\right\|_Y = \|Az\|_Y \leq K \quad (x \neq 0)$$

$$\therefore \quad \|Ax\|_Y \leq K\|x\|_X \quad (x \neq 0)$$

この不等式は $x = 0$ のときも成り立つから (ii) が成り立つ．

(ii) $\Rightarrow$ (iii)　$x \neq 0$ ならば $\|Ax\|_Y \leq K\|x\|_X$ より $\dfrac{\|Ax\|_Y}{\|x\|_X} \leq K$

$$\therefore \quad \|A\| \equiv \sup_{x \neq 0} \frac{\|Ax\|_Y}{\|x\|_X} \leq K < +\infty \tag{1.19}$$

(iii) $\Rightarrow$ (iv)　$x \in X$, $x_n \in X$ $(n = 1, 2, \cdots)$ かつ $x_n \to x$ $(n \to \infty)$ とすれば

$$y_n = x_n - x \to 0 \quad (n \to \infty)$$

かつ (1.19) より

$$\frac{\|Ay_n\|_Y}{\|y_n\|_X} \leq \|A\|$$

したがって

$$\|Ax_n - Ax\|_Y = \|Ay_n\|_Y \leq \|A\| \cdot \|y_n\|_X \to 0 \quad (n \to \infty)$$

これは $x_n \to x$ $(n \to \infty)$ のとき $Ax_n \to Ax$ を意味し，定理 **1.2** によって A は x において連続である．x は X の任意の点であったから，A は連続作用素である．

(iv) $\Rightarrow$ (i)　仮に連続な線形作用素 A が有界でないとすれば X のある有界部分集合 S に対して $A(S)$ は有界集合ではない．したがって

$$\|s\|_X \leq M < +\infty \quad \forall s \in S$$

とするとき,各自然数 n につき
$$\|x_n\|_X \leq M \text{ かつ } \|Ax_n\|_Y \geq n$$
となる $x_n \in X$ を見出すことができる。$y_n = \dfrac{1}{n} x_n$ と置けば $n \to \infty$ のとき
$$\|y_n\|_X = \frac{1}{n}\|x_n\|_X \leq \frac{M}{n} \to 0$$
しかし A は線形であるから
$$\|Ay_n - A0\|_Y = \|Ay_n\|_Y = \frac{1}{n}\|Ax_n\|_Y \geq 1$$
これは A が $x = 0$ において連続でないことを意味し,仮定に反する。♠

注意 1.4 定理 1.3 (iii) によって $\|A\|$ を定義するとき
$$\|A\| = \sup_{\|x\|_X \leq 1} \|Ax\|_Y = \sup_{\|x\|_X = 1} \|Ax\|_Y$$
が成り立つ。これは読者の演習問題としよう。

注意 1.5 定理 1.3 (ii) の定数 K としては (iii) より $\|A\|$ をとればよく
$$\|Ax\|_Y \leq \|A\| \cdot \|x\|_X \quad \forall x \in X \tag{1.20}$$
が成り立つ。

定義 1.10 (作用素ノルム) $(X, \|\cdot\|_X), (Y, \|\cdot\|_Y)$ をノルム空間とし,有界線形作用素 $A : X \to Y$ の全体を $L(X, Y)$ で表す。このとき
$$\|\cdot\| : A \in L(X, Y) \to \|A\| = \sup_{x \neq 0} \frac{\|Ax\|_Y}{\|x\|_X} \in \mathbf{R} \tag{1.21}$$
は $L(X, Y)$ 上のノルムを定義する。これを $\|\cdot\|_X$ と $\|\cdot\|_Y$ から導かれる**作用素ノルム** (operator norm) という。

実際,つぎの性質を確かめるのは容易であろう。

(i) $\|A\| \geq 0; \|A\| = 0 \Leftrightarrow A = 0$
(ii) $\|\alpha A\| = |\alpha|\|A\| \quad (\alpha \in \mathbf{R}\text{ または }\mathbf{C},\ A \in L(X, Y))$
(iii) $\|A + B\| \leq \|A\| + \|B\| \quad (A, B \in L(X, Y))$
  さらに
(iv) $B \in L(X, Y),\ A \in L(Y, Z) \Rightarrow AB \in L(X, Z)$
$$\text{かつ } \|AB\| \leq \|A\| \cdot \|B\| \tag{1.22}$$

念のため (1.22) を証明しよう。A, B は有界線形作用素であるから

$$\|(AB)x\|_Z = \|A(Bx)\|_Z \leq \|A\| \cdot \|Bx\|_Y \leq \|A\| \cdot \|B\| \cdot \|x\|_X \quad (x \in X)$$

ゆえに, 定理 **1.3** (ii) によって $AB : X \to Z$ は有界であり

$$\frac{\|(AB)x\|_Z}{\|x\|_X} \leq \|A\| \cdot \|B\| \quad (x \neq 0)$$

したがって

$$\|AB\| = \sup_{x \neq 0} \frac{\|(AB)x\|_Z}{\|x\|_X} \leq \|A\| \cdot \|B\|$$

となって (1.22) が成り立つ。特に $X = Y = Z$ の場合を考えると (1.22) より

$$A \in L(X, X) \Rightarrow \|A^n\| \leq \|A\|^n \ (n = 0, 1, 2, \cdots)$$

が成り立つ。

注意 1.6 X が n 次元空間ならば線形作用素 $A : X \to X$ は n 次正方行列とみなしてよく, A は有界線形作用素である。この場合, 対応する作用素ノルムは**行列ノルム** (matrix norm) と呼ばれる。ただし, 行列 A に対して (i)〜(iii) を満たすノルムは必ずしも (1.22) を満たさず, このようなノルムは行列ノルムとは呼ばれない。例えば, n 次行列 $A = (a_{ij})$ に対して $\|A\| = \max_{i,j} |a_{ij}|$ と置けば $\|\cdot\|$ は (i)〜(iii) を満たし $\boldsymbol{R}^{n \times n}$ (または $\boldsymbol{C}^{n \times n}$) 上のノルムであるが, (1.22) を満たさずこのノルムは行列ノルムではないのである。

1.5 Hölder の不等式と Minkowski の不等式

以下において $a_i, b_i (i = 1, 2, \cdots, n)$ は実数または複素数とする。

定理 1.4 (拡張された相加平均と相乗平均の関係)
$a \geq 0, \ b \geq 0, \ p > 0, \ q > 0, \ \dfrac{1}{p} + \dfrac{1}{q} = 1$ とすれば

$$ab \leq \frac{1}{p} a^p + \frac{1}{q} b^q \tag{1.23}$$

<u>証明</u> $a > 0, \ b > 0$ の場合に示せばよい。図 **1.3** より

1.5 Hölder の不等式と Minkowski の不等式

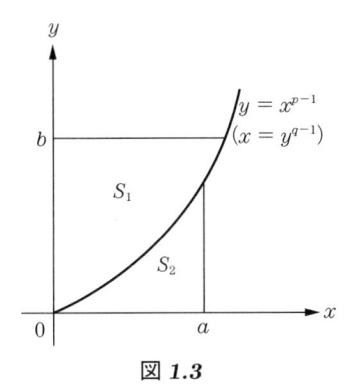

図 1.3

$$S_1 = \int_0^b y^{q-1} dy = \left[\frac{y^q}{q}\right]_0^b = \frac{1}{q}b^q$$
$$S_2 = \int_0^a x^{p-1} dx = \left[\frac{x^p}{p}\right]_0^a = \frac{1}{p}a^p$$

かつ

$$ab \leq S_1 + S_2 \quad (\text{等号は } b = a^{p-1} \text{ のとき})$$

である。 ♠

定理 1.5 (Hölder (ヘルダー) の不等式)

$p > 0$, $q > 0$, $\dfrac{1}{p} + \dfrac{1}{q} = 1$ のとき

$$\sum_{i=1}^n |a_i b_i| \leq \left(\sum_{i=1}^n |a_i|^p\right)^{\frac{1}{p}} \left(\sum_{i=1}^n |b_i|^q\right)^{\frac{1}{q}} \tag{1.24}$$

証明

$$\alpha_i = \frac{|a_i|}{\left(\sum_j |a_j|^p\right)^{\frac{1}{p}}}, \quad \beta_i = \frac{|b_i|}{\left(\sum_j |b_j|^q\right)^{\frac{1}{q}}}$$

とおけば定理 **1.4** によって

$$\alpha_i \beta_i \leq \frac{1}{p}\alpha_i^p + \frac{1}{q}\beta_i^q$$

$$\therefore \quad \sum_{i=1}^n \alpha_i \beta_i \le \frac{1}{p}\sum_{i=1}^n \alpha_i^p + \frac{1}{q}\sum_{i=1}^n \beta_i^q = \frac{1}{p} + \frac{1}{q} = 1$$

左辺は

$$\frac{\displaystyle\sum_{i=1}^n |a_i b_i|}{\left(\displaystyle\sum_{i=1}^n |a_i|^p\right)^{\frac{1}{p}} \left(\displaystyle\sum_{i=1}^n |b_i|^q\right)^{\frac{1}{q}}}$$

に等しいから (1.24) を得る。 ♠

注意 1.7 Hölder の不等式において $p = q = \dfrac{1}{2}$ と置けば系 **1.1.1** に記した Cauchy-Schwarz の不等式が得られる。

定理 1.6 (Minkowski (ミンコウスキーまたはミンコフスキー) **の不等式)**
$1 \le p < \infty$ とするとき

$$\left(\sum_{i=1}^n |a_i + b_i|^p\right)^{\frac{1}{p}} \le \left(\sum_{i=1}^n |a_i|^p\right)^{\frac{1}{p}} + \left(\sum_{i=1}^n |b_i|^p\right)^{\frac{1}{p}} \tag{1.25}$$

証明 $p = 1$ のときは明らかであるから $p > 1$ とする。

$$\sum_i |a_i + b_i|^p \le \sum_i (|a_i| + |b_i|)|a_i + b_i|^{p-1}$$
$$= \sum_i |a_i||a_i + b_i|^{p-1} + \sum_i |b_i||a_i + b_i|^{p-1}$$

ここで Hölder の不等式を用いて

$$\le \left(\sum_i |a_i|^p\right)^{\frac{1}{p}} \left(\sum_i |a_i + b_i|^{(p-1)q}\right)^{\frac{1}{q}}$$
$$+ \left(\sum_i |b_i|^p\right)^{\frac{1}{p}} \left(\sum_i |a_i + b_i|^{(p-1)q}\right)^{\frac{1}{q}}$$
$$= \left\{\left(\sum_i |a_i|^p\right)^{\frac{1}{p}} + \left(\sum_i |b_i|^p\right)^{\frac{1}{p}}\right\} \left(\sum_i |a_i + b_i|^{(p-1)q}\right)^{\frac{1}{q}}$$

$(p-1)q = p$ に注意して両辺を

$$\left(\sum_i |a_i + b_i|^{(p-1)q}\right)^{\frac{1}{q}} = \left(\sum_i |a_i + b_i|^p\right)^{\frac{1}{q}}$$

1.5 Hölder の不等式と Minkowski の不等式

で割れば

$$\left(\sum_{i=1}^n |a_i+b_i|^p\right)^{1-\frac{1}{q}} \leq \left(\sum_{i=1}^n |a_i|^p\right)^{\frac{1}{p}} + \left(\sum_{i=1}^n |b_i|^p\right)^{\frac{1}{p}}$$

$1-\dfrac{1}{q}=\dfrac{1}{p}$ であるから上式は (1.25) にほかならない。 ♠

定理 1.7 (連続型 Hölder の不等式)

$f,g \in C[a,b]$ とする。$p>0$, $q>0$, $\dfrac{1}{p}+\dfrac{1}{q}=1$ ならば

$$\left|\int_a^b f(t)g(t)dt\right| \leq \left(\int_a^b |f(t)|^p dt\right)^{\frac{1}{p}} \left(\int_a^b |g(t)|^q dt\right)^{\frac{1}{q}}$$

証明 $\int_a^b |f(t)|^p dt > 0$, $\int_a^b |g(t)|^q dt > 0$ のときに示せばよい。
$A = \left(\int_a^b |f(t)|^p dt\right)^{\frac{1}{p}}$, $B = \left(\int_a^b |g(t)|^q dt\right)^{\frac{1}{q}}$, $\alpha = \dfrac{|f(s)|}{A}$, $\beta = \dfrac{|g(s)|}{B}$ と置くと

$$\alpha\beta \leq \frac{1}{p}\alpha^p + \frac{1}{q}\beta^q$$

$$\therefore \int_a^b \alpha\beta ds \leq \frac{1}{p}\int_a^b \alpha^p ds + \frac{1}{q}\int_a^b \beta^q ds = \frac{1}{p} + \frac{1}{q} = 1 \tag{1.26}$$

ここで

$$\int_a^b \alpha\beta ds = \frac{1}{AB}\int_a^b |f(s)g(s)|ds$$

に注意すれば (1.26) より

$$\int_a^b |f(s)g(s)|ds \leq AB$$

$$\therefore \left|\int_a^b f(t)g(t)dt\right| \leq \int_a^b |f(t)g(t)|dt \leq AB$$

♠

定理 1.8 (連続型 Minkowski の不等式)

$f,g \in C[a,b]$ とする。$1 \leq p < \infty$ ならば

$$\left(\int_a^b |f(t)+g(t)|^p dt\right)^{\frac{1}{p}} \leq \left(\int_a^b |f(t)|^p dt\right)^{\frac{1}{p}} + \left(\int_a^b |g(t)|^p dt\right)^{\frac{1}{p}}$$

証明 $p=1$ のときは明らかであるから $p>1$ とし, $q=p/(p-1)$ と置く.

$$|f(t)+g(t)|^p \leq (|f(t)|+|g(t)|)|f(t)+g(t)|^{p-1}$$
$$= |f(t)||f(t)+g(t)|^{p-1} + |g(t)||f(t)+g(t)|^{p-1}$$

$\therefore \displaystyle\int_a^b |f(t)+g(t)|^p dt$
$$\leq \int_a^b |f(t)||f(t)+g(t)|^{p-1}dt + \int_a^b |g(t)||f(t)+g(t)|^{p-1}dt$$
$$\leq \left(\int_a^b |f(t)|^p dt\right)^{\frac{1}{p}} \left(\int_a^b |f(t)+g(t)|^{(p-1)q}dt\right)^{\frac{1}{q}}$$
$$+ \left(\int_a^b |g(t)|^p dt\right)^{\frac{1}{p}} \left(\int_a^b |f(t)+g(t)|^{(p-1)q}dt\right)^{\frac{1}{q}}$$
$$= \left\{\left(\int_a^b |f(t)|^p dt\right)^{\frac{1}{p}} + \left(\int_a^b |g(t)|^p dt\right)^{\frac{1}{p}}\right\} \left(\int_a^b |f(t)+g(t)|^p dt\right)^{\frac{1}{q}}$$

$\therefore \displaystyle\left(\int_a^b |f(t)+g(t)|^p dt\right)^{1-\frac{1}{q}} \leq \left(\int_a^b |f(t)|^p dt\right)^{\frac{1}{p}} + \left(\int_a^b |g(t)|^p dt\right)^{\frac{1}{p}}$

$1-\dfrac{1}{q}=\dfrac{1}{p}$ であるから求める不等式が得られた. ♠

注意 1.8 $1\leq p<\infty$ のとき, $f\in C[a,b]$ に対して
$$\|f\|_p = \left(\int_a^b |f(t)|^p dt\right)^{\frac{1}{p}}$$
と置けば, 定理 **1.8** によって $\|\cdot\|_p$ は $C[a,b]$ 上のノルムとなる. このノルムによる $C[a,b]$ の完備化を $L^p(a,b)$ で表す. 注意 **1.3** におけると同様にこの空間は $[a,b]$ 上 Lelesgue 可測で $\|u\|_p<+\infty$ を満たす関数 u の全体である. $\|\cdot\|_p$ は L^p ノルムと呼ばれる.

1.6 いろいろなノルム

1.6.1 有限次元ノルム

$X\in \boldsymbol{R}^n$(または $\boldsymbol{C}^n$) とし, $\boldsymbol{x}=(x_1,\cdots,x_n)\in X$ に対して
$$\|\boldsymbol{x}\|_p = \left(\sum_{i=1}^n |x_i|^p\right)^{\frac{1}{p}} \quad (1\leq p<\infty)$$
とおく. Minkowski の不等式 (定理 **1.6**) によって $\|\cdot\|_p$ は X 上のノルムである. この記号は L^p ノルムと同じであるが, 混同の恐れはないであろう. また

$$\|\boldsymbol{x}\|_\infty = \max_i |x_i| \quad (\text{例 } \mathbf{1.3} \text{ の関数ノルムと同じ記号である})$$

と置けば $\|\cdot\|_\infty$ も X 上のノルムである. さらに

$$\lim_{p\to\infty} \|\boldsymbol{x}\|_p = \|\boldsymbol{x}\|_\infty$$

が成り立つ. 実際, $\|\boldsymbol{x}\|_\infty = |x_k|$ として, $p \to \infty$ とすれば

$$|x_k| \leq \left(\sum_{i=1}^n |x_i|^p\right)^{\frac{1}{p}} \leq (n|x_k|^p)^{\frac{1}{p}} = n^{\frac{1}{p}}|x_k| \to |x_k|$$

となるからである.

数値解析などにおいてよく用いられるベクトルノルムは $p = 1, 2, \infty$ の場合であり, これに対応する作用素ノルム

$$\|\cdot\|_p : \quad A \in L(X, X) \to \|A\|_p \in \boldsymbol{R}$$

は

$$\|A\|_p = \sup_{x\neq 0} \frac{\|A\boldsymbol{x}\|_p}{\|\boldsymbol{x}\|_p} = \sup_{\|x\|=1} \|A\boldsymbol{x}\|_p \tag{1.27}$$

により定義される. $\|\cdot\|_p$ は**行列の $\boldsymbol{p}$ ノルム**と呼ばれる. しかし, 行列 A が与えられたとき, (1.27) により $\|A\|_p$ を計算するのは容易でない. つぎの結果は $\|A\|_p$ の具体的計算方法を与える.

定理 1.9

n 次行列 $A = (a_{ij})$ に対しつぎが成り立つ.

(i) $\|A\|_\infty = \max_{1\leq i\leq n} \sum_{j=1}^n |a_{ij}|$ (最大絶対値行和)

(ii) $\|A\|_1 = \max_{1\leq j\leq n} \sum_{i=1}^n |a_{ij}|$ (最大絶対値列和)

(iii) $\|A\|_2 = \max_{1\leq i\leq n} \sqrt{\lambda_i(A^*A)}$ (ただし $\lambda_i(A^*A)$ は A^*A の固有値)

証明 (i) $\|\boldsymbol{x}\|_\infty = 1$ とするとき

$$\|A\boldsymbol{x}\|_\infty = \max_i \left|\sum_{j=1}^n a_{ij}x_j\right|$$
$$\leq \max_i \sum_{j=1}^n |a_{ij}||x_j| \leq \max_i \sum_{j=1}^n |a_{ij}| \tag{1.28}$$

ここで $\max_i \sum_{j=1}^n |a_{ij}| = \sum_{j=1}^n |a_{kj}|$ として，ベクトル $\boldsymbol{y} = (y_1, \cdots, y_n)^t$ を

$$y_j = \begin{cases} \dfrac{\bar{a}_{kj}}{|a_{kj}|} & (a_{kj} \neq 0 \text{ のとき}) \\ 0 & (a_{kj} = 0 \text{ のとき}) \end{cases} \quad (j = 1, 2, \cdots, n)$$

と定めれば，$A \neq O$ のとき $\|y\|_\infty = 1$ であり

$$A\boldsymbol{y} = \left(\sum_{j=1}^n a_{1j}y_j, \cdots, \sum_{j=1}^n a_{nj}y_j\right)^t$$

$$\left|\sum_{j=1}^n a_{ij}y_j\right| \leq \sum_{j=1}^n |a_{ij}||y_j| \leq \sum_{j=1}^n |a_{ij}|$$

$$\left|\sum_{j=1}^n a_{kj}y_j\right| = \sum_{j=1}^n |a_{kj}| = \max_i \sum_{j=1}^n |a_{ij}|$$

ゆえに (1.28) は $\boldsymbol{x} = \boldsymbol{y}$ のとき等号となる．よって

$$\|A\|_\infty = \sup_{\|x\|_\infty = 1} \|Ax\|_\infty = \sum_{j=1}^n |a_{kj}|$$

上式は $A = O$ のときも成り立つ．

(ii) $\|y\|_1 = 1$ かつ $\|A\|_1 = \sup_{\|x\|_1 = 1} \|Ax\|_1 = \|Ay\|_1$ となるベクトル $\boldsymbol{y} = (y_1, \cdots, y_n)^t$ をとれば

$$\|A\|_1 = \sum_{i=1}^n \left|\sum_{j=1}^n a_{ij}y_j\right|$$
$$\leq \sum_{i=1}^n \sum_{j=1}^n |a_{ij}||y_j| = \sum_{j=1}^n |y_j|\left(\sum_{i=1}^n |a_{ij}|\right)$$
$$\leq \left(\sum_{j=1}^n |y_j|\right)\left(\max_k \sum_{i=1}^n |a_{ik}|\right) = \max_k \sum_{i=1}^n |a_{ik}| \tag{1.29}$$

もし (1.29) の最大値が $k = l$ で達成されるとすれば，$\boldsymbol{e}_l$ を n 次単位行列の第 l 列として

$$A\boldsymbol{e}_l = (a_{1l}, a_{2l}, \cdots, a_{nl})^t, \quad \|A\boldsymbol{e}_l\|_1 = \sum_{i=1}^n |a_{il}|$$

ゆえに
$$\|A\|_1 = \|Ae_l\|_1 = \max_j \sum_{i=1}^{n} |a_{ij}|$$

(iii)　$A^* = \bar{A}^t$(共役転置行列) であり $A = (a_{ij})$, $A^* = (b_{ij})$ ならば $b_{ij} = \bar{a}_{ji}$ であることに注意する。また任意の n 次正方行列 A に対しその固有値を $\lambda_1, \cdots, \lambda_n$ として

$$\rho(A) = \max_i |\lambda_i| \tag{1.30}$$

を A のスペクトル半径 (spectral radius) という。$H = A^*A$ は A が実行列ならば実対称行列 (symmetric matrix), A が複素行列ならば **Hermite** (エルミート) 行列であって,いずれにせよ H の固有値は実数で非負かつ対応する固有ベクトルとして正規直交系がとれる。この事実は線形代数学でよく知られているが, 例えば固有値の非負性は $Hv = \lambda v$(λ は実数, v は長さ 1 のベクトル) として

$$0 \le \|Av\|_2^2 = (Av)^*(Av) = v^*A^*Av = v^*Hv = \lambda v^*v = \lambda$$

よりわかる。

さて, H の固有値を $\mu_1, \cdots, \mu_n$ ($\mu_1 \ge \cdots \ge \mu_n \ge 0$) とし, 対応する正規直交固有ベクトル $v_1, \cdots, v_n$ をとれば, 任意の n 次元ベクトル v はそれらの 1 次結合として表される。$v = \sum_{j=1}^{n} c_j v_j$ とするとき

$$\begin{aligned}
\|Av\|_2^2 &= (Av, Av) \\
&= (v, A^*Av) = (v, Hv) \\
&= \left(\sum_{i=1}^{n} c_i v_i, \sum_{j=1}^{n} c_j H v_j \right) \\
&= \left(\sum_{i=1}^{n} c_i v_i, \sum_{j=1}^{n} c_j \mu_j v_j \right) \\
&= \sum_{i=1}^{n} |c_i|^2 \mu_i \quad \left(\because (v_i, v_j) = \delta_{ij} = \left\{ \begin{array}{ll} 1 & (i = j) \\ 0 & (i \ne j) \end{array} \right. \right) \\
&\le \mu_1 \sum_{i=1}^{n} |c_i|^2 \\
&= \mu_1 \|v\|_2^2
\end{aligned}$$

したがって
$$\|A\|_2 = \sup_{x \ne 0} \frac{\|Av\|_2}{\|v\|_2} \le \sqrt{\mu_1} = \sqrt{\rho(H)}$$

特に $v = v_1$ のとき等号が成り立つから $\|A\|_2 = \sqrt{\rho(H)}$ を得る。　♠

注意 1.9 上記証明の (1.30) で注意したように
$$\|A\|_2 = \sqrt{\rho(A^*A)} = \sqrt{A^*A \text{ のスペクトル半径}}$$
であるから, 作用素ノルム $\|\cdot\|_2$ はスペクトルノルム (spectral norm) と呼ばれる。なお, 行列ノルムに関してつぎが成り立つ。

定理 1.10

A を正方行列とするとき

(i) 任意の行列ノルムに対し, $\rho(A) \leq \|A\|$

(ii) 任意に与えられた正数 ε に対して $\|A\| \leq \rho(A) + \varepsilon$ を満たす行列ノルムが存在する。

<u>証明</u> (i) λ を A の任意の固有値として $A\boldsymbol{x} = \lambda\boldsymbol{x}$, $\boldsymbol{x} \neq 0$ とすれば

$|\lambda|\|\boldsymbol{x}\| = \|\lambda\boldsymbol{x}\| = \|A\boldsymbol{x}\| \leq \|A\| \cdot \|\boldsymbol{x}\|$

∴ $|\lambda| \leq \|A\|$

∴ $\rho(A) \leq \|A\|$

(ii) 省略する。山本 7) を参照のこと。 ♠

定理 1.11

正方行列 A に対しつぎの条件は同値である。

(i) $\lim_{k \to 0} A^k = O$ (零行列)

(ii) $\rho(A) < 1$

(iii) ある行列ノルムにつき $\|A\| < 1$

(iv) 行列の無限級数 $I + A + A^2 + \cdots$ は収束する。

<u>証明</u> (i) ⇒ (ii) A の Jordan (ジョルダン) 標準形を考えればよい (山本 7) 参照)。

(ii) ⇒ (iii)　定理 **1.10**(ii) による。

(iii) ⇒ (iv)　$S_\nu = I + A + \cdots + A^\nu$ と置けば，$\nu > \mu$ のとき

$$\|S_\nu - S_\mu\| = \|A^{\mu+1} + \cdots + A^\nu\| \leq \|A\|^{\mu+1} + \cdots + \|A\|^\nu$$
$$\leq \frac{\|A\|^{\mu+1}}{1 - \|A\|} \to 0 \ (\mu \to \infty)$$

よって $\{S_\nu\}$ は Cauchy 列をなし，有限次元空間の完備性からある行列 B に収束する。

(iv) ⇒ (i)　行列の級数 $I + A + A^2 + \cdots$ が収束するためには $A^k \to O$ でなければならない。　　♠

系 1.11.1　ある行列ノルムで $\|A\| < 1$ ならば $I - A$ は正則で

$$(I - A)^{-1} = I + A + A^2 + \cdots \tag{1.31}$$

さらに $\|I\| = 1$ のとき

$$\frac{1}{1 + \|A\|} \leq \|(I - A)^{-1}\| \leq \frac{1}{1 - \|A\|}$$

式 (1.31) の右辺の級数は **Neumann**（ノイマン）**級数**と呼ばれている。

証明　定理 **1.11** によって

$$(I - A)(I + A + A^2 + \cdots + A^m) = I - A^{m+1} \to I \ (m \to \infty) \tag{1.32}$$

これは収束する級数 $I + A + A^2 + \cdots$ が $I - A$ の逆行列であることを示している。また (1.32) から

$$I + A + \cdots + A^m = (I - A)^{-1}(I - A^{m+1})$$
$$= (I - A)^{-1} - (I - A)^{-1}A^{m+1}$$

したがって

$$(I - A)^{-1} = (I - A)^{-1}A^{m+1} + I + A + \cdots + A^m$$
$$\therefore \ \|(I - A)^{-1}\| \leq \|(I - A)^{-1}A^{m+1}\| + \|I + A + \cdots + A^m\|$$
$$\leq \|(I - A)^{-1}\| \cdot \|A\|^{m+1} + 1 + \|A\| + \cdots + \|A\|^m$$
$$\therefore \ \|(I - A)^{-1}\| \leq \frac{1}{1 - \|A\|^{m+1}}(1 + \|A\| + \cdots + \|A\|^m)$$
$$= \frac{1}{1 - \|A\|}$$

また

$$1 = \|I\| = \|(I - A)(I - A)^{-1}\| \leq \|I - A\| \cdot \|(I - A)^{-1}\|$$

$$\leq (1+\|A\|)\|(I-A)^{-1}\|$$

より

$$\|(I-A)^{-1}\| \geq \frac{1}{1+\|A\|}$$

を得る。 ♠

系 1.11.2 A, E は同じ次数の行列で A は正則かつ $\|A^{-1}E\| < 1$ ならば $A+E$ は正則で，$\|I\|=1$ のとき

$$\|(A+E)^{-1}\| \leq \frac{\|A^{-1}\|}{1-\|A^{-1}E\|} \leq \frac{\|A^{-1}\|}{1-\|A^{-1}\|\cdot\|E\|}$$

証明 $A+E = A(I-(-A^{-1}E))$ として系 **1.11.1** を適用すればよい。 ♠

注意 1.10 有限次元空間 X では，二つのノルム $\|\cdot\|, \|\cdot\|'$ は同値であって，$m\|x\|' \leq \|x\| \leq M\|x\|'$ $\forall x \in X$ となる x に無関係な正定数 m と M が存在する (山本 7)) から，X 内の点列の収束，発散はノルムの選び方には依存しない。しかし命題 **1.1** ですでに見たように，無限次元空間 X ではこれは成り立たず，ノルム $\|\cdot\|, \|\cdot\|'$ の選び方により空間 $(X, \|\cdot\|)$ と $(X, \|\cdot\|')$ の性質がまったく異なることもあり得るから注意を要する。

1.6.2 Sobolev ノルム

すでに $X = C[a,b]$ におけるノルムとして，$f \in X$ に対し

$$\|f\|_\infty = \max_{a \leq t \leq b} |f(t)|$$

$$\|f\|_p = \left(\int_a^b |f(t)|^p dt\right)^{\frac{1}{p}} \quad (1 \leq p < \infty)$$

を定義した。特に $p=2$ の場合 $\|\cdot\|_2$ は内積

$$(f,g) = \int_a^b f(t)g(t)dt$$

から誘導されるノルムである。

また，$X = C^1[a,b]$ のとき

$$\|f\|_{C^1} = \|f\|_\infty + \|f'\|_\infty \quad (f \in X)$$

により X 上のノルム $\|\cdot\|_{C^1}$ も定義される。ここでさらに

$$[f,g] = \int_a^b f(t)g(t)dt + \int_a^b f'(t)g'(t)dt \quad (f,g \in X)$$
$$\|f\|_W = \sqrt{[f,f]}$$

と置くと $[\ ,\ ]$ は $X = C^1[a,b]$ 上の内積である (各自検証されたい)。$\|\cdot\|_W$ はその内積から導かれるノルムである。これを **Sobolev** (ソボレフ) **ノルム**という。また内積空間 $(X, \|\cdot\|_W)$ の完備化を $H^1(a,b)$ で表し Sobolev 空間という。したがって

$$f_n \in C^1[a,b] \quad (n = 1, 2, \cdots)$$

が $H^1(a,b)$ の Cauchy 列ならば

$$\|f_m - f_n\|_W = \sqrt{\|f_m - f_n\|_2^2 + \|f'_m - f'_n\|_2^2} \to 0 \quad (m,n \to \infty)$$

より

$$\|f_m - f_n\|_2 \to 0, \quad \|f'_m - f'_n\|_2 \to 0 \quad (m, n \to \infty)$$

したがって $\{f_n\}, \{f'_n\}$ はともに $L^2(a,b)$ 内の Cauchy 列であり, $L^2(a,b)$ の完備性によって $n \to \infty$ のとき

$$\|f_n - \phi\|_2 \to 0, \quad \|f'_n - \psi\|_2 \to 0$$

となる $\phi, \psi \in L^2(a,b)$ が存在する。ゆえに, 完備な空間 $H^1(a,b)$ における Cauchy 列 $\{f_n\}$ の収束先 $f \in H^1(a,b)$ と (ϕ, ψ) を同一視し, ψ を ϕ の**広義導関数** (generalized derivative または weak derivative) という。$\psi = \phi'$ と書く。$\phi, \psi \in L^2(a,b)$ であるから

$$H^1(a,b) = \{u \in L^2(a,b) \mid u \text{ の広義導関数 } u' \in L^2(a,b) \text{ が存在}\}$$

とみなせる。

例 1.10 $u(t) = |t| (-1 \leq t \leq 1)$ と置けば $u \in H^1(-1,1)$ かつ u の広義導関数は

32　1. 関数解析の基礎

$$u'(t) = \mathrm{sgn}(t) = \begin{cases} 1 & (t > 0) \\ 0 & (t = 0) \\ -1 & (t < 0) \end{cases}$$

である。実際

$$f_n(t) = \begin{cases} \dfrac{1}{2}nt^2 + \dfrac{1}{2n} & \left(|t| \leq \dfrac{1}{n}\right) \\ |t| & \left(|t| > \dfrac{1}{n}\right) \end{cases}$$

と置けば $\|f_m - f_n\|_W \to 0\ (m, n \to \infty)$ かつ $n \to \infty$ のとき

$$\|f_n - u\|_2 \to 0 \ \text{かつ}\ \|f_n' - \mathrm{sgn}(t)\|_2 \to 0$$

が成り立つ (検証は読者に任せよう)。

1.7　コンパクト集合

この節では, 現代数学における重要な概念であるコンパクト集合の性質を要約して述べる。

定義 1.11 (有界集合)　距離空間 (X, d) の部分集合 S が有界集合であるとは

$$d(S) \equiv \sup_{x, y \in S} d(x, y) < +\infty$$

のときをいう (この定義は 1.4 節における定義と矛盾しない)。$d(S)$ を S の**直径** (diameter) という。

定義 1.12 (近傍, 開集合, 閉集合)　距離空間 (X, d) において, $x \in X$, $\varepsilon > 0$ に対し

$$N(x, \varepsilon) = \{y \in X \mid d(x, y) < \varepsilon\}$$

を x の **ε 近傍** (ε neighborhood) という。また X の部分集合 S に対し, $x \in S$ が S の**内点** (interior point) であるとは, x の適当な ε 近傍 $N(x, \varepsilon)$ が存在して $N(x, \varepsilon) \subset S$ とできるときをいう。S の内点の全体を $\overset{\circ}{S}$ で表すとき, $\overset{\circ}{S} = S$ ならば S は**開集合** (open set) であるという。また S の補集合 $S^C = X \setminus S$ が開集合のとき S を**閉集合** (closed set) という。

1.7 コンパクト集合

定義 1.13 (閉包)　距離空間 (X, d) の部分集合 S に対し, S を含む最小の閉集合を S の**閉包** (closure) といいい $\bar{S}$ で表す. このとき $x \in \bar{S}$ であるとは x に収束する S 内の点列 x_n が存在することを意味している.

注意 1.11　上記定義において, $x \in S$ ならば $\{x_n\}$ として $\{x, x, \cdots, x, \cdots\}$ (すなわち $x_n = x\ \forall n$) をとることができるが, $x \notin S$ ならば $\{x_n\}$ は無限集合である. また, $\bar{S}$ は $N(x, \varepsilon) \cap S \neq \emptyset\ \forall \varepsilon > 0$ を満たす $x \in X$ の全体でもある.

定義 1.14 (被覆, 開被覆)　距離空間 (X, d) の部分集合 G_λ からなるある集合族 $\{G_\lambda\}_{\lambda \in \Lambda}$ (Λ は添字の集合で**インデックス集合**と呼ばれる) が

$$S \subseteq \bigcup_{\lambda \in \Lambda} G_\lambda$$

を満たすとき, $\{G_\lambda\}_{\lambda \in \Lambda}$ を $S (\subseteq X)$ の**被覆** (covering) という. 特に G_λ がすべて開集合のとき**開被覆** (open covering), また Λ が有限集合のとき**有限開被覆** (finite open covering) という.

定義 1.15 (コンパクト集合)　距離空間 (X, d) の部分集合 S が**コンパクト** (compact) であるとは, S の任意の開被覆がつねに有限開被覆を含むときをいう.

定義 1.16 (ε ネット)　距離空間 (X, d) の部分集合 $\mathcal{E}$ が集合 $S \subseteq X$ に関する **ε ネット** (ε net) であるとは, 各 $x \in S$ に対して $d(x, y) < \varepsilon$ となる $y \in \mathcal{E}$ が存在するときをいう. 特に $\mathcal{E}$ が有限集合のとき**有限 ε ネット** (finite ε net) という.

定義 1.17 (全有界集合)　距離空間 (X, d) の部分集合 S が**全有界** (totally bounded) であるとは, 任意の正数 ε に対して, S に関する有限 ε ネットが存在するときをいう.

定義 1.18 (相対コンパクト集合)　距離空間 (X, d) の部分集合 S が**相対コンパクト** (relatively compact) であるとは, $\bar{S}$ がコンパクトのときをいう.

以上の定義から導かれる事柄を以下に列挙する。

定理 1.12

距離空間 (X,d) において，X の部分集合 S がコンパクトならば S は有界閉集合である (逆は一般にいえない。注意 **1.12** 参照)。

定理 1.13

距離空間 (X,d) の部分集合 S がコンパクトであるための必要十分条件は，S の任意の無限部分集合から S 内の点に収束する無限点列を抽き出せることである。

定理 1.14

距離空間 (X,d) の部分集合 S が相対コンパクトであるための必要十分条件は，S の任意の無限部分集合から収束する無限点列を抽き出せることである (ただし，収束先は S の点とは限らない)。

定理 1.15

S が距離空間 (X,d) の相対コンパクト集合ならば S は全有界である。したがってコンパクト集合は全有界である。

証明 任意の正数 ε に対し $\bar{S} \subseteq \bigcup_{x \in \bar{S}} N(x,\varepsilon)$ かつ $N(x,\varepsilon)$ は開集合であるから $\bigcup_{x \in \bar{S}} N(x,\varepsilon)$ は $\bar{S}$ の開被覆である。ゆえに，S が相対コンパクトならば有限個の点 $x_1,\cdots,x_n \in \bar{S}$ が存在して

$$\bar{S} \subseteq \cup_{i=1}^{n} N(x_i, \varepsilon) \qquad (\bar{S}\text{の有限開被覆})$$

したがって,集合 $\{x_1, \cdots, x_n\}$ は $\bar{S}$,したがって,S の有限 ε ネットである。これは $\bar{S}$(および S) が全有界であることを意味する。特に S がコンパクトならば上記 $x_1 \cdots, x_n$ は S の点であり,有限 ε ネットは S の部分集合にとることができる。 ♠

定理 1.16

距離空間 (X, d) が完備で,X の部分集合 S が全有界ならば S は相対コンパクトである。

定理 1.17

完備な距離空間 (X, d) においては,X の部分集合 S がコンパクトであるための必要十分条件は S が閉,かつ全有界であることである。

注意 1.12 S を距離空間 (X, d) の部分集合とするとき,明らかに

$$S \text{ が全有界} \Rightarrow S \text{ は有界} \qquad (1.33)$$

であるが,この逆は一般に成立しない。実際,例 **1.6** で定義された Hilbert 空間 l_2 における単位球面

$$S = \{x \in l_2 \mid \|x\| = 1\}$$

を考えれば,S は有界集合であるが全有界ではない。いま ε を与えられた正数とする。仮に S が全有界と仮定して $\mathcal{E}$ を S に関する有限 ε ネットとし

$$e_1 = (1, 0, 0, \cdots),\ e_2 = (0, 1, 0, \cdots),\ \cdots$$

とすれば,各 $e_i \in l_2 (i \geq 1)$ に対して

$$d(e_i, y^{(i)}) = \|e_i - y^{(i)}\| < \varepsilon$$

となる $y^{(i)} \in \mathcal{E}$ がある。$\mathcal{E}$ は有限集合であるから,ある i と $j (i \neq j)$ により $y^{(i)} = y^{(j)}$ とならねばならないが,このとき

$$\sqrt{2} = d(e_i, e_j) \leq d(e_i, y^{(i)}) + d(y^{(j)}, e_j) < 2\varepsilon$$

よって $\varepsilon \leq \dfrac{\sqrt{2}}{2}$ ならば上式は矛盾を引き起こすから，このような ε に対し，S に関する ε ネットは存在せず，S は全有界ではない．したがって定理 **1.15** により S はコンパクトでない．

しかし X が $\boldsymbol{R}^n, \boldsymbol{C}^n$ などの有限次元線形空間の場合には，(1.33) の逆が成り立ち，定理 **1.17** によって，有限次元空間におけるコンパクト集合とは有界閉集合にほかならないことがわかる．なお，本節の事項については Bachman-Narici 12) がよい参考書である．

1.8　Ascoli-Arzelaの定理

定義 1.19 (同程度連続)　区間 $I \subset \boldsymbol{R}$ 上定義された関数の集合 $\mathcal{F}$ が $x_0 \in I$ において**同程度連続** (equicontinuous) であるとは，任意に与えられた正数 ε に対して，$\mathcal{F}$ の元に無関係な正数 $\delta = \delta(\varepsilon, x_0)$ を適当に定めて

$$|x - x_0| < \delta \ (x \in I) \Rightarrow |f(x) - f(x_0)| < \varepsilon \ \ \forall f \in \mathcal{F}$$

とできるときをいう．I 内の任意の点において同程度連続のとき I 上同程度連続であるという．

定義 1.20 (同程度一様連続)　区間 $I \subset \boldsymbol{R}$ 上定義された関数の集合 $\mathcal{F}$ が I 上**同程度一様連続** (uniformly equicontinuous) であるとは，任意に与えられた $\varepsilon > 0$ に対して $\mathcal{F}$ の元と I 内の点に無関係な正数 $\delta = \delta(\varepsilon)$ を適当に定めて

$$|x' - x''| < \delta \ (x', x'' \in I) \Rightarrow |f(x') - f(x'')| < \varepsilon \ \ \forall f \in \mathcal{F}$$

とできるときをいう．

定義より明らかに同程度一様連続の概念は同程度連続より一般に強い概念であるが，I が有界閉集合の場合には両者は同一のものである．実際，つぎが成り立つ．

定理 1.18

　$\mathcal{F}$ を有限閉区間 I 上定義される実数値連続関数のある集合とする．この

1.8 Ascoli-Arzelà の定理

とき, $\mathcal{F}$ が I 上同程度連続ならば I 上同程度一様連続である．

証明 仮に $\mathcal{F}$ が I 上同程度一様連続でないとすれば，適当な正数 ε_0 が存在して，条件

$$x'_k, x''_k \in I, \quad |x'_k - x''_k| < \frac{1}{k}, \quad |f_k(x'_k) - f_k(x''_k)| \geq \varepsilon_0 \qquad (1.34)$$

を満たす点列 $\{x'_k\}, \{x''_k\}$ と関数列 $\{f_k\} \subset \mathcal{F}$ を見出すことができる．$\{x'_k\}$ は有界無限列であるから, Bolzano-Weierstrass(ボルツァノ・ワイエルストラス)の定理によって，収束部分列 $\{x'_{k_j}\}$ をもつ．収束先を α とすれば，I は閉集合であるから $\alpha \in I$ である．このとき (1.34) から

$$|x'_{k_j} - x''_{k_j}| < \frac{1}{k_j} \to 0 \quad (j \to \infty)$$

となって $\{x''_{k_j}\}$ も α に収束する．

一方, $\mathcal{F}$ は I 上同程度連続であるから，適当な $\delta_0 = \delta(\varepsilon, \alpha) > 0$ をとれば

$$x \in I, \quad |x - \alpha| < \delta_0 \Rightarrow |f(x) - f(\alpha)| < \frac{\varepsilon_0}{2} \quad \forall f \in \mathcal{F} \qquad (1.35)$$

ここで j_0 を適当に定めて $j > j_0$ ならば

$$|x'_{k_j} - \alpha| < \frac{\delta_0}{2} \text{ かつ } |x''_{k_j} - \alpha| < \frac{\delta_0}{2}$$

したがって

$$|x'_{k_j} - x''_{k_j}| \leq |x'_{k_j} - \alpha| + |\alpha - x''_{k_j}| < \frac{\delta_0}{2} + \frac{\delta_0}{2} = \delta_0$$

とできるから

$$|f(x'_{k_j}) - f(x''_{k_j})| \leq |f(x'_{k_j}) - f(\alpha)| + |f(\alpha) - f(x''_{k_j})|$$
$$< \frac{\varepsilon_0}{2} + \frac{\varepsilon_0}{2} = \varepsilon_0 \quad \forall f \in \mathcal{F}$$

特に

$$|f_{kj}(x'_{k_j}) - f_{kj}(x''_{k_j})| < \varepsilon_0 \qquad (j > j_0)$$

これは (1.34) に矛盾する．ゆえに, $\mathcal{F}$ は I 上同程度一様連続である． ♠

したがって, I が有限閉区間の場合には, $\mathcal{F}$ が I 上同程度連続であることと I 上同程度一様連続であることとは同じことである．したがって, I が有限閉区間の場合には 同程度連続と同程度一様連続を区別せず同程度 (一様) 連続と記すことにする．

なお，集合 $\mathcal{F}$ が一つの関数 f のみからなる場合には, 定理 **1.18** は微分積分学でよく知られたつぎの結果になる．

系 1.18.1 有限閉区間 I 上定義される実数値連続関数は I 上一様連続である。

さて，重要な次の定理を証明しよう。この定理は後で度々用いられる。

定理 1.19 (**Ascoli-Arzela** (アスコリ・アルツェラ) の定理)

$\mathcal{F}$ を $X = C[a,b]$ の無限部分集合とする。$\mathcal{F}$ が一様有界 ($\|f\|_\infty \leq M < +\infty \ \forall f \in \mathcal{F}$ となる正の定数 M が存在する) かつ $I = [a,b]$ 上同程度連続ならば，$\mathcal{F}$ は I 上一様収束する無限部分列を含む。すなわち $\mathcal{F}$ は Banach 空間 $(X, \|\cdot\|_\infty)$ における相対コンパクト集合をなす。

証明 一般性を失うことなく $\mathcal{F} = \{f_n\}_{n=1}^\infty$ としてよい。I 内の有理数は可算無限個あるから，それらを

$$r_1, r_2, \cdots, r_n, \cdots$$

と並べる。$\{f_n\}$ は仮定によって一様有界であるから，各 $x \in I$ において $\{f_n(x)\}$ は有界列となり，Bolzano-Weierstrass の定理によって収束部分列を含む。$x = r_1$ として $\{f_n(r_1)\}$ の収束部分列を $\{f_{1n}(r_1)\}_{n=1}^\infty$ で表す。$\{f_{1n}(r_2)\}$ は有界列 $\{f_n(r_2)\}$ の部分列であるから有界列であり収束部分列をもつ。それを $\{f_{2n}(r_2)\}$ で表す。$\{f_{2n}(x)\}$ は $\{f_{1n}(x)\}$ の部分列であり，$\{f_{1n}(r_1)\}$ が収束するから $\{f_{2n}(r_1)\}$ も収束する。すなわち $\{f_{2n}(x)\}$ は $x = r_1, r_2$ において収束する。以下これを続けて関数列

$$\{f_{1n}(x)\}_{n=1}^\infty \supset \{f_{2n}(x)\}_{n=1}^\infty \supset \cdots \supset \{f_{kn}(x)\}_{n=1}^\infty \supset \cdots$$

を $\{f_{kn}(x)\}_{n=1}^\infty$ が $x = r_1, r_2, \cdots, r_k$ において収束するように構成できる。これを表示すれば

$f_{11}(x), \ f_{12}(x), \cdots, f_{1n}(x), \cdots \ : \ x = r_1$ で収束

$f_{21}(x), \ f_{22}(x), \cdots, f_{2n}(x), \cdots \ : \ x = r_1, r_2$ で収束

$\vdots$

$f_{k1}(x), \ f_{k2}(x), \cdots, f_{kn}(x), \cdots \ : \ x = r_1, r_2, \cdots, r_k$ で収束

このとき $\{f_{nn}(x)\}_{n=1}^\infty$ は $x = r_1, r_2, \cdots$ のすべてにおいて収束することがわかる (これを **Cantor** (カントール) **の対角線論法**という)。実際，任意に j をとれば

$$f_{jj}(x),\ f_{j+1j+1}(x),\ \cdots \tag{1.36}$$

は $\{f_{jn}(x)\}_{n=1}^{\infty}$ の部分列であり, $\{f_{jn}(x)\}_{n=1}^{\infty}$ は $x=r_j$ において収束するから, (1.36) もその点で収束する. ゆえに, (1.36) に有限個の項 $\{f_{kk}(x)\}_{k=1}^{j-1}$ を付け加えた $\{f_{nn}(x)\}_{n=1}^{\infty}$ も $x=r_j$ で収束する. すなわち, $\{f_{nn}(x)\}_{n=1}^{\infty}$ はすべての有理数 $r_1, r_2, \cdots$ において収束する. つぎに, $\{f_{nn}\}$ は Banach 空間 $(X, \|\cdot\|_{\infty})$ の Cauchy 列をなすことを示そう. これが示されれば証明は完了する.

$\mathcal{F}$ は同程度連続であるとしているから定理 **1.18** により同程度一様連続であり, 任意に与えられた ε に対して, 適当な正数 $\delta = \delta(\varepsilon)$ を定めて

$$|x'-x''|<\delta\ (x',x''\in I) \Rightarrow |f(x')-f(x'')|<\varepsilon\ \forall f\in\mathcal{F}$$

とできる. 特に

$$|x'-x''|<\delta\ (x',x''\in I) \Rightarrow |f_{nn}(x')-f_{nn}(x'')|<\varepsilon\ (n=1,2,\cdots)$$

である. 区間 I を小区間 $I_1, \cdots, I_l$ に分割して, どの小区間の長さも δ より小さいようにする. さらに各小区間から有理数を一つずつとり出し, それらを改めて $r_1, r_2, \cdots, r_l$ ($r_i \in I_i$, $1 \le i \le l$) とする. $\{f_{nn}(x)\}$ は $x=r_1, r_2, \cdots, r_l$ で収束するから, 各 j ($1 \le j \le l$) につき自然数 N_j を定めて

$$m, n \ge N_j \Rightarrow |f_{mm}(r_j) - f_{nn}(r_j)| < \varepsilon$$

とできる. このとき, $x \in I = \bigcup_{j=1}^{l} I_j$ ならばある j に対して $x \in I_j$ であり, $m, n \ge N = \max(N_1, \cdots, N_l)$ ならば

$$|f_{mm}(x) - f_{nn}(x)| \le |f_{mm}(x) - f_{mm}(r_j)| + |f_{mm}(r_j) - f_{nn}(r_j)|$$
$$+ |f_{nn}(r_j) - f_{nn}(x)|$$
$$< \varepsilon + \varepsilon + \varepsilon = 3\varepsilon$$

$$\therefore\quad \|f_{mm} - f_{nn}\|_{\infty} < 3\varepsilon \qquad (m, n \ge N)$$

ゆえに, $\{f_{nn}\}$ は Banach 空間 $(X, \|\cdot\|_{\infty})$ 内の Cauchy 列であり, $\{f_{nn}\}$ は $\|\cdot\|_{\infty}$ に関して X 内の元に収束する. ♠

注意 1.13 定理 **1.19** は $\boldsymbol{R}^n$ の有界閉集合 S 上で定義された実数値連続関数の無限集合に対しても拡張される (証明はまったく同じようにできる).

1.9 Weierstrass の多項式近似定理

いままでと同様に $[a,b]$ は有限閉区間を表すとする.

定理 1.20 (Weierstrass の多項式近似定理)

$f \in C[a,b]$ ならば, 任意に与えられた $\varepsilon > 0$ に対して

$$\|f - p\|_\infty < \varepsilon$$

となる多項式 $p(x)$ が存在する。

証明 一般性を失うことなく $[a,b] = [0,1]$ としてよい (変換 $t = a + (b-a)x$ により, $0 \leq x \leq 1$ 上の関数は $a \leq t \leq b$ 上の関数に移行できる)。このとき

$$B_n(x) = \sum_{j=0}^n \binom{n}{j} x^j (1-x)^{n-j} f\left(\frac{j}{n}\right) \qquad \left(\binom{n}{j} = \frac{n!}{j!(n-j)!}\right)$$

は $\|B_n - f\|_\infty \to 0 \ (n \to \infty)$ を満たすことを以下に示す。したがって十分大きい n に対して $p(x) = B_n(x)$ が求めるものである。$B_n(x)$ を **Bernstein** (ベルンシュタイン) **多項式**という。

2 項展開により

$$1 = (x + (1-x))^n = \sum_{j=0}^n \binom{n}{j} x^j (1-x)^{n-j} \tag{1.37}$$

また

$$(x+y)^n = \sum_{j=0}^n \binom{n}{j} x^j y^{n-j} \tag{1.38}$$

の両辺を x につき微分して

$$n(x+y)^{n-1} = \sum_{j=1}^n j \binom{n}{j} x^{j-1} y^{n-j} \tag{1.39}$$

ここで $y = 1 - x$ とおき両辺を n で割れば

$$1 = \sum_{j=1}^n \frac{j}{n} \binom{n}{j} x^{j-1} y^{n-j}$$

$$\therefore \quad x = \sum_{j=1}^n \frac{j}{n} \binom{n}{j} x^j y^{n-j} = \sum_{j=1}^n \frac{j}{n} \binom{n}{j} x^j (1-x)^{n-j} \tag{1.40}$$

さらに (1.39) の両辺を x につき微分して

$$n(n-1)(x+y)^{n-2} = \sum_{j=2}^n j(j-1) \binom{n}{j} x^{j-2} y^{n-j}$$

ここで $y = 1 - x$ と置いて

1.9 Weierstrass の多項式近似定理

$$n(n-1) = \sum_{j=2}^{n} j(j-1) \binom{n}{j} x^{j-2}(1-x)^{n-j}$$

$$\therefore \quad n(n-1)x^2 = \sum_{j=2}^{n} j(j-1) \binom{n}{j} x^j (1-x)^{n-j}$$

$$= \sum_{j=0}^{n} j(j-1) \binom{n}{j} x^j (1-x)^{n-j}$$

$$= \sum_{j=0}^{n} j^2 \binom{n}{j} x^j (1-x)^{n-j} - \sum_{j=0}^{n} j \binom{n}{j} x^j (1-x)^{n-j}$$

$$= \sum_{j=0}^{n} j^2 \binom{n}{j} x^j (1-x)^{n-j} - nx \qquad ((1.40) \text{ による})$$

$$\therefore \quad n(n-1)x^2 + nx = \sum_{j=0}^{n} j^2 \binom{n}{j} x^j (1-x)^{n-j}$$

両辺を n^2 で割れば

$$\left(1 - \frac{1}{n}\right) x^2 + \frac{x}{n} = \sum_{j=0}^{n} \frac{j^2}{n^2} \binom{n}{j} x^j (1-x)^{n-j} \tag{1.41}$$

$x^2 \times (1.37) - 2x \times (1.40) + (1.41)$ をつくると

$$-\frac{x^2}{n} + \frac{x}{n} = \sum_{j=0}^{n} \left(\frac{j}{n} - x\right)^2 \binom{n}{j} x^j (1-x)^{n-j} \tag{1.42}$$

さて, (1.37) と $B_n(x)$ の定義から

$$f(x) - B_n(x) = \sum_{j=0}^{n} \left\{ f(x) - f\left(\frac{j}{n}\right) \right\} \binom{n}{j} x^j (1-x)^{n-j} \tag{1.43}$$

(1.43) の右辺を $\sum_{j \in S_1} + \sum_{j \in S_2}$ と二つに分ける。ただし

$$S_1 = \left\{ j \mid \left|\frac{j}{n} - x\right| \leq \frac{1}{\sqrt[4]{n}} \right\}$$

$$S_2 = \left\{ j \mid \left|\frac{j}{n} - x\right| > \frac{1}{\sqrt[4]{n}} \right\} = \left\{ j \mid |j - nx|^2 > n^{\frac{3}{2}} \right\}$$

と置いた。ここで, $\|f\|_\infty = M$ とすれば

$$\left| \sum_{j \in S_2} \right| \leq 2M \sum_{j \in S_2} \binom{n}{j} x^j (1-x)^{n-j}$$

$$= 2M \sum_{j \in S_2} \frac{(j-nx)^2}{(j-nx)^2} \binom{n}{j} x^j (1-x)^{n-j}$$

$$\leq 2M \sum_{j \in S_2} \frac{(j-nx)^2}{n^{\frac{3}{2}}} \binom{n}{j} x^j (1-x)^{n-j}$$

$$= \frac{2M}{n^{\frac{3}{2}}} \sum_{j \in S_2} (j-nx)^2 \binom{n}{j} x^j (1-x)^{n-j}$$

$$\leq \frac{2M}{n^{\frac{3}{2}}} \sum_{j=0}^{n} (j-nx)^2 \binom{n}{j} x^j (1-x)^{n-j}$$

$$= \frac{2M}{n^{\frac{3}{2}}} (nx - nx^2) = \frac{2M}{\sqrt{n}} (x - x^2) \qquad (\text{最初の等式は } (1.42) \text{ による})$$

$$\leq \frac{2M}{\sqrt{n}} \frac{1}{4} \qquad \left(\because \ 0 \leq x \leq 1 \text{ のとき } 0 \leq x - x^2 \leq \frac{1}{4} \right)$$

$$= \frac{M}{2\sqrt{n}}$$

また $[0,1]$ 上の連続関数は $[0,1]$ 上一様連続 (系 **1.18.1**) であるから

$$\left| \sum_{j \in S_1} \right| \leq \left(\sup_{|x - \frac{j}{n}| \leq \frac{1}{\sqrt[4]{n}}} \left| f(x) - f\left(\frac{j}{n}\right) \right| \right) \sum_{j=0}^{n} \binom{n}{j} x^j (1-x)^{n-j}$$

$$= \sup_{|x - \frac{j}{n}| \leq \frac{1}{\sqrt[4]{n}}} \left| f(x) - f\left(\frac{j}{n}\right) \right| \to 0 \ (n \to \infty)$$

以上より $[0,1]$ 上一様に

$$|f(x) - B_n(x)| \to 0 \ (n \to \infty)$$

となる。 ♠

注意 1.14 区間 $[a,b]$ 上各点で連続かつ各点で微分不可能な関数の存在が知られているが, 定理 **1.20** はそのような奇妙な関数も適当な多項式で一様に近似できることを主張しているのである。ただし, 証明からわかるように Bernstein 多項式による近似の精度はよいとはいえない。

定理 **1.20** はさらにつぎのように精密化される。

定理 1.21 (定理 **1.20** の精密化)
$f \in C^k[a,b]$ ならば, 任意の正数 ε に対して

$$\|f^{(j)} - p^{(j)}\|_\infty < \varepsilon \qquad (0 \leq j \leq k)$$

を満たす多項式 $p(x)$ が存在する。

1.9 Weierstrassの多項式近似定理

証明 定数 A をつぎにより定める。

$$A = \begin{cases} 1 & (b-a < 1 \text{ のとき}) \\ (b-a)^k & (b-a \geq 1 \text{ のとき}) \end{cases}$$

定理 **1.20** により

$$\|f^{(k)}(x) - \phi\|_\infty < \frac{\varepsilon}{A}$$

なる多項式 $\phi(x)$ が存在する。このとき多項式 $p(x)$ を

$$p^{(k)}(x) = \phi(x)$$
$$p^{(j)}(a) = f^{(j)}(a) \qquad (0 \leq j \leq k-1)$$

により定めれば

$$|f^{(k-1)}(x) - p^{(k-1)}(x)| = \left|\int_a^x (f^{(k)}(t) - p^{(k)}(t))dt\right| < \frac{\varepsilon}{A}(b-a)$$

$$|f^{(k-2)}(x) - p^{(k-2)}(x)| = \left|\int_a^x (f^{(k-1)}(t) - p^{(k-1)}(t))dt\right| < \frac{\varepsilon}{A}(b-a)^2$$

$$\cdots$$

$$|f(x) - p(x)| = \left|\int_a^x (f'(t) - p'(t))dt\right| < \frac{\varepsilon}{A}(b-a)^k$$

A の定義より $A \geq 1$ かつ $\dfrac{1}{A}(b-a)^j \leq 1 \ (0 \leq j \leq k)$ であるから

$$|f^{(j)}(x) - p^{(j)}(x)| < \varepsilon \ \ \forall x \in [a,b], \ \ 0 \leq j \leq k$$

♠

注意 1.15 定理 **1.20** は n 変数関数にも拡張されて，つぎが成り立つ。

定理 1.22

f を $\boldsymbol{R}^n$ の有界閉集合 S 上で定義された実数値連続関数とすれば，任意に与えられた $\varepsilon > 0$ に対して

$$|f(x_1, \cdots, x_n) - p(x_1, \cdots, x_n)| < \varepsilon \ \ \forall (x_1, \cdots, x_n) \in S$$

を満たす n 変数多項式 $p(x_1, \cdots, x_n)$ が存在する。

さらに定理 **1.21** を n 変数関数に拡張することもできる。

2 不動点定理

2.1 不動点定理

$(X, \|\cdot\|)$ をノルム空間とする.連続写像 $T: X \to X$ に対し,$Tx = x$ を満たす $x \in X$ を T の**不動点** (fixed point) という.X と T に関する適当な条件の下に T の不動点の存在を主張する定理を**不動点定理** (fixed point theorem) という.ただし X の部分集合 $\mathcal{D}$ 上の写像 $T: \mathcal{D} \to \mathcal{D}$ に対して不動点 $x \in \mathcal{D}$ の存在を主張する場合も多い.

不動点定理は方程式 $F(x) = 0$ (ただし $F: X \to X$ は連続とし,$x \in X$ とする) の解の存在とも密接に関係している.実際 $T = I - F$ と置けば,x が $F(x) = 0$ の解であることと x が T の不動点であることは同値である.

本章では,最も基本的な不動点定理として,$\boldsymbol{R}^n$ における Brouwer (ブロウエルまたはブラウアー) の不動点定理とノルム空間における Banach の不動点定理 (縮小写像の原理), Schauder (シャウダー) の不動点定理を取り上げ,証明を与える.

2.2 Banach の不動点定理(縮小写像の原理)

以下に述べる Banach の不動点定理は**縮小写像の原理**とも呼ばれる.その証明は不動点を反復法により構成しようとするものであって,応用上最もよく知られた定理である.

定理 2.1 (**Banach の不動点定理**)

$(X, \|\cdot\|)$ をノルム空間とし,$T: \mathcal{D} \subseteq X \to X$ はつぎの条件を満たすと

2.2 Banach の不動点定理（縮小写像の原理）

する。

(i) $T\mathcal{D} \subseteq \mathcal{D}$

(ii) 適当な定数 $\lambda \in [0,1)$ が存在して $\|Tx - Ty\| \leq \lambda\|x - y\|$ $(x, y \in \mathcal{D})$

(iii) $\mathcal{D}$ は完備すなわち $\mathcal{D}$ 内の Cauchy 列は $\mathcal{D}$ 内の点に収束する。

このとき T は $\mathcal{D}$ 内にただ一つの不動点をもつ。条件 (i), (ii) を満たす写像 T は**縮小写像** (contraction mapping) と呼ばれる。

証明 $x_0 \in \mathcal{D}$, $x_{k+1} = Tx_k$ $(k = 0, 1, 2, \cdots)$ とすれば, (i) によって $x_k \in \mathcal{D}$, $k \geq 0$ かつ (ii) によって

$$\|x_{k+1} - x_k\| = \|Tx_k - Tx_{k-1}\| \leq \lambda\|x_k - x_{k-1}\| \leq \cdots \leq \lambda^k\|x_1 - x_0\|$$

ゆえに $l > k$ ならば

$$\begin{aligned}
\|x_l - x_k\| &\leq \|x_l - x_{l-1}\| + \|x_{l-1} - x_{l-2}\| + \cdots + \|x_{k+1} - x_k\| \\
&\leq (\lambda^{l-1} + \lambda^{l-2} + \cdots + \lambda^k)\|x_1 - x_0\| \\
&\leq \frac{\lambda^k}{1 - \lambda}\|x_1 - x_0\| \to 0 \quad (k \to \infty)
\end{aligned}$$

したがって $\{x_k\}$ は Cauchy 列であり, (iii) によって $\{x_k\}$ は $\mathcal{D}$ 内の点に収束する。収束先を x^* とすれば

$$\begin{aligned}
\|Tx^* - x^*\| &\leq \|Tx^* - x_{k+1}\| + \|x_{k+1} - x^*\| \\
&= \|Tx^* - Tx_k\| + \|x_{k+1} - x^*\| \\
&\leq \lambda\|x^* - x_k\| + \|x_{k+1} - x^*\| \to 0 \quad (k \to \infty)
\end{aligned}$$

$\therefore\ Tx^* = x^*$

x^* は $\mathcal{D}$ 内におけるただ一つの不動点である。実際, x^*, x^{**} を $\mathcal{D}$ 内の二つの不動点とすれば

$$\|x^* - x^{**}\| = \|Tx^* - Tx^{**}\| \leq \lambda\|x^* - x^{**}\|$$

$$(1 - \lambda)\|x^* - x^{**}\| \leq 0$$

$1 - \lambda > 0$ であるから $\|x^* - x^{**}\| \leq 0$ である。これより $x^* = x^{**}$ を得る。♠

系 2.1.1 ある自然数 $k \geq 2$ につき T^k が縮小写像ならば, (T が縮小写像でなくても) T は $\mathcal{D}$ 内に不動点をもつ。

| 証明 | 定理 2.1 を T^k に適用して, $T^k x = x$ を満たす $x \in \mathcal{D}$ がある。この両辺に T を施せば

$$T(T^k x) = Tx$$

左辺を $T^k(Tx)$ と書けば $y = Tx$ は $T^k y = y$ を満たし, T^k の不動点である。T^k の不動点は $\mathcal{D}$ 内にただ一つであるから, y と x は一致しなければならない。したがって $Tx = x$ が成り立ち, x は T の不動点である。 ♠

2.3 Brouwer の不動点定理

定理 2.2 (Brouwer の不動点定理 第 1 型)

r は与えられた正数で
$$B_r = \left\{ \boldsymbol{x} = (x_1, \cdots, x_n) \in \boldsymbol{R}^n \mid \|x\|^2 = \sum_{i=1}^n x_i^2 \leq r^2 \right\} \quad (n \text{ 次元球})$$
とするとき, B_r を B_r の中へ写す連続写像 $T: B_r \to B_r$ は少なくとも一つ不動点をもつ。

| 証明 | (以下の証明の核心部分 (i) は Saaty-Bram 28), Dunford-Schwartz 16) による)

$$T\boldsymbol{x} = \begin{bmatrix} \tau_1(x_1, \cdots, x_n) \\ \vdots \\ \tau_n(x_1, \cdots, x_n) \end{bmatrix} \quad (\boldsymbol{x} = (x_1, \cdots, x_n) \in B_r)$$

と置く。また簡単のために B_r を B と書く。

(i) T が C^∞ 級, すなわち各 τ_i が B において C^∞ 級のときをまず考える。仮に $T\boldsymbol{x} \neq \boldsymbol{x} \ \forall \boldsymbol{x} \in B$ として矛盾を導こう。この仮定の下で

$$\boldsymbol{y} - \boldsymbol{x} = a(\boldsymbol{x})(\boldsymbol{x} - T\boldsymbol{x}) \tag{2.1}$$

を満たす $\boldsymbol{y} \in \Gamma(B \text{ の境界})$ がただ一つ定まる。ここに $a(\boldsymbol{x})$ は $\boldsymbol{x}$ により定まる非負な数である。$\|\boldsymbol{y}\|^2 = (\boldsymbol{y}, \boldsymbol{y}) = \sum_{i=1}^n y_i^2 = r^2$ より

$$(\boldsymbol{x} + a(\boldsymbol{x})(\boldsymbol{x} - T\boldsymbol{x}), \ \boldsymbol{x} + a(\boldsymbol{x})(\boldsymbol{x} - T\boldsymbol{x})) = r^2$$

$$a(\boldsymbol{x})^2 \|\boldsymbol{x} - T\boldsymbol{x}\|^2 + 2a(\boldsymbol{x})(\boldsymbol{x}, \boldsymbol{x} - T\boldsymbol{x}) + \|\boldsymbol{x}\|^2 = r^2$$

仮定によって $\|\boldsymbol{x} - T\boldsymbol{x}\| > 0$ であるから

2.3 Brouwer の不動点定理

$$a(\boldsymbol{x}) = \frac{-(\boldsymbol{x}, \boldsymbol{x}-T\boldsymbol{x}) + \sqrt{(\boldsymbol{x}, \boldsymbol{x}-T\boldsymbol{x})^2 + \|\boldsymbol{x}-T\boldsymbol{x}\|^2(r^2-\|\boldsymbol{x}\|^2)}}{\|\boldsymbol{x}-T\boldsymbol{x}\|^2} \quad (2.2)$$

根号 $\sqrt{}$ の中は正である。実際, もしある $\boldsymbol{x}$ について零になったとすれば

$$(\boldsymbol{x}, \boldsymbol{x}-T\boldsymbol{x}) = 0 \text{ かつ } r^2 - \|\boldsymbol{x}\|^2 = 0$$

$$\therefore \quad (T\boldsymbol{x}, \boldsymbol{x}) = (\boldsymbol{x}, \boldsymbol{x}) = r^2$$

したがって

$$r^2 = (T\boldsymbol{x}, \boldsymbol{x}) \leq \|T\boldsymbol{x}\| \cdot \|\boldsymbol{x}\| \leq r \cdot r$$

よって不等号は等号で $0 < (T\boldsymbol{x}, \boldsymbol{x}) = \|T\boldsymbol{x}\| \cdot \|\boldsymbol{x}\| = r^2$

$$\therefore \quad \|T\boldsymbol{x}\| = r \quad (\because \quad \|\boldsymbol{x}\| = r)$$

Cauchy-Schwarz の不等式において等号が成り立つのは $T\boldsymbol{x}$ と $\boldsymbol{x}$ が比例するときに限るが, $\|T\boldsymbol{x}\| = \|\boldsymbol{x}\|(=r)$ より $T\boldsymbol{x} = \pm\boldsymbol{x}$ でなければならない。しかし $(T\boldsymbol{x}, \boldsymbol{x}) > 0$ であったから $T\boldsymbol{x} = \boldsymbol{x}$ を得る。これは仮定 $T\boldsymbol{x} \neq \boldsymbol{x} \; \forall \boldsymbol{x} \in B$ に反する。ゆえに, (2.2) の根号の中は正であり, T は C^∞ 級であるから $a(\boldsymbol{x})$ も C^∞ 級である。したがって, $0 \leq t \leq 1$ に対し

$$\boldsymbol{f}(t, \boldsymbol{x}) = \boldsymbol{x} + ta(\boldsymbol{x})(\boldsymbol{x} - T\boldsymbol{x})$$
$$= \begin{bmatrix} f_1(t, \boldsymbol{x}) \\ \vdots \\ f_n(t, \boldsymbol{x}) \end{bmatrix} = \begin{bmatrix} f_1(t, x_1, \cdots, x_n) \\ \vdots \\ f_n(t, x_1, \cdots, x_n) \end{bmatrix}$$

と置くと $\boldsymbol{f}$ は C^∞ 級で

$$\boldsymbol{f}(0, \boldsymbol{x}) = \boldsymbol{x} \quad \forall \boldsymbol{x} \in B \tag{2.3}$$

$$\boldsymbol{f}(1, \boldsymbol{x}) = \boldsymbol{x} + a(\boldsymbol{x})(\boldsymbol{x} - T\boldsymbol{x}) \in \Gamma \tag{2.4}$$

(2.4) より

$$\sum_{i=1}^n [f_i(1, \boldsymbol{x})]^2 = r^2 \quad \forall \boldsymbol{x} \in B \tag{2.5}$$

両辺を $x_j (1 \leq j \leq n)$ で偏微分すれば

$$\sum_{i=1}^n \frac{\partial f_i(1, \boldsymbol{x})}{\partial x_j} \cdot f_i(1, \boldsymbol{x}) = 0 \quad (j = 1, 2, \cdots, n)$$

すなわち

$$(f_1(1, \boldsymbol{x}), \cdots, f_n(1, x)) \begin{bmatrix} \frac{\partial f_1(1,\boldsymbol{x})}{\partial x_1} & \cdots & \frac{\partial f_1(1,\boldsymbol{x})}{\partial x_n} \\ \vdots & & \vdots \\ \frac{\partial f_n(1,\boldsymbol{x})}{\partial x_1} & \cdots & \frac{\partial f_n(1,\boldsymbol{x})}{\partial x_n} \end{bmatrix} = (0, \cdots, 0)$$

(2.5) より $(f_1(1,x), \cdots, f_n(1,x)) \neq (0, \cdots, 0)$ であるから, 線形代数学の教え

るところにしたがって
$$\det\left(\frac{\partial f_i(1,\boldsymbol{x})}{\partial x_j}\right) = 0 \quad \forall \boldsymbol{x} \in B \tag{2.6}$$
いま $(n+1)$ 次正方行列

$$\begin{bmatrix} \varepsilon_0 & \varepsilon_1 & \cdots & \varepsilon_n \\ \frac{\partial f_1}{\partial t} & \frac{\partial f_1}{\partial x_1} & \cdots & \frac{\partial f_1}{\partial x_n} \\ \vdots & \vdots & & \vdots \\ \frac{\partial f_n}{\partial t} & \frac{\partial f_n}{\partial x_1} & \cdots & \frac{\partial f_n}{\partial x_n} \end{bmatrix}$$

の $\varepsilon_0, \varepsilon_1, \cdots, \varepsilon_n$ に対する余因子行列式を $D_0, D_1, \cdots, D_n$ で表すと

$$D_0 = \begin{vmatrix} \frac{\partial f_1}{\partial x_1} & \cdots & \frac{\partial f_1}{\partial x_n} \\ \vdots & & \vdots \\ \frac{\partial f_n}{\partial x_1} & \cdots & \frac{\partial f_n}{\partial x_n} \end{vmatrix}$$

かつ $i \geq 1$ のとき

$$D_i = (-1)^{1+i+1} \begin{vmatrix} \frac{\partial f_1}{\partial t} & \frac{\partial f_1}{\partial x_1} & \cdots & \frac{\partial f_1}{\partial x_{i-1}} & \frac{\partial f_1}{\partial x_{i+1}} & \cdots & \frac{\partial f_1}{\partial x_n} \\ \vdots & \vdots & & \vdots & \vdots & & \vdots \\ \frac{\partial f_n}{\partial t} & \frac{\partial f_n}{\partial x_1} & \cdots & \frac{\partial f_n}{\partial x_{i-1}} & \frac{\partial f_n}{\partial x_{i+1}} & \cdots & \frac{\partial f_n}{\partial x_n} \end{vmatrix}$$

$$= (-1)^i \begin{vmatrix} \frac{\partial f_1}{\partial t} & \frac{\partial f_1}{\partial x_1} & \cdots & \frac{\partial f_1}{\partial x_{i-1}} & \frac{\partial f_1}{\partial x_{i+1}} & \cdots & \frac{\partial f_1}{\partial x_n} \\ \vdots & \vdots & & \vdots & \vdots & & \vdots \\ \frac{\partial f_n}{\partial t} & \frac{\partial f_n}{\partial x_1} & \cdots & \frac{\partial f_n}{\partial x_{i-1}} & \frac{\partial f_n}{\partial x_{i+1}} & \cdots & \frac{\partial f_n}{\partial x_n} \end{vmatrix}$$

このとき
$$\frac{\partial D_0}{\partial t} + \frac{\partial D_1}{\partial x_1} + \cdots + \frac{\partial D_n}{\partial x_n} = 0 \quad \forall \boldsymbol{x} \in B, \ 0 \leq t \leq 1 \tag{2.7}$$
が成り立つ。これを示すためには，上式左辺は次の行列式を第 1 行に関して形式的に展開したものであることに注意する。

$$\Delta = \begin{vmatrix} \frac{\partial}{\partial t} & \frac{\partial}{\partial x_1} & \cdots & \frac{\partial}{\partial x_n} \\ \frac{\partial f_1}{\partial t} & \frac{\partial f_1}{\partial x_1} & \cdots & \frac{\partial f_1}{\partial x_n} \\ \vdots & \vdots & & \vdots \\ \frac{\partial f_n}{\partial t} & \frac{\partial f_n}{x_1} & \cdots & \frac{\partial f_n}{\partial x_n} \end{vmatrix}$$

便宜上 $\frac{\partial}{\partial t}$ を $\frac{\partial}{\partial x_0}$ と書けば行列式の定義によって

$$\Delta = \pm \sum_{(k,i,\cdots,l,\cdots,q)} \frac{\partial}{\partial x_k}\left(\frac{\partial f_1}{\partial x_i} \cdots \frac{\partial f_j}{\partial x_l} \cdots \frac{\partial f_n}{\partial x_q}\right)$$

$$\begin{pmatrix} \pm \text{の符号は } (k,i,\cdots,l,\cdots,q) \text{ が偶順列のとき } +1, \\ \text{奇順列のとき } -1 \text{ をとる} \end{pmatrix}$$

$$= \pm \sum_{(k,i,\cdots,l,\cdots,q)} \frac{\partial f_1}{\partial x_i} \cdots \frac{\partial^2 f_j}{\partial x_k \partial x_l} \cdots \frac{\partial f_n}{\partial x_q} \tag{2.8}$$

上記 $\sum$ には置換 $\sigma = (k,i,\cdots,l,\cdots,q)$ に置換 $\sigma' = (l,i,\cdots,k,\cdots,q)$ が対応しており，σ' は σ に互換 (k,l) を施したものであるから，$\pm$ の符号は相異なり，かつ f は C^∞ 級であるから

$$\frac{\partial^2 f_j}{\partial x_k \partial x_l} = \frac{\partial^2 f_j}{\partial x_l \partial x_k}$$

したがって (2.8) の $\sum$ には相互にキャンセルが生じて $\Delta = 0$ を得る．これは (2.7) にほかならない．

さて D_0 を $D_0(t, \boldsymbol{x})$ と表し

$$I(t) = \int_B D_0(t, \boldsymbol{x}) dx_1 \cdots dx_n$$

と置くと

$$D_0(t, \boldsymbol{x}) = \det\left(\frac{\partial f_i(t, \boldsymbol{x})}{\partial x_j}\right)_{1 \leq i, j \leq n}$$

$$D_0(0, \boldsymbol{x}) = 1 \quad \left(\because \ \boldsymbol{f}(0, \boldsymbol{x}) = \boldsymbol{x}, \ \left(\frac{\partial f_i(0, \boldsymbol{x})}{\partial x_j}\right) = I\right)$$

よって

$$I(0) = \int_B dx_1 \cdots dx_n = \text{vol}(B) = r^n \text{vol}(B_1)$$

$$\begin{pmatrix} \text{ただし，vol}(B) \text{ は } n \text{ 次元球 } B = B_r \text{ の体積を表す．} \\ \text{また } B_1 \text{ は } n \text{ 次元単位球を表す} \end{pmatrix}$$

また，(2.6) より $D_0(1, \boldsymbol{x}) = 0$ であるから，$I(1) = 0$

さらに

$$\frac{dI(t)}{dt} = \int_B \frac{\partial D_0}{\partial t} dx_1 \cdots dx_2$$

$$= -\int_B \sum_{j=1}^n \frac{\partial D_j}{\partial x_j} dx_1 \cdots dx_n \quad ((2.7) \text{ による})$$

$$= -\int_B \text{div} D dx_1 \cdots dx_n \quad (D = (D_1, \cdots, D_n))$$

$$= -\int_\Gamma D \cdot \boldsymbol{n} dS \quad \begin{pmatrix} \boldsymbol{n} = (n_1, \cdots, n_n) \text{ は } \Gamma \text{ の単位外法線} \\ dS \text{ は } \Gamma \text{ の面素（付録 } A.2 \text{ 参照）} \end{pmatrix}$$

$$= -\int_\Gamma \sum_{j=1}^n D_j n_j dS$$

ここで $\boldsymbol{f}(t,\boldsymbol{x})$ の定義によって, $\boldsymbol{x} \in \varGamma$ のとき
$$\frac{\partial f_i(t,\boldsymbol{x})}{\partial t} = a(\boldsymbol{x})(\boldsymbol{x} - T\boldsymbol{x}) = 0$$
$$\left(\begin{array}{l} \because \quad \boldsymbol{x} \in \varGamma \text{のとき } (2.1) \text{の左辺は } 0 \text{ で}, \boldsymbol{x} - T\boldsymbol{x} \neq 0 \\ \quad \text{より } a(\boldsymbol{x})=0 \end{array} \right)$$
したがって $\boldsymbol{x} \in \varGamma$ のとき
$$D_j = (-1)^j \begin{vmatrix} 0 & & \\ 0 & & \\ \vdots & * & \\ 0 & & \end{vmatrix} = 0 \qquad (1 \leq j \leq n)$$
ゆえに
$$\frac{dI(t)}{dt} = -\int_\varGamma \sum_{j=1}^n D_j n_j dS = 0$$
となって $I(t)$ は定数である。しかし $I(0) > 0$ かつ $I(1) = 0$ であったからこれは矛盾である。よって $\boldsymbol{x} = T\boldsymbol{x}$ となる $\boldsymbol{x} \in B$ が存在する。

(ii) T が連続のときは, Weierstrass の近似定理 (定理 **1.22**) によって
$$r > \varepsilon_1 > \varepsilon_2 > \cdots > \varepsilon_j > \cdots, \quad \varepsilon_j \to 0 \ (j \to \infty)$$
となる $\{\varepsilon_j\}$ に対して
$$|\tau_i(x_1,\cdots,x_n) - p_j^i(x_1,\cdots,x_n)| < \frac{\varepsilon_j}{\sqrt{n}} \quad \forall \boldsymbol{x} = (x_1,\cdots,x_n) \in B$$
を満たす多項式 $\{p_j^i\}$ がある。
$$P_j(x) = \begin{pmatrix} p_j^1(\boldsymbol{x}) \\ \vdots \\ p_j^n(\boldsymbol{x}) \end{pmatrix}$$
と置けば
$$\|T\boldsymbol{x} - P_j(\boldsymbol{x})\| < \varepsilon_j \quad \forall \boldsymbol{x} \in B$$
$$\therefore \quad \|P_j(\boldsymbol{x})\| \leq \|P_j(\boldsymbol{x}) - T\boldsymbol{x}\| + \|T\boldsymbol{x}\| < \varepsilon_j + r$$
ここで
$$T_j = \frac{r - \varepsilon_j}{r + \varepsilon_j} P_j$$
と置けば, $T_j : B \to B$ $\left(\because \boldsymbol{x} \in B \Rightarrow \|T_j x\| = \frac{r - \varepsilon_j}{r + \varepsilon_j} \|P_j(\boldsymbol{x})\| < r - \varepsilon_j < r \right)$
かつ, $\boldsymbol{x} \in B$ のとき
$$T\boldsymbol{x} - T_j\boldsymbol{x} = \frac{1}{r + \varepsilon_j}\{(r+\varepsilon_j)T\boldsymbol{x} - (r-\varepsilon_j)P_j(\boldsymbol{x})\}$$

$$= \frac{1}{r+\varepsilon_j}\{r(T\boldsymbol{x} - P_j(\boldsymbol{x})) + \varepsilon_j(T\boldsymbol{x} + P_j(\boldsymbol{x}))\}$$

$$\|T\boldsymbol{x} - T_j\boldsymbol{x}\| \leq \frac{1}{r+\varepsilon_j}\{r\|T\boldsymbol{x} - P_j(\boldsymbol{x})\| + \varepsilon_j(\|T\boldsymbol{x}\| + \|P_j(\boldsymbol{x})\|)\}$$

$$< \frac{1}{r+\varepsilon_j}\{r\varepsilon_j + \varepsilon_j(r+\varepsilon_j+r)\} < 3\varepsilon_j$$

写像 $T_j : B \to B$ は C^∞ 級であるから (i) により B 内に不動点 $\boldsymbol{x}^{(j)}$ をもつ。$\{\boldsymbol{x}^{(j)}\}_{j=1}^\infty$ は有界無限列であるから収束部分列 $\{\boldsymbol{x}^{(j_k)}\}$ を含む。収束先を $\boldsymbol{x}^*$ とすれば $\boldsymbol{x}^* \in B$ かつ $l > k$ のとき

$$T\boldsymbol{x}^* - \boldsymbol{x}^* = (T\boldsymbol{x}^* - T_{j_k}\boldsymbol{x}^*) + (T_{j_k}\boldsymbol{x}^* - T_{j_k}\boldsymbol{x}^{(j_l)})$$
$$+ (T_{j_k}\boldsymbol{x}^{(j_l)} - T_{j_l}\boldsymbol{x}^{(j_l)}) + (\boldsymbol{x}^{(j_l)} - \boldsymbol{x}^*)$$

$$\|T\boldsymbol{x}^* - \boldsymbol{x}^*\| \leq \|T\boldsymbol{x}^* - T_{j_k}\boldsymbol{x}^*\| + \|T_{j_k}\boldsymbol{x}^* - T_{j_k}\boldsymbol{x}^{(j_l)}\|$$
$$+ \|T_{j_k}\boldsymbol{x}^{(j_l)} - T_{j_l}\boldsymbol{x}^{(j_l)}\| + \|\boldsymbol{x}^{(j_l)} - \boldsymbol{x}^*\|$$
$$\leq 3\varepsilon_{j_k} + \frac{r-\varepsilon_{j_k}}{r+\varepsilon_{j_k}}\|P_{j_k}(\boldsymbol{x}^*) - P_{j_k}(\boldsymbol{x}^{(j_l)})\|$$
$$+ \|T_{j_k}\boldsymbol{x}^{(j_l)} - T\boldsymbol{x}^{(j_l)}\| + \|T\boldsymbol{x}^{(j_l)} - T_{j_l}\boldsymbol{x}^{(j_l)}\| + \|\boldsymbol{x}^{(j_l)} - \boldsymbol{x}^*\|$$
$$< 3\varepsilon_{j_k} + \|P_{j_k}(\boldsymbol{x}^*) - P_{j_k}(\boldsymbol{x}^{(j_l)})\|$$
$$+ 3\varepsilon_{j_k} + 3\varepsilon_{j_l} + \|\boldsymbol{x}^{(j_l)} - \boldsymbol{x}^*\|$$

ここで k を固定し, $l \to \infty$ とすれば

$$\|T\boldsymbol{x}^* - \boldsymbol{x}^*\| \leq 3\varepsilon_{j_k} + 3\varepsilon_{j_k} = 6\varepsilon_{j_k}$$

つぎに $k \to \infty$ とすれば $T\boldsymbol{x}^* - \boldsymbol{x}^* = 0$ を得て, $\boldsymbol{x}^*$ は T の不動点であることがわかる。 ♠

(付記) Brouwer の定理の証明はいろいろ知られているが, それらは代数・位相に関する若干の準備を必要とする。解析的直接証明は著者の知る限り上掲の証明に限られているようである。

つぎに, 定理 **2.2** をさらに使いやすい形に一般化しよう。

定理 2.3 (Brouwer の不動点定理 第 2 型)

$\boldsymbol{R}^n$ の有界閉凸集合を $\mathcal{D}$ とするとき, 連続写像 $T : \mathcal{D} \to \mathcal{D}$ は不動点をもつ。

これを示すために，若干の補題 (補助定理のことである) を証明しよう．まず，$\boldsymbol{R}^n$ の部分集合 E と $\boldsymbol{x} \in \boldsymbol{R}^n$ に対して，$\boldsymbol{x}$ と E の距離 $\mathrm{dist}(\boldsymbol{x}, E)$ を

$$\mathrm{dist}(\boldsymbol{x}, E) = \inf_{y \in E} \|\boldsymbol{x} - y\|$$

により定義する．ただし $\|\boldsymbol{x}\| = \sqrt{(\boldsymbol{x}, \boldsymbol{x})}$ である．

補題 2.1

$\mathcal{D}$ が $\boldsymbol{R}^n$ の有界閉集合ならば，各 $\boldsymbol{x} \in \boldsymbol{R}^n$ に対して

$$\mathrm{dist}(\boldsymbol{x}, \mathcal{D}) = \|\boldsymbol{x} - \boldsymbol{u}\| \tag{2.9}$$

となる $\boldsymbol{u} \in \mathcal{D}$ が存在する．

証明 $d = \inf_{\boldsymbol{y} \in \mathcal{D}} \|\boldsymbol{x} - \boldsymbol{y}\|$ とすれば，$\mathcal{D}$ 内の適当な点列 $\{\boldsymbol{y}^{(j)}\}_{j=1}^{\infty}$ を選んで

$$\|\boldsymbol{x} - \boldsymbol{y}^{(j)}\| \to d \quad (j \to \infty)$$

とできる．$\{\boldsymbol{y}^{(j)}\}$ は有界列であるから Bolzano-Weierstrass の定理によって収束部分列 $\{\boldsymbol{y}^{(j_k)}\}$ を含む．その収束先を $\boldsymbol{u}$ とすれば $\mathcal{D}$ が閉集合であることにより $\boldsymbol{u} \in \mathcal{D}$ である．このときノルム $\|\cdot\|$ の連続性により

$$d = \lim_{k \to \infty} \|\boldsymbol{x} - \boldsymbol{y}^{(j_k)}\| = \|\boldsymbol{x} - \boldsymbol{u}\|$$

を得る． ♠

注意 2.1 (2.9) を満たす $\boldsymbol{u}$ の一意性は必ずしもいえない．それは図 **2.1** より明らかであろう．$\mathcal{D}$ に凸の仮定を置けば一意性が示される (補題 **2.3**)．

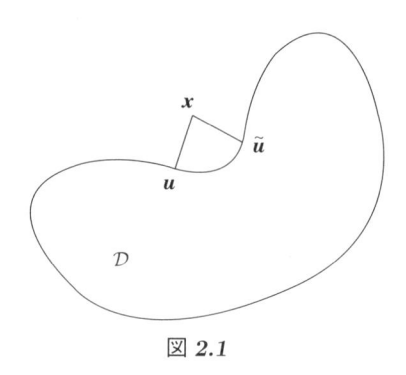

図 **2.1**

ただし,集合 $\mathcal{D}$ が凸 (convex) であるとは

$$x, y \in \mathcal{D}, \quad \lambda \geq 0, \quad \mu \geq 0, \quad \lambda + \mu = 1 \Rightarrow \lambda x + \mu y \in \mathcal{D}$$

が成り立つときをいう。

補題 2.2

$\mathcal{D}$ が有界凸閉集合で

$$\mathrm{dist}(x, \mathcal{D}) = \|x - u\| \qquad (u \in \mathcal{D})$$

かつ

$$z \in \mathcal{D}$$

ならば

$$(z - u) \cdot (x - u) \leq 0 \tag{2.10}$$

が成り立つ。ただし, (2.10) の左辺は $z - u$ と $x - u$ の内積を表す。

証明

$$\begin{aligned}\phi(t) &= \|x - (u + t(z - u))\|^2 \\ &= \|x - u - t(z - u)\|^2 \qquad (0 \leq t \leq 1)\end{aligned}$$

と置く。$\mathcal{D}$ は凸集合であるから $u + t(z - u) = (1 - t)u + tz \in \mathcal{D}$ であり

$$\begin{aligned}\phi(t) &= (x - u - t(z - u),\ x - u - t(z - u)) \\ &= t^2 \|z - u\|^2 - 2t(z - u) \cdot (x - u) + \|x - u\|^2\end{aligned}$$

$z = u$ のとき (2.10) の成立は明らかであるから, $z \neq u$ とする。このとき $\phi(t)$ は $t = 0$ で最小値をとるから $\phi'(0) \geq 0$ となるはずである。

$$\begin{aligned}\phi'(t) &= 2t(z - u) \cdot (z - u) - 2(z - u) \cdot (x - u) \\ \phi'(0) &= -2(z - u) \cdot (x - u)\end{aligned}$$

よって

$$(z - u) \cdot (x - u) \leq 0$$

を得る。 ♠

補題 2.3

$\mathcal{D}$ が有界閉凸集合ならば補題 2.1 の u はただ一つである。

証明 $\mathrm{dist}(\boldsymbol{x}, \mathcal{D}) = \|\boldsymbol{x} - \boldsymbol{u}\| = \|\boldsymbol{x} - \boldsymbol{v}\| (\boldsymbol{u}, \boldsymbol{v} \in \mathcal{D})$ とすれば補題 2.2 によって

$$(\boldsymbol{v} - \boldsymbol{u}) \cdot (\boldsymbol{x} - \boldsymbol{u}) \leq 0 \qquad (\boldsymbol{z} \text{として} \boldsymbol{v} \text{をとる})$$
$$(\boldsymbol{u} - \boldsymbol{v}) \cdot (\boldsymbol{x} - \boldsymbol{v}) \leq 0 \qquad (\boldsymbol{z} \text{として} \boldsymbol{u} \text{をとる})$$

辺々加えて

$$(\boldsymbol{v} - \boldsymbol{u}) \cdot \{(\boldsymbol{x} - \boldsymbol{u}) - (\boldsymbol{x} - \boldsymbol{v})\} \leq 0$$
$$(\boldsymbol{v} - \boldsymbol{u}) \cdot (\boldsymbol{v} - \boldsymbol{u}) \leq 0$$
$$\|\boldsymbol{v} - \boldsymbol{u}\| \leq 0 \qquad \therefore \quad \boldsymbol{v} = \boldsymbol{u}$$

♠

補題 2.4

$\mathcal{D}$ を有界閉凸集合とする。補題 2.3 により, $\boldsymbol{x} \in \boldsymbol{R}^n$ に対して一意に定まる $\boldsymbol{u} \in \mathcal{D}$ を $\psi(\boldsymbol{x})$ と書けば

$$\|\psi(\boldsymbol{x}) - \psi(\boldsymbol{y})\| \leq \|\boldsymbol{x} - \boldsymbol{y}\| \qquad (\boldsymbol{x}, \boldsymbol{y} \in \boldsymbol{R}^n)$$

証明 補題 2.2 によって

$$(\psi(\boldsymbol{y}) - \psi(\boldsymbol{x})) \cdot (\boldsymbol{x} - \psi(\boldsymbol{x})) \leq 0$$
$$(\psi(\boldsymbol{x}) - \psi(\boldsymbol{y})) \cdot (\boldsymbol{y} - \psi(\boldsymbol{y})) \leq 0$$

辺々加えて

$$(\psi(\boldsymbol{x}) - \psi(\boldsymbol{y})) \cdot \{(\boldsymbol{y} - \psi(\boldsymbol{y})) - (\boldsymbol{x} - \psi(\boldsymbol{x}))\} \leq 0$$

すなわち

$$(\psi(\boldsymbol{x}) - \psi(\boldsymbol{y})) \cdot \{(\boldsymbol{y} - \boldsymbol{x}) + (\psi(\boldsymbol{x}) - \psi(\boldsymbol{y}))\} \leq 0$$
$$\therefore \quad \|\psi(\boldsymbol{x}) - \psi(\boldsymbol{y})\|^2 \leq (\psi(\boldsymbol{x}) - \psi(\boldsymbol{y})) \cdot (\boldsymbol{x} - \boldsymbol{y})$$

2.3 Brouwerの不動点定理

$$\leq \|\psi(\boldsymbol{x}) - \psi(\boldsymbol{y})\| \cdot \|\boldsymbol{x} - \boldsymbol{y}\|$$

(Cauchy-Schwarz の不等式)

$\psi(\boldsymbol{x}) \neq \psi(\boldsymbol{y})$ ならば両辺を $\|\psi(\boldsymbol{x}) - \psi(\boldsymbol{y})\| > 0$ で割って

$$\|\psi(\boldsymbol{x}) - \psi(\boldsymbol{y})\| \leq \|\boldsymbol{x} - \boldsymbol{y}\|$$

この不等式は $\psi(\boldsymbol{x}) = \psi(\boldsymbol{y})$ のときも成り立つ。 ♠

さて, 補題 2.4 を用いて定理 2.3 を証明しよう。

[証明] (定理 2.3) $\mathcal{D}$ は有界であるから

$$\mathcal{D} \subseteq B_r = \{\boldsymbol{x} \in \boldsymbol{R}^n \mid \|\boldsymbol{x}\| \leq r\}$$

となる正数 r が存在する。このとき, 写像 $\iota : B_r \to \mathcal{D}$ を

$$\iota(\boldsymbol{x}) = \psi(\boldsymbol{x}) \qquad (\boldsymbol{x} \in B_r)$$

により定義する (ι はローマ字 i に対応するギリシャ文字でイオタと読む)。ι は ψ の B_r 上への制限であり, $\psi(\boldsymbol{x})$ の定義から

$$\boldsymbol{x} \in \mathcal{D} \Rightarrow \psi(\boldsymbol{x}) = \boldsymbol{x}$$

よって

$$\iota(\boldsymbol{x}) = \boldsymbol{x} \qquad (\boldsymbol{x} \in \mathcal{D}) \tag{2.11}$$

さらに $\boldsymbol{x}, \boldsymbol{y} \in B_r$ ならば, 補題 2.4 により

$$\|\iota(\boldsymbol{x}) - \iota(\boldsymbol{y})\| = \|\psi(\boldsymbol{x}) - \psi(\boldsymbol{y})\| \leq \|\boldsymbol{x} - \boldsymbol{y}\|$$

よって写像 $\iota : B_r \to \mathcal{D}$ は連続である。ここで写像 $\rho : \mathcal{D} \to B_r$ を $\rho(\boldsymbol{x}) = \boldsymbol{x}$ $(\boldsymbol{x} \in \mathcal{D})$ により定義すれば, ρ は $\mathcal{D}$ を B_r 内に埋め込むいわゆる埋め込み写像である。$\tilde{T} = \rho T \iota$ と置けば

$$\tilde{T} : B_r \xrightarrow{\iota} \mathcal{D} \xrightarrow{T} \mathcal{D} \xrightarrow{\rho} B_r$$

となって $\tilde{T}$ は B_r から B_r への連続写像である。ゆえに, 定理 2.2 によって $\tilde{T}\tilde{\boldsymbol{x}} = \tilde{\boldsymbol{x}}$ を満たす $\tilde{\boldsymbol{x}} \in B_r$ が存在する。このとき

$$\rho T \iota(\tilde{\boldsymbol{x}}) = \tilde{\boldsymbol{x}} \tag{2.12}$$

$\boldsymbol{z} = T\iota(\tilde{\boldsymbol{x}}) \in \mathcal{D}$ であるから ρ の定義によって $\rho(\boldsymbol{z}) = \boldsymbol{z}$ である。これを (2.12) に代入して $\boldsymbol{z} = \tilde{\boldsymbol{x}}$, すなわち

$$T\iota(\tilde{\boldsymbol{x}}) = \tilde{\boldsymbol{x}} \text{ かつ } \tilde{\boldsymbol{x}} \in \mathcal{D} \tag{2.13}$$

さらに (2.11) により, (2.13) は

$$T\tilde{\boldsymbol{x}} = \tilde{\boldsymbol{x}} \qquad (\tilde{\boldsymbol{x}} \in \mathcal{D})$$

と書けて, $\tilde{T}$ の不動点 $\tilde{x} \in B_r$ は $\mathcal{D}$ 内における T の不動点である。 ♠

2.4 Schauderの不動点定理

Brouwer の定理 (定理 **2.2**, 定理 **2.3**) のノルム空間への拡張として Schauder の定理が知られている。この節では2種類の Schauder の定理を述べる。

定理 2.4 (Schauder の不動点定理 第 1 型)

$(X, \|\cdot\|)$ をノルム空間とし, S を X のコンパクト凸集合とする。このとき連続写像 $T : S \to S$ は不動点をもつ。

証明 k を自然数とし $\varepsilon_k = \dfrac{1}{k}$ と置く。S はコンパクトであるから, 定理 **1.15** によって全有界であり, S 内の点からなる有限 ε_k ネット $x_1, \cdots, x_n$ が存在する (定理 **1.15** の証明参照)。このとき

$$S \subseteq \bigcup_{i=1}^{n} B(x_i, \varepsilon_k), \quad B(x_i, \varepsilon_k) = \{x \in X \mid \|x - x_i\| < \varepsilon_k\} \tag{2.14}$$

ここで

$$S_k = \left\{ \sum_{i=1}^{n} \lambda_i x_i \mid \lambda_i \geq 0 \ \forall i, \ \sum_{i=1}^{n} \lambda_i = 1 \right\} \ (x_1, \cdots, x_n \text{により張られる凸包})$$

$$\phi_i(x) = \begin{cases} \varepsilon_k - \|x - x_i\| & (x \in B(x_i, \varepsilon_k)) \\ 0 & (x \notin B(x_i, \varepsilon_k)) \end{cases}$$

と置けば, (2.14) によって $\sum_{i=1}^{n} \phi_i(x) > 0 \ (x \in S)$ ($\because x \in S$ ならばある i につき $x \in B(x_i, \varepsilon_k)$, したがって $\phi_i(x) = \varepsilon_k - \|x - x_i\| > 0$) であるから

$$\mu_i = \frac{\phi_i(x)}{\sum_{j=1}^{n} \phi_j(x)} \quad (i = 1, 2, \cdots, n)$$

$$P_k(x) = \sum_{i=1}^{n} \mu_i x_i \quad (x \in S)$$

と置くことにより, 写像 $P_k : S \to S_k$ が定義される。$\phi_1, \cdots, \phi_n$ は x の連続関数であるから P_k は S 上連続である。したがって

$$P_k T : S \to S_k$$

も連続である。$S_k \subset S$ であるから, $P_k T$ の S_k 上への制限を Φ とすれば, $\Phi : S_k \to S_k$ は連続かつ S_k は有限次元空間内の有界閉凸集合である。ゆえに, 定理 **2.3** によって Φ は S_k 内に不動点 y_k をもつ。このとき $\{y_k\}$ は S 内の点列で S はコンパクトと仮定しているから, S の元に収束する部分列 $\{y_{k_j}\}_{j=1}^{\infty}$ を含む。その収束先を y とすれば y は T の不動点である。以下にこのことを示そう。
$x \in S$ ならば

$$P_k x - x = \sum_{i=1}^{n} \mu_i x_i - x = \sum_{i=1}^{n} \mu_i (x_i - x) \quad (\because \sum_i \mu_i = 1)$$

$$\|P_k x - x\| \leq \sum_{i=1}^{n} \mu_i \|x_i - x\| < \varepsilon_k \sum_{i=1}^{n} \mu_i = \varepsilon_k$$

ゆえに

$$\begin{aligned}
\|Ty - y\| &\leq \|Ty - Ty_{k_j}\| + \|Ty_{k_j} - y_{k_j}\| + \|y_{k_j} - y\| \\
&= \|Ty - Ty_{k_j}\| + \|Ty_{k_j} - \Phi y_{k_j}\| + \|y_{k_j} - y\| \\
&= \|Ty - Ty_{k_j}\| + \|Ty_{k_j} - P_{k_j} Ty_{k_j}\| + \|y_{k_j} - y\| \\
&< \|Ty - Ty_{k_j}\| + \varepsilon_{k_j} + \|y_{k_j} - y\| \to 0 \quad (j \to \infty)
\end{aligned}$$

よって, $Ty = y$ となって $y \in S$ は T の不動点である。　♠

定理 2.5 (Schauder の不動点定理 第 2 型)

$(X, \|\cdot\|)$ を Banach 空間, S を X の閉凸集合, 写像 $T : S \to S$ を連続とする。$T(S) \subseteq \Delta \subseteq S$ を満たすコンパクト集合 Δ が存在すれば, T は S 内に不動点をもつ。

この定理を証明するために記号と補題を準備する。まず, Δ を含む最小の凸集合を $\mathrm{con}(\Delta)$ で表す。$\mathrm{con}(\Delta)$ の元 x は Δ の元の適当な凸 1 次結合として

$$x = \sum_{i=1}^{m} \lambda_i x_i \quad (x_i \in \Delta), \qquad \sum_{i=1}^{m} \lambda_i = 1 \quad (\lambda_i \geq 0) \tag{2.15}$$

と表される。m, x_i, λ_i は x ごとに異なってよい。$\mathrm{con}(\Delta)$ は Δ の**凸包** (convex hull) と呼ばれる。

補題 2.5

$(X, \|\cdot\|)$ が Banach 空間ならば, $\mathrm{con}(\Delta)$ は相対コンパクト集合である.

証明 $x \in \mathrm{con}(\Delta)$ ならば, x は (2.15) の形に書ける. 仮定により Δ はコンパクトであるから全有界であり (定理 **1.15**), 与えられた $\varepsilon > 0$ に対して, 有限 ε ネット $\mathcal{E} = \{y_1, \cdots, y_n\}(y_i \in \Delta \ \forall i)$ が存在して

$$\Delta \subseteq \bigcup_{i=1}^{n} B(y_i, \varepsilon), \quad B(y_i, \varepsilon) = \{x \in X \mid \|x - y_i\| < \varepsilon\}$$

とできる. 特に $x_i \in \Delta$ に対し $x_i \in B(y_{j_i}, \varepsilon)$ となる y_{j_i} がある. ゆえに, $x \in \mathrm{con}(\Delta)$ を (2.15) で表したとき

$$y = \sum_{i=1}^{m} \lambda_i y_{j_i}$$

と置けば

$$y \in Y \equiv \mathrm{span}\{y_1, \cdots, y_n\} \qquad (y_1, \cdots, y_n \text{ で張られる線形空間})$$

で

$$x - y = \sum_{i=1}^{m} \lambda_i (x_i - y_{j_i})$$

$$\|x - y\| \leq \sum_{i=1}^{m} \lambda_i \|x_i - y_{j_i}\| \leq \varepsilon \sum_{i=1}^{m} \lambda_i = \varepsilon$$

Y は有限次元空間であって有界閉集合であるからコンパクトであり, Y に関する ε ネット $\tilde{\mathcal{E}} = \{z_1, \cdots, z_l\}$ が存在する. このとき

$$Y \subseteq \bigcup_{i=1}^{l} B(z_i, \varepsilon)$$

したがってある k に対して $y \in B(z_k, \varepsilon)$ であり

$$\|x - z_k\| \leq \|x - y\| + \|y - z_k\| < 2\varepsilon$$

ゆえに, $\tilde{\mathcal{E}}$ は $\mathrm{con}(\Delta)$ に対する 2ε ネットである. 正数 ε は任意であったからこのことは $\mathrm{con}(\Delta)$ が全有界であることを意味する. $(X, \|\cdot\|)$ は Banach 空間と仮定しているから, 定理 **1.16** によって $\mathrm{con}(\Delta)$ は相対コンパクトである. ♠

この補題から定理 **2.5** が導かれる.

証明 (定理 **2.5**) 補題 **2.5** によって $\Omega = \overline{\mathrm{con}(\Delta)}$ ($\mathrm{con}(\Delta)$ の閉包) はコンパクトである. $\Omega \subseteq S$ より

$$T(\Omega) \subseteq T(S) \subseteq \Delta \subseteq \mathrm{con}(\Delta) \subseteq \Omega$$

よって T はコンパクト凸集合 Ω を Ω の中へ写す連続写像であり, 定理 **2.4** によって不動点 $x \in \Omega$ をもつ. $\Omega \subseteq S$ であるから $x \in S$ である. ♠

最後に, 定理 **2.5** からただちに導かれる結果としてつぎの定理を挙げておく.

定理 2.6 (Schauder の不動点定理 第 3 型)

$(X, \|\cdot\|)$ を Banach 空間, S を X の閉凸部分集合, $T : S \to S$ は連続かつ $T(S)$ は相対コンパクトと仮定する. このとき T は S 内に不動点をもつ.

証明 定理 **2.5** において $\Delta = \overline{T(S)}$ ととればよい. ♠

3 常微分方程式の基礎

3.1 常微分方程式

本章では，常微分方程式論の基礎事項を初期値問題を中心にして述べる．

x の関数 $u(x)$ とその導関数 $u'(x), \cdots, u^{(n)}(x)$ に関する関係式

$$F(x, u, u', \cdots, u^{(n)}) = 0 \tag{3.1}$$

が $u^{(n)}$ を陽に含むとき **n 階常微分方程式** (n-th order ordinary differential equation) という．特に (3.1) が $u, u', \cdots, u^{(n)}$ の 1 次式で

$$p_0(x)u^{(n)} + p_1(x)u^{(n-1)} + \cdots + p_{n-1}(x)u + p_n(x) = 0 \tag{3.2}$$

ただし $p_0, p_1, \cdots, p_n \in C[a,b],\ p_0 \not\equiv 0$

のとき **n 階線形（常）微分方程式** (n-th order linear differential equation) という．また (3.1) が線形でないときは**非線形微分方程式** (nonlinear defferential equation) と呼ばれる．例えば，$u \cdot u' = x$ は 1 階非線形微分方程式である．

(3.1) を満たす C^n 級の解 $u = u(x)$ を求めることを微分方程式を解くという．このような解は一般に存在するとは限らないが，解が存在するための十分条件については古来多くの研究がある．

いささか粗い議論ではあるが，(3.1) が解 u をもつと仮定して，(3.1) から u を求めるためには微分の逆演算として積分を n 回繰り返せばよく，1 回積分するたびに積分定数が 1 個出現するから，解 $u(x)$ は n 個の任意定数 (積分定数)$c_1, \cdots, c_n$ を含むと考えられる．したがって，適当な点 $x = x_0$ における値 $u(x_0), u'(x_0), \cdots, u^{(n-1)}(x_0)$ を指定すれば $c_1, \cdots, c_n$ は確定し，解 $u(x)$ が確

定するであろう。n 階微分方程式 (3.1) を指定された条件

$$u(x_0) = \eta_0,\ u'(x_0) = \eta_1, \cdots, u^{(n-1)}(x_0) = \eta_{n-1} \tag{3.3}$$

ただし $\eta_0, \eta_1, \cdots, \eta_{n-1}$ は与えられた定数

の下で解く問題を**初期値問題** (initial value problem) といい, (3.3) を**初期条件** (initial conditions) という.

初期条件の代わりに, 2 点 $a, b\ (a < b)$ において条件

$$B_i(u) = \sum_{j=1}^{n} a_{ij} u^{(j-1)}(a) + \sum_{j=1}^{n} b_{ij} u^{(j-1)}(b) = \alpha_i\ (1 \leq i \leq n) \tag{3.4}$$

を指定して, $a \leq x \leq b$ において (3.1), (3.4) を満たす関数 u を求める問題を **2 点境界値問題** (two-point boundary value problem), 条件 (3.4) をその**境界条件** (boundary conditions) という.

なお, (3.1) から, $u^{(n)}$ を $x, u, \cdots, u^{(n-1)}$ の関数として

$$u^{(n)} = f(x, u, u', \cdots, u^{(n-1)})$$

と表すことができれば, 初期値問題 (3.1), (3.3) は

$$u_1 = u,\ u_2 = u', \cdots,\ u_n = u^{(n-1)} \tag{3.5}$$

と置くことにより, n 元連立常微分方程式の初期値問題

$$u'_1 = u_2$$
$$u'_2 = u_3$$
$$\vdots$$
$$u'_{n-1} = u_n$$
$$u'_n = f(x, u_1, \cdots, u_n)$$
$$u_1(x_0) = \eta_0,\ u_2(x_0) = \eta_1, \cdots,\ u_n(x_0) = \eta_{n-1}$$

に変換される. これは, さらに一般な初期値問題

$$\begin{aligned} u'_1 &= f_1(x, u, \cdots, u_n) \\ &\vdots \\ u'_n &= f_n(x, u_1, \cdots, u_n) \end{aligned} \tag{3.6}$$

$$u_1(x_0) = \eta_1, \cdots, u_n(x_0) = \eta_n$$

の特別な場合である。ここでベクトル記号を用いて

$$\boldsymbol{u} = (u_1, \cdots, u_n),\ \boldsymbol{u}' = (u'_1, \cdots, u'_n) = \frac{d\boldsymbol{u}}{dx}$$

$$\boldsymbol{f}(x, \boldsymbol{u}) = (f_1(x, u_1, \cdots, u_n), \cdots, f_n(x, u_1, \cdots, u_n))$$

$$= (f_1(x, \boldsymbol{u}), \cdots, f_n(x, \boldsymbol{u}))$$

$$\boldsymbol{\eta} = (\eta_1, \cdots, \eta_n)$$

と書けば, (3.6) は簡潔に

$$\frac{d\boldsymbol{u}}{dx} = \boldsymbol{f}(x, \boldsymbol{u}) \tag{3.7}$$

$$\boldsymbol{u}(x_0) = \boldsymbol{\eta} \tag{3.8}$$

と表され, 議論を単純化することができる。

また (3.7), (3.8) は積分方程式

$$\boldsymbol{u}(x) = \boldsymbol{\eta} + \int_{x_0}^{x} \boldsymbol{f}(t, \boldsymbol{u}(t)) dt \tag{3.9}$$

と同値である。ただし

$$\int_{x_0}^{x} \boldsymbol{f}(t, \boldsymbol{u}(t)) dt = \left(\int_{x_0}^{x} f_1(t, \boldsymbol{u}(t)) dt, \cdots, \int_{x_0}^{x} f_n(t, \boldsymbol{u}(t)) dt \right)$$

と置いた。しかしながら, 行列とベクトルの演算を行うとき, ベクトルは列ベクトルを用いるほうがよく, 通常

$$\boldsymbol{u} = \begin{bmatrix} u_1 \\ \vdots \\ u_n \end{bmatrix},\quad \frac{d\boldsymbol{u}}{dx} = \begin{bmatrix} u'_1 \\ \vdots \\ u'_n \end{bmatrix},\quad \boldsymbol{\eta} = \begin{bmatrix} \eta_1 \\ \vdots \\ \eta_n \end{bmatrix} \tag{3.10}$$

$$\int_{x_0}^{x} \boldsymbol{f}(t, \boldsymbol{u}(t)) dt = \begin{bmatrix} \int_{x_0}^{x} f_1(t, u_1(t), \cdots, u_n(t)) dt \\ \vdots \\ \int_{x_0}^{x} f_n(t, u_1(t), \cdots, u_n(t)) dt \end{bmatrix} \tag{3.11}$$

などの記法を用いるのが便利であるので, 本書では, (3.7), (3.8), (3.9) などは (3.10), (3.11) のような列ベクトル表示と解釈する。したがって, $\boldsymbol{R}^n$ の点 $\boldsymbol{x} = (x_1, \cdots, x_n)$(行ベクトル表示) も必要に応じ列ベクトル $(x_1, \cdots, x_n)^t$ と

解釈する。

なお, つぎの結果は微・積分学で良く知られた不等式
$$\left|\int_a^b f(t)dt\right| \leq \int_a^b |f(t)|dt$$
の一般化とみなせる (今後断りなくしばしば用いる)。

命題 3.1

$I = [a, b]$, $\boldsymbol{f} \in C[I; \boldsymbol{R}^n]$ とするとき, $\boldsymbol{R}^n$ 上の任意のノルム $\|\cdot\|$ につき, つぎの不等式が成り立つ。
$$\left\|\int_a^b \boldsymbol{f}(t)dt\right\| \leq \int_a^b \|\boldsymbol{f}(t)\|dt$$

証明 $\boldsymbol{f}(t) = (f_1(t), \cdots, f_n(t))^t$, $f_i(t) \in C[I; \boldsymbol{R}] = C[I]$ かつ
$$\int_a^b \boldsymbol{f}(t)dt = \left(\int_a^b f_1(t)dt, \cdots, \int_a^b f_n(t)dt\right)^t$$
である。区間 $[a, b]$ の分割を
$$\Delta : a = t_0 < \xi_1 < t_1 < \cdots < t_{N-1} < \xi_N < t_N = b$$
$$\Delta t_i = t_i - t_{i-1}$$
とすれば
$$\int_a^b f_j(t)dt = \lim_{\max_i |\Delta t_i| \to 0} \sum_{i=1}^N \Delta t_i f_j(\xi_i) \qquad (1 \leq j \leq n)$$
$$\therefore \quad \int_a^b \boldsymbol{f}(t)dt = \lim_{\max_i |\Delta t_i| \to 0} \sum_{i=1}^N \Delta t_i \boldsymbol{f}(\xi_i) \tag{3.12}$$
一方, ノルムの連続性により $\phi(t) = \|\boldsymbol{f}(t)\|$ は t の連続関数であるから
$$\int_a^b \|\boldsymbol{f}(t)\|dt = \lim_{\max_i |\Delta t_i| \to 0} \sum_{i=1}^N \Delta t_i \|\boldsymbol{f}(\xi_i)\| \tag{3.13}$$
(3.12) と (3.13) によって, 任意に与えられた正数 ε に対し, δ を適当に定めれば $\max_i |\Delta t_i| < \delta$ のとき
$$\left\|\int_a^b \boldsymbol{f}(t)dt - \sum_{i=1}^N \Delta t_i \boldsymbol{f}(\xi_i)\right\| < \varepsilon$$
かつ

$$\left|\int_a^b \|\bm{f}(t)\|dt - \sum_{i=1}^N \Delta t_i \|\bm{f}(\xi_i)\|\right| < \varepsilon$$

とできる。よって

$$\left\|\int_a^b \bm{f}(t)dt\right\| \leq \left\|\int_a^b \bm{f}(t)dt - \sum_{i=1}^N \Delta t_i \bm{f}(\xi_i)\right\| + \left\|\sum_{i=1}^N \Delta t_i \bm{f}(\xi_i)\right\|$$

$$< \varepsilon + \sum_{i=1}^N \Delta t_i \|\bm{f}(\xi_i)\|$$

$$< \varepsilon + \left(\varepsilon + \int_a^b \|\bm{f}(t)\|dt\right)$$

$$= 2\varepsilon + \int_a^b \|\bm{f}(t)\|dt \qquad (3.14)$$

ε は任意であったから (3.14) は

$$\left\|\int_a^b \bm{f}(t)dt\right\| \leq \int_a^b \|\bm{f}(t)\|dt$$

を意味する。 ♠

3.2 Gronwall の補題

常微分方程式の初期値問題に対する解の評価, 一意性等を議論するときつぎの結果はきわめて有効に働く。

命題 3.2 (Gronwall (グロンウォール) の補題)

I を有限閉区間とし, $f, g \in C[I]$, $f \geq 0$, $g \geq 0$ かつ K は非負の定数で

$$f(x) \leq g(x) + K\left|\int_a^x f(t)dt\right| \qquad (a, x \in I) \qquad (3.15)$$

が成り立つならば

$$f(x) \leq g(x) + K\left|\int_a^x e^{K|x-t|}g(t)dt\right|$$

証明 $h(x) = K\int_a^x f(t)dt$ と置くと $h' = Kf$ であり, (3.15) より

$$f \leq g + |h|$$

かつ

$$h' \leq Kg + K|h| \qquad (3.16)$$

(i) $x \geq a$ のとき $h \geq 0$ であるから, (3.16) より

$$h' - Kh \leq Kg \tag{3.17}$$

ここで

$$e^{-\int_a^x K ds} = e^{-K(x-a)}$$

を (3.17) の両辺に乗じて整理すれば

$$\frac{d}{dx}\left[e^{-K(x-a)}h(x)\right] \leq Ke^{-K(x-a)}g(x)$$

変数 x を t に変えて両辺を a から x まで t につき積分すれば

$$\left[e^{-K(t-a)}h(t)\right]_{t=a}^{t=x} \leq K\int_a^x e^{-K(t-a)}g(t)dt$$

$$\therefore \quad e^{-K(x-a)}h(x) \leq K\int_a^x e^{-K(t-a)}g(t)dt \quad (\because \quad h(a)=0)$$

$$\therefore \quad h(x) \leq K\int_a^x e^{K(x-t)}g(t)dt$$

これを (3.15) の右辺に代入して

$$f(x) \leq g(x) + h(x) \leq g(x) + K\int_a^x e^{K(x-t)}g(t)dt \tag{3.18}$$

(ii) $x < a$ のときは $h \leq 0$ であるから, (3.16) より $h' \leq Kg - Kh$

$$\therefore \quad h' + Kh \leq Kg \tag{3.19}$$

(3.19) の両辺に $e^{K(x-a)}$ を掛けて整理すれば

$$\frac{d}{dx}\left(e^{K(x-a)}h(x)\right) \leq Kg(x)e^{K(x-a)}$$

再び変数 x を t に直し両辺を x から a まで t につき積分すれば

$$\left. e^{K(t-a)}h(t)\right|_{t=x}^{t=a} \leq K\int_x^a g(t)e^{K(t-a)}dt$$

$$-e^{K(x-a)}h(x) \leq K\int_x^a g(t)e^{K(t-a)}dt$$

$$-h(x) \leq K\int_x^a e^{K(t-x)}g(t)dt$$

これを不等式

$$f(x) \leq g(x) + |h(x)| = g(x) - h(x)$$

の最右辺に代入して

$$f(x) \leq g(x) + K\int_x^a e^{K(t-x)}g(t)dt \tag{3.20}$$

(3.18), (3.20) は a と x の大小に関係なく

$$f(x) \leq g(x) + K\left|\int_a^x e^{K|x-t|}g(t)dt\right|$$

とまとめられる。 ♠

系 3.2.1 $f(x) \leq K \left| \int_a^x f(t)dt \right|$, $f \geq 0$, $K \geq 0$ ならば $f \equiv 0$ である。

|証明| 命題 **3.2** において $g = 0$ と置けばよい。 ♠

3.3 初期値問題に対する解の局所存在定理

定義 3.1 (Lipschitz (リプシッツ) 条件) $\boldsymbol{f}(x, \boldsymbol{u})$ は $\boldsymbol{R}^{n+1}$ のある領域 D において, $\boldsymbol{R}^n$ 上の適当なノルム $\|\cdot\|$ につき

$$\|\boldsymbol{f}(x,\boldsymbol{u}) - \boldsymbol{f}(x,\boldsymbol{v})\| \leq K\|\boldsymbol{u} - \boldsymbol{v}\| \qquad ((x,\boldsymbol{u}),(x,\boldsymbol{v}) \in D) \qquad (3.21)$$

を満たすとき, $\boldsymbol{f}$ は D において $\boldsymbol{u}$ につき **Lipschitz 条件** (Lipschitz condition) を満たすという。ただし, K は **Lipschitz 定数** (Lipschitz constant) と呼ばれ, $x, \boldsymbol{u}, \boldsymbol{v}$ に無関係な正の定数である。K が x に無関係であることを強調して, $\boldsymbol{u}$ につき**一様 Lipschitz 条件**を満たすということもある。

有限次元ノルムの同値性 (注意 **1.10**) により, (3.21) はノルムの選び方には依存しない。ノルムを変えれば定数 K が変わるだけである。

つぎの定理が成り立つ。

定理 3.1 (解の局所存在定理)

(i) (解の存在)

$\boldsymbol{f}(x, \boldsymbol{u}) = (f_1(x, \boldsymbol{u}), \cdots, f_n(x, \boldsymbol{u}))$ は領域

$$D = \{(x, \boldsymbol{u}) \mid |x - x_0| \leq a, \ \|\boldsymbol{u} - \boldsymbol{\eta}\|_\infty \leq b\} \qquad (a, b > 0)$$

において連続で, $\max_i \max_D |f_i(x,\boldsymbol{u})| = \max_D \max_i |f_i(x,\boldsymbol{u})| \leq M$ とする。このとき初期値問題 (3.6) の解は

$$|x - x_0| \leq \alpha = \min\left(a, \frac{b}{M}\right)$$

において少なくとも一つ存在する。

(ii) (解の一意性)

さらに, $\boldsymbol{f}$ が D において $\boldsymbol{u}$ につき Lipschitz 条件を満たすとき, (i) の

3.3 初期値問題に対する解の局所存在定理

解はただ一つである。

証明 (i) Schauder の不動点定理を用いて示す。

$I = [x_0 - \alpha, x_0 + \alpha]$, $X = C[I; \mathbf{R}^n]$

とし X 上のノルム $|||\cdot|||_\infty$ を注意 **1.1** のように定める。このとき $(X, |||\cdot|||_\infty)$ は Banach 空間である。写像 $T: X \to X$ を

$$(T\boldsymbol{u})(x) = \boldsymbol{\eta} + \int_{x_0}^{x} \boldsymbol{f}(t, \boldsymbol{u}(t))dt \quad (\boldsymbol{u} \in X)$$

により定める。また

$$S = \{\boldsymbol{u} \in X \mid |||\boldsymbol{u} - \boldsymbol{\eta}|||_\infty = \max_{x \in I} \max_i |u_i(x) - \eta_i| \leq b\}$$

と置けば, S は X の閉凸集合で

$$|||T\boldsymbol{u} - \boldsymbol{\eta}|||_\infty = \max_{x \in I} \max_i \left|\int_{x_0}^{x} f_i(t, \boldsymbol{u}(t))dt\right| \leq M\alpha \leq b$$

よって $T(S) \subseteq S$ である。さらに, 集合 $T(S)$ はつぎの条件 1, 2 を満たす。

1. 一様有界性:

$$\boldsymbol{u} \in S \Rightarrow |||T\boldsymbol{u}|||_\infty \leq |||\boldsymbol{\eta}|||_\infty + M\alpha \leq \|\boldsymbol{\eta}\|_\infty + b < +\infty$$

2. 同程度連続性:

$$\|(T\boldsymbol{u})(x') - (T\boldsymbol{u})(x'')\|_\infty \leq \left|\int_{x''}^{x'} \|\boldsymbol{f}(t, \boldsymbol{u}(t))\|_\infty dt\right| \leq M|x' - x''|$$

ゆえに, Ascoli-Arzela の定理によって $T(S)$ は相対コンパクトである。したがって, Schauder の不動点定理第 3 型により T は不動点 $\boldsymbol{u} \in S$ をもつ。$\boldsymbol{u}$ は (3.9) を満たすから (3.6) の解である。

(ii) $\boldsymbol{u}, \boldsymbol{v}$ を二つの解とすれば

$$\boldsymbol{u}(x) = \boldsymbol{\eta} + \int_{x_0}^{x} \boldsymbol{f}(t, \boldsymbol{u}(t))dt \tag{3.22}$$

$$\boldsymbol{v}(x) = \boldsymbol{\eta} + \int_{x_0}^{x} \boldsymbol{f}(t, \boldsymbol{v}(t))dt \tag{3.23}$$

$\delta(x) = \|\boldsymbol{u}(x) - \boldsymbol{v}(x)\|_\infty = \max_i |u_i(x) - v_i(x)|$ と置けば, (3.22)–(3.23) に命題 **3.1** を適用して

$$\delta(x) \leq \left|\int_{x_0}^{x} \|\boldsymbol{f}(t, \boldsymbol{u}(t)) - \boldsymbol{f}(t, \boldsymbol{v}(t))\|_\infty dt\right|$$

$$\leq \left|\int_{x_0}^{x} K\delta(t)dt\right|$$

したがって Gronwall の補題 (系 **3.2.1**) によって $\delta(x) \equiv 0$ となる。よって $\boldsymbol{u} \equiv \boldsymbol{v}$ が得られる。♠

注意 3.1 $\boldsymbol{f}$ に Lipschitz 条件を仮定しないときは解の一意性は必ずしもいえない。

例 3.1 $n=1$ とする。曲線群 $u = (x-c)^3$ (c: パラメータ) (図 **3.1**) の満たす微分方程式は, この式を微分した $u' = 3(x-c)^2$ と $u = (x-c)^3$ とから c を消去して

$$u' = 3u^{\frac{2}{3}}$$

したがって初期値問題

$$u' = 3u^{\frac{2}{3}}, \quad u(0) = 0$$

は次式で定義される解 $u = u_c(x)$ をもつ (図 **3.2**)。

$$u_c(x) = \begin{cases} (x-c)^3 & (x \geq c) \\ 0 & (x \leq c) \end{cases} \quad (c \geq 0)$$

また, $u \equiv 0$ も u_c とは異なる解である。この場合 $f = 3u^{\frac{2}{3}}$ は u につき Lipschitz 条件を満たさない (各自確かめよ)。

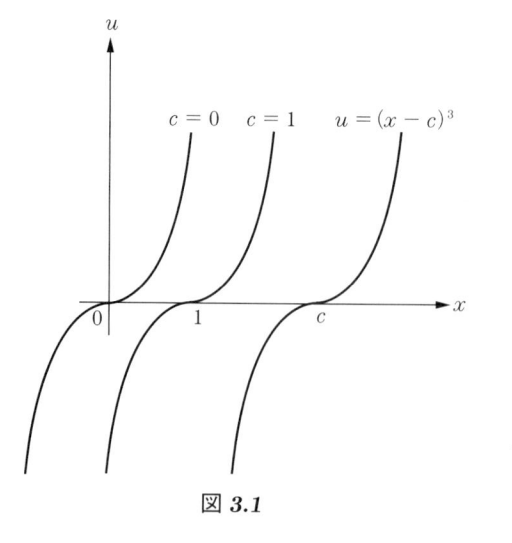

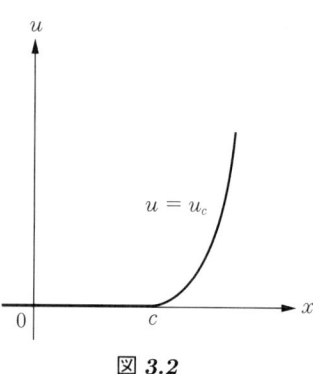

図 **3.1**

図 **3.2**

3.4 初期値問題に対する解の大域存在定理

定理 3.2 (解の大域存在定理)

$I = [a, b]$ を有限区間とし, $x_0 \in I$ とする。さらに, $\boldsymbol{f}(x, \boldsymbol{u})$ は $I \times \boldsymbol{R}^n$ で連続, かつ $\boldsymbol{u}$ につき Lipschitz 条件

$$\|\boldsymbol{f}(x, \boldsymbol{u}) - \boldsymbol{f}(x, \boldsymbol{v})\|_\infty \leq K\|\boldsymbol{u} - \boldsymbol{v}\|_\infty \qquad ((x, \boldsymbol{u}), (x, \boldsymbol{v}) \in I \times \boldsymbol{R}^n)$$

を満たすとする。このとき初期値問題 (3.6) の解は I 上ただ一つ存在する。ただし, $\|\cdot\|_\infty$ は $\boldsymbol{R}^n$ 上のノルムである。

証明 (3.6) の代わりに, それと同値な (3.9) を考える。

$X = C[I; \boldsymbol{R}^n]$

$$(T\boldsymbol{u})(x) = \boldsymbol{\eta} + \int_{x_0}^x \boldsymbol{f}(t, \boldsymbol{u}(t))dt \qquad (\boldsymbol{u} \in X)$$

と置けば, $T: X \to X$ は連続写像である。また $\boldsymbol{u}, \boldsymbol{v} \in X$ に対し

$$(T\boldsymbol{u})(x) - (T\boldsymbol{v})(x) = \int_{x_0}^x \{\boldsymbol{f}(t, \boldsymbol{u}) - \boldsymbol{f}(t, \boldsymbol{v}(t))\}dt$$

$$\therefore \quad \|(T\boldsymbol{u})(x) - (T\boldsymbol{v})(x)\|_\infty \leq \left|\int_{x_0}^x \|\boldsymbol{f}(t, \boldsymbol{u}(t)) - \boldsymbol{f}(t, \boldsymbol{v}(t))\|_\infty dt\right|$$

$$\leq \left|\int_{x_0}^x K\|\boldsymbol{u}(t) - \boldsymbol{v}(t)\|_\infty dt\right|$$

ここで X 上のノルム $\|\cdot\|_*$ を

$$\|\boldsymbol{u}\|_* = \max_{x \in I}\left[e^{-K|x-x_0|}\|\boldsymbol{u}(x)\|_\infty\right] \qquad (\|\boldsymbol{u}(x)\|_\infty = \max_i |u_i(x)|)$$

により定義すれば $(X, \|\cdot\|_*)$ は Banach 空間であり, かつ T はこのノルムにつき X 上の縮小写像となる。実際

$$\|T\boldsymbol{u} - T\boldsymbol{v}\|_*$$
$$= \max_{x \in I}[e^{-K|x-x_0|}\|(T\boldsymbol{u})(x) - (T\boldsymbol{v})(x)\|_\infty]$$
$$\leq \max_{x \in I}\left[e^{-K|x-x_0|}\left|\int_{x_0}^x K\|\boldsymbol{u}(t) - \boldsymbol{v}(t)\|_\infty dt\right|\right]$$
$$= K\max_{x \in I}\left|\int_{x_0}^x e^{K(|t-x_0|-|x-x_0|)}e^{-K|t-t_0|}\|\boldsymbol{u}(t) - \boldsymbol{v}(t)\|_\infty dt\right|$$

$$\leq K\|\boldsymbol{u}-\boldsymbol{v}\|_* \max_{x\in I}\left|\int_{x_0}^x e^{K(|t-x_0|-|x-x_0|)}dt\right|$$

$$= \|\boldsymbol{u}-\boldsymbol{v}\|_* \max_{x\in I}\left[e^{K(|t-x_0|-|x-x_0|)}\right]_{t=x_0}^{t=x}$$

$$= \|\boldsymbol{u}-\boldsymbol{v}\|_* \max_{x\in I}(1-e^{-K|x-x_0|}) \qquad (\boldsymbol{u},\boldsymbol{v}\in X) \qquad (3.24)$$

$\lambda = \max_{x\in I}(1-e^{-K|x-x_0|})$ と置けば

$$\lambda = \max(1-e^{-K|b-x_0|},\ 1-e^{-K|a-x_0|}) \in (0,1)$$

かつ (3.24) より

$$\|T\boldsymbol{u}-T\boldsymbol{v}\|_* \leq \lambda\|\boldsymbol{u}-\boldsymbol{v}\|_* \qquad (\boldsymbol{u},\boldsymbol{v}\in X)$$

であるから, $\|\cdot\|_*$ に関して $T:X\to X$ は縮小写像である. したがって, T は X 内にただ一つの不動点 $\boldsymbol{u}^*$ をもつ. $\boldsymbol{u}^*$ は

$$\boldsymbol{u}^*(x) = \boldsymbol{\eta} + \int_{x_0}^x \boldsymbol{f}(t,\boldsymbol{u}^*(t))dt \qquad (3.25)$$

を満たし, (3.6) の解となる ($\boldsymbol{u}^* \in X = C[I;\boldsymbol{R}^n]$ であるが, (3.25) の右辺は x につき連続的微分可能であるから, $\boldsymbol{u}^* \in C^1[I;\boldsymbol{R}^n]$ となることに注意されたい). ♠

注意 3.2 定理 **3.2** において $\boldsymbol{f}$ の Lipschitz 条件を仮定した. もし各 i,j につき $\dfrac{\partial f_i}{\partial u_j}$ が $I\times\boldsymbol{R}^n$ で存在して連続かつ有界ならば, $\boldsymbol{f}$ は $I\times\boldsymbol{R}^n$ において Lipschitz 条件を満たす. 実際 $\left|\dfrac{\partial f_i}{\partial u_j}\right|\leq M$ とすれば

$$f_i(x,\boldsymbol{u})-f_i(x,\boldsymbol{v}) = \sum_{j=1}^n \frac{\partial f_i}{\partial u_j}\{\boldsymbol{v}+\theta_i(\boldsymbol{u}-\boldsymbol{v})\}(u_j-v_j) \qquad (0<\theta_i<1)$$

$$|f_i(x,\boldsymbol{u})-f_i(x,\boldsymbol{v})| \leq Mn\|\boldsymbol{u}-\boldsymbol{v}\|_\infty \qquad (1\leq i\leq n)$$

$$\therefore \quad \|\boldsymbol{f}(x,\boldsymbol{u})-\boldsymbol{f}(x,\boldsymbol{v})\|_\infty \leq K\|\boldsymbol{u}-\boldsymbol{v}\|_\infty \qquad (K=Mn)$$

注意 3.3 定理 **3.2** において, 区間 I は開区間, 半開区間, 無限区間などでもよい.

例 3.2 $\dfrac{du}{dx} = \sin(xu),\ u(x_0)=\eta$ の解は $-\infty<x<\infty$ でただ一つ存在する. なぜならば, この場合

$$n=1, \quad f(x,u)=\sin(xu), \quad \frac{\partial f}{\partial u}=x\cos(xu)$$

である. $[a,b]$ を x_0 を含む任意の有限区間とすれば, $\dfrac{\partial f}{\partial u}$ は $[a,b]\times\boldsymbol{R}$ で連続かつ有界であるから, 注意 **3.2** と定理 **3.2** により解は $[a,b]$ 上ただ一つ存在する.

a, b は x_0 を含む限り任意であったから $(-\infty, +\infty)$ でただ一つ存在する.

定理 3.3 (**n 階線形方程式の初期値問題の解**)
$$p_0(x)u^{(n)} + p_1(x)u^{(n-1)} + \cdots + p_n(x)u = r(x) \tag{3.26}$$
$$u(x_0) = \eta_1, \cdots, u^{(n-1)}(x_0) = \eta_n \tag{3.27}$$
の解は, $p_0, p_1, \cdots, p_n, r \in C[I]$, $p_0 \neq 0$ のとき I 上ただ一つ存在する.

証明 $u_1 = u$, $u_2 = u'$, $\cdots$, $u_n = u^{(n-1)}$ と置き
$$\boldsymbol{u} = (u_1, \cdots, u_n)^t, \quad \boldsymbol{\eta} = (\eta_1, \cdots, \eta_n)^t$$
$$f_i(x, \boldsymbol{u}) = u_{i+1} \qquad (1 \leq i \leq n-1)$$
$$f_n(x, \boldsymbol{u}) = \frac{1}{p_0}(r - p_n u_1 - \cdots - p_1 u_n)$$
$$\boldsymbol{f}(x, \boldsymbol{u}) = \begin{bmatrix} f_1(x, \boldsymbol{u}) \\ \vdots \\ f_n(x, \boldsymbol{u}) \end{bmatrix}$$
とすれば, 与えられた初期値問題は n 元連立線形方程式の初期値問題
$$\frac{d\boldsymbol{u}}{dx} = \boldsymbol{f}(x, \boldsymbol{u}) \qquad (x \in I) \tag{3.28}$$
$$\boldsymbol{u}(x_0) = \boldsymbol{\eta}$$
となる. ここで
$$f_i(x, \boldsymbol{u}) - f_i(x, \boldsymbol{v}) = \begin{cases} u_{i+1} - v_{i+1} & (1 \leq i \leq n-1) \\ -\displaystyle\sum_{j=1}^{n} \frac{p_j}{p_0}(u_{n+1-j} - v_{n+1-j}) & (i = n) \end{cases}$$
であるから
$$K = \max\left[1, \max_{x \in I}\left\{\left|\frac{p_n(x)}{p_0(x)}\right| + \cdots + \left|\frac{p_1(x)}{p_0(x)}\right|\right\}\right]$$
と置けば
$$|f_i(x, \boldsymbol{u}) - f_i(x, \boldsymbol{v})| \leq K \max_i |u_i - v_i| = K\|\boldsymbol{u} - \boldsymbol{v}\|_\infty$$
ゆえに
$$\|\boldsymbol{f}(x, \boldsymbol{u}) - \boldsymbol{f}(x, \boldsymbol{v})\|_\infty \leq K\|\boldsymbol{u} - \boldsymbol{v}\|_\infty$$
となって定理 **3.2** の仮定が満たされる. ゆえに (3.26), (3.27) の解は I 上ただ一

つ存在する。この場合も注意 **3.3** が適用され, I は有限区間でなくてもよい。♠

3.5 ε 近 似 解

D を $I \times \boldsymbol{R}^n$ のある領域とし, $\boldsymbol{f}(x, \boldsymbol{u}) \in C[D; \boldsymbol{R}^n]$ として微分方程式

$$\frac{d\boldsymbol{u}}{dx} = \boldsymbol{f}(x, \boldsymbol{u}) \qquad (x \in I) \tag{3.29}$$

を考える。このとき $\boldsymbol{\phi}(x)$ が (3.29) の **ε 近似解** (ε-approximate solution) であるとは

(i) $\boldsymbol{\phi}(x) \in C^1[I; \boldsymbol{R}^n]$
(ii) $x \in I$ に対して $(x, \boldsymbol{\phi}(x)) \in D$
(iii) $\boldsymbol{R}^n$ 上の適当なノルム $\|\cdot\|$ に関して
$\left\| \frac{d\boldsymbol{\phi}}{dx} - \boldsymbol{f}(x, \boldsymbol{\phi}) \right\| \leq \varepsilon \qquad (x \in I)$

が成り立つときをいう。もちろん, $\varepsilon = 0$ ならば $\boldsymbol{\phi}$ は (3.29) の厳密解である。

定理 3.4

$\boldsymbol{f}, \boldsymbol{g} \in C[D; \boldsymbol{R}^n]$ に対してつぎを仮定する。

$\|\boldsymbol{f}(x, \boldsymbol{u}) - \boldsymbol{f}(x, \boldsymbol{v})\| \leq K\|\boldsymbol{u} - \boldsymbol{v}\| \qquad ((x, \boldsymbol{u}), (x, \boldsymbol{v}) \in D)$

$\|\boldsymbol{f}(x, \boldsymbol{u}) - \boldsymbol{g}(x, \boldsymbol{u})\| \leq \varepsilon_1$

また, $\boldsymbol{\phi}(x)$ は (3.29) の ε_2 近似解, $\boldsymbol{\psi}(x)$ は $\dfrac{d\boldsymbol{u}}{dx} = \boldsymbol{g}(x, \boldsymbol{u})$ の ε_3 近似解, $\varepsilon_0 = \|\boldsymbol{\phi}(x_0) - \boldsymbol{\psi}(x_0)\|$ $(x_0 \in I)$ とする。

このとき

$$\|\boldsymbol{\phi}(x) - \boldsymbol{\psi}(x)\| \leq \varepsilon_0 e^{K|x-x_0|} + (\varepsilon_1 + \varepsilon_2 + \varepsilon_3) \frac{e^{K|x-x_0|} - 1}{K} \tag{3.30}$$

が成り立つ。

証明

$$\boldsymbol{e}_1(x) = \frac{d\boldsymbol{\phi}}{dx} - \boldsymbol{f}(x, \boldsymbol{\phi}(x))$$
$$\boldsymbol{e}_2(x) = \frac{d\boldsymbol{\psi}}{dx} - \boldsymbol{g}(x, \boldsymbol{\psi}(x))$$

3.5 ε 近 似 解

と置けば

$$\boldsymbol{\phi}(x) = \boldsymbol{\phi}(x_0) + \int_{x_0}^{x} \boldsymbol{f}(t, \boldsymbol{\phi}(t))dt + \int_{x_0}^{x} \boldsymbol{e}_1(t)dt$$

$$\boldsymbol{\psi}(x) = \boldsymbol{\psi}(x_0) + \int_{x_0}^{x} \boldsymbol{g}(t, \boldsymbol{\psi}(t))dt + \int_{x_0}^{x} \boldsymbol{e}_2(t)dt$$

$$\therefore \quad \boldsymbol{\phi}(x) - \boldsymbol{\psi}(x) = \boldsymbol{\phi}(x_0) - \boldsymbol{\psi}(x_0) + \int_{x_0}^{x} (\boldsymbol{f}(t, \boldsymbol{\phi}(t)) - \boldsymbol{f}(t, \boldsymbol{\psi}(t)))dt$$

$$+ \int_{x_0}^{x} (\boldsymbol{f}(t, \boldsymbol{\psi}(t)) - \boldsymbol{g}(t, \boldsymbol{\psi}(t)))dt + \int_{x_0}^{x} \boldsymbol{e}_1(t)dt - \int_{x_0}^{x} \boldsymbol{e}_2(t)dt$$

$$\therefore \quad \|\boldsymbol{\phi}(x) - \boldsymbol{\psi}(x)\| \leq \|\boldsymbol{\phi}(x_0) - \boldsymbol{\psi}(x_0)\| + \left|\int_{x_0}^{x} K\|\boldsymbol{\phi}(t) - \boldsymbol{\psi}(t)\|dt\right|$$

$$+ \left|\int_{x_0}^{x} \varepsilon_1 dt\right| + \left|\int_{x_0}^{x} \varepsilon_2 dt\right| + \left|\int_{x_0}^{x} \varepsilon_3 dt\right|$$

$$= \varepsilon_0 + (\varepsilon_1 + \varepsilon_2 + \varepsilon_3)|x - x_0| + K\left|\int_{x_0}^{x} \|\boldsymbol{\phi}(t) - \boldsymbol{\psi}(t)\|dt\right|$$

ゆえに命題 **3.2** によって

$$\|\boldsymbol{\phi}(x) - \boldsymbol{\psi}(x)\| \leq \varepsilon_0 + (\varepsilon_1 + \varepsilon_2 + \varepsilon_3)|x - x_0|$$
$$+ K\left|\int_{x_0}^{x} e^{K|x-t|}\{\varepsilon_0 + (\varepsilon_1 + \varepsilon_2 + \varepsilon_3)|t - x_0|\}dt\right|$$

ここで二つの場合を考える。

(i) $x \geq x_0$ のとき

$$K\left|\int_{x_0}^{x} e^{K|x-t|}\{\varepsilon_0 + (\varepsilon_1 + \varepsilon_2 + \varepsilon_3)|t - x_0|\}dt\right|$$

$$= \left[-e^{K(x-t)}\{\varepsilon_0 + (\varepsilon_1 + \varepsilon_2 + \varepsilon_3)|t - x_0|\}\right]_{t=x_0}^{t=x}$$

$$+ \int_{x_0}^{x} e^{K(x-t)}(\varepsilon_1 + \varepsilon_2 + \varepsilon_3)dt$$

$$= -\{\varepsilon_0 + (\varepsilon_1 + \varepsilon_2 + \varepsilon_3)(x - x_0)\} + \varepsilon_0 e^{K(x-x_0)}$$

$$- \frac{1}{K}(\varepsilon_1 + \varepsilon_2 + \varepsilon_3)[e^{K(x-t)}]_{t=x_0}^{t=x}$$

$$= \varepsilon_0 e^{K(x-x_0)} + (\varepsilon_1 + \varepsilon_2 + \varepsilon_3)\frac{e^{K(x-x_0)} - 1}{K}$$

$$- \{\varepsilon_0 + (\varepsilon_1 + \varepsilon_2 + \varepsilon_3)(x - x_0)\}$$

$$\therefore \quad \|\boldsymbol{\phi}(x) - \boldsymbol{\psi}(x)\| \leq \varepsilon_0 e^{K(x-x_0)} + (\varepsilon_1 + \varepsilon_2 + \varepsilon_3)\frac{e^{K(x-x_0)} - 1}{K} \quad (3.31)$$

(ii) $x < x_0$ のとき (i) と同様にして

$$K\left|\int_{x_0}^{x} e^{K|x-t|}\{\varepsilon_0 + (\varepsilon_1 + \varepsilon_2 + \varepsilon_3)|t - x_0|\}dt\right|$$

74   3. 常微分方程式の基礎

$$= K \int_x^{x_0} e^{K|t-x|}\{\varepsilon_0 + (\varepsilon_1 + \varepsilon_2 + \varepsilon_3)(x_0 - t)\}dt$$

$$= \varepsilon_0 e^{K(x_0-x)} + (\varepsilon_1 + \varepsilon_2 + \varepsilon_3)\frac{e^{K(x_0-x)} - 1}{K}$$

$$- \{\varepsilon_0 + (\varepsilon_1 + \varepsilon_2 + \varepsilon_3)(x_0 - x)\}$$

よってこの場合

$$\|\boldsymbol{\phi}(x) - \boldsymbol{\psi}(x)\| \leq \varepsilon_0 e^{K(x_0-x)} + (\varepsilon_1 + \varepsilon_2 + \varepsilon_3)\frac{e^{K(x_0-x)} - 1}{K} \qquad (3.32)$$

(3.31), (3.32) をまとめて (3.30) を得る。♠

系 3.4.1 (初期データに関する解の連続性) $\boldsymbol{f} \in C[D; \boldsymbol{R}^n]$ かつ $\boldsymbol{f}$ は D において $\boldsymbol{u}$ につき Lipschitz 条件を満たすとする。$\boldsymbol{\phi}(x)$ と $\boldsymbol{\psi}(x)$ を (3.29) の二つの解とすれば

$$\|\boldsymbol{\phi}(x) - \boldsymbol{\psi}(x)\| \leq \|\boldsymbol{\phi}(x_0) - \boldsymbol{\psi}(x_0)\| e^{K|x-x_0|} \qquad (x \in I)$$

ただし, K は $\boldsymbol{f}$ の Lipschitz 定数である。

系 3.4.2 $\boldsymbol{f}$ は系 **3.4.1** の仮定を満たし

$$S = \{(x, \boldsymbol{u}) \mid |x - x_0| \leq a, \|\boldsymbol{u} - \boldsymbol{\eta}\| \leq b\} \subseteq D$$

とする。$\boldsymbol{u} = \boldsymbol{\phi}(x, \boldsymbol{y})$ を初期値問題

$$\frac{d\boldsymbol{u}}{dx} = \boldsymbol{f}(x, \boldsymbol{u}) \qquad (x \in I = [x_0 - a,\ x_0 + a])$$

$$\boldsymbol{u}(x_0) = \boldsymbol{y} \qquad (\|\boldsymbol{y} - \boldsymbol{\eta}\| \leq b)$$

の解とし, $x \in I$ のとき $(x, \boldsymbol{\phi}(x, \boldsymbol{y})) \in S$ とすれば, $\boldsymbol{\phi}(x, y)$ は S において x と $\boldsymbol{y}$ の連続関数である。

[証明] $(x, \boldsymbol{y})$, $(\tilde{x}, \tilde{\boldsymbol{y}}) \in S$ とするとき, 系 **3.4.1** によって

$$\|\boldsymbol{\phi}(x, \boldsymbol{y}) - \boldsymbol{\phi}(\tilde{x}, \tilde{\boldsymbol{y}})\| \leq \|\boldsymbol{\phi}(x, \boldsymbol{y}) - \boldsymbol{\phi}(x, \tilde{\boldsymbol{y}})\| + \|\boldsymbol{\phi}(x, \tilde{\boldsymbol{y}}) - \boldsymbol{\phi}(\tilde{x}, \tilde{\boldsymbol{y}})\|$$

$$\leq \|\boldsymbol{y} - \tilde{\boldsymbol{y}}\| e^{K|x-x_0|} + \left\|\int_{\tilde{x}}^{x} \boldsymbol{f}(t, \boldsymbol{\phi}(t, \tilde{\boldsymbol{y}}))dt\right\|$$

$$\leq \|\boldsymbol{y} - \tilde{\boldsymbol{y}}\| e^{K|x-x_0|} + M|x - \tilde{x}|$$

ただし

$$M = \max_{(x, \boldsymbol{u}) \in S} \|\boldsymbol{f}(x, \boldsymbol{u})\|$$

と置いている。

3.6　n 階線形方程式

関数 $p_0(x), p_1(x), \cdots, p_n(x), r(x)$ が区間 I で連続, かつ I で $p_0(x) \neq 0$ ならば, 定理 **3.3** によって n 階線形方程式の初期値問題

$$p_0(x)u^{(n)} + p_1(x)u^{(n-1)} + \cdots + p_n(x)u = r(x) \tag{3.33}$$

$$u(x_0) = \eta_1, \cdots, u^{(n-1)}(x_0) = \eta_n \tag{3.34}$$

は I 上ただ一つの解 $u \in C^n[I]$ をもつ。(3.33) は $r(x) \equiv 0$ のとき**斉次線形方程式** (homogeneous linear equation), $r(x) \not\equiv 0$ のとき**非斉次線形方程式** (non-homogeneous linear equation) という。

この節では線形方程式の解の基礎的性質を要約する。以下 $u \in C^n[I]$ に対し

$$\mathcal{L}u = p_0(x)u^{(n)} + \cdots + p_n(x)u$$

と置く。$\mathcal{L}u$ の代わりに $\mathcal{L}(u)$ と書くこともある。写像 $\mathcal{L} : u \in C^n[I] \to C[I]$ は**微分作用素** (differential operator) と呼ばれる。

定理 3.5 (重ね合わせの原理 (principle of superposition))

$\phi_1(x), \cdots, \phi_n(x)$ が斉次線形方程式 $\mathcal{L}u = 0$ の解ならば, それらの 1 次結合 $c_1\phi_1 + \cdots + c_n\phi_n (c_1, \cdots, c_n$ は定数) も解である。

[証明]　$\phi = c_1\phi_1 + \cdots + c_n\phi_n$ と置けば, $\mathcal{L}\phi_i = 0 \ (1 \leq i \leq n)$ であるから

$$\begin{aligned}
\mathcal{L}\phi &= \mathcal{L}(c_1\phi_1 + \cdots + c_n\phi_n) \\
&= p_0(c_1\phi_1 + \cdots + c_n\phi_n)^{(n)} + \cdots + p_n(c_1\phi_1 + \cdots + c_n\phi_n) \\
&= c_1(p_0\phi_1^{(n)} + \cdots + p_n\phi_1) + \cdots + c_n(p_0\phi_n^{(n)} + \cdots + p_n\phi_n) \\
&= c_1\mathcal{L}\phi_1 + \cdots + c_n\mathcal{L}\phi_n = 0
\end{aligned}$$

となる。

定義 3.2 (関数の 1 次独立と 1 次従属) 区間 I で定義された関数 $\phi_1,\cdots,\phi_n$ が I 上 **1 次独立**であるとは

$$\sum_{i=1}^n c_i\phi_i(x) = 0 \quad \forall x \in I \ (c_1,\cdots,c_n \text{は定数}) \Leftrightarrow c_1 = \cdots = c_n = 0$$

のときをいう。また 1 次独立でないとき,すなわち適当な $(c_1,\cdots,c_n) \neq (0,\cdots,0)$ をえらんで $\sum_{i=1}^n c_i\phi_i(x) \equiv 0$ とできるとき,**1 次従属**であるという。

定義 3.3 (Wronski 行列式) $n-1$ 回微分可能な関数 $\phi_1,\cdots,\phi_n$ のつくる行列式

$$\begin{vmatrix} \phi_1 & \cdots & \phi_n \\ \phi_1' & \cdots & \phi_n' \\ \vdots & & \vdots \\ \phi_1^{(n-1)} & \cdots & \phi_n^{(n-1)} \end{vmatrix}$$

を $W(\phi_1,\cdots,\phi_n)(x)$ で表し,$\phi_1,\cdots,\phi_n$ のつくる **Wronski** (ロンスキー) 行列式または**ロンスキアン**という。簡単のために $W(x)$ と書くこともある。

定理 3.6

$\phi_1,\cdots,\phi_n$ は区間 I 上で $n-1$ 回微分可能とするとき,$\phi_1,\cdots,\phi_n$ が I 上 1 次従属ならば $W(\phi_1,\cdots,\phi_n)(x) \equiv 0\ \forall x \in I$ である。

証明 仮定により I 上

$$c_1\phi_1(x) + \cdots + c_n\phi_n(x) \equiv 0 \tag{3.35}$$

を満たす定数の組 $(c_1,\cdots,c_n) \neq (0,\cdots,0)$ がある。(3.35) の両辺を順次 x につき $n-1$ 回微分して

$$c_1\phi_1^{(i)}(x) + \cdots + c_n\phi_n^{(i)}(x) = 0 \quad (1 \leq i \leq n-1)$$

ゆえに

$$\begin{bmatrix} \phi_1(x) & \cdots & \phi_n(x) \\ \phi_1'(x) & \cdots & \phi_n'(x) \\ \vdots & & \vdots \\ \phi_1^{(n-1)}(x) & \cdots & \phi_n^{(n-1)}(x) \end{bmatrix} \begin{bmatrix} c_1 \\ c_2 \\ \vdots \\ c_n \end{bmatrix} = \begin{bmatrix} 0 \\ 0 \\ \vdots \\ 0 \end{bmatrix} \quad (3.36)$$

仮に $W(\phi_1,\cdots,\phi_n)(x_0) \neq 0$ となる $x_0 \in I$ があれば (3.36) の左辺の行列は $x = x_0$ で正則であり, $c_1 = \cdots = c_n = 0$ を得る。これは矛盾であるから, このような x_0 は存在しない。 ♠

注意 3.4 定理 **3.6** の逆はいえない。例えば, $n = 2$

$$\phi_1(x) = \begin{cases} x^2 & (x \geq 0) \\ 0 & (x < 0) \end{cases}, \quad \phi_2(x) = \begin{cases} 0 & (x \geq 0) \\ x^2 & (x < 0) \end{cases}$$

とすれば, ϕ_1, ϕ_2 は C^1 級の関数であって, 任意の x に対し

$$W(\phi_1, \phi_2)(x) = \begin{cases} \begin{vmatrix} x^2 & 0 \\ 2x & 0 \end{vmatrix} & (x \geq 0) \\ \begin{vmatrix} 0 & x^2 \\ 0 & 2x \end{vmatrix} & (x < 0) \end{cases}$$
$$= 0$$

となるが, ϕ_1, ϕ_2 は 1 次独立である。

しかし, $\phi_1, \cdots, \phi_n$ が適当な n 階線形方程式の解であれば定理 **3.6** の逆が成り立つ (定理 **3.8** 参照)。

定理 3.7 (Abel (アーベル) の公式)

$\phi_1, \cdots, \phi_n$ が $\mathcal{L}u = 0$ の解で, $x_0 \in I$ ならば

$$W(\phi_1,\cdots,\phi_n)(x) = W(\phi_1,\cdots,\phi_n)(x_0) e^{-\int_{x_0}^x \frac{p_1(t)}{p_0(t)} dt} \quad (x \in I)$$

証明 簡単のため $W(\phi_1,\cdots,\phi_n)(x)$ を $W(x)$ と書けば

$$\frac{dW}{dx} = \frac{d}{dx} \begin{vmatrix} \phi_1 & \cdots & \phi_n \\ \phi_1' & \cdots & \phi_n' \\ \vdots & & \vdots \\ \phi_1^{(n-1)} & \cdots & \phi_n^{(n-1)} \end{vmatrix}$$

$$= \begin{vmatrix} \phi_1' & \cdots & \phi_n' \\ \phi_1' & \cdots & \phi_n' \\ \vdots & & \vdots \\ \phi_1^{(n-1)} & \cdots & \phi_n^{(n-1)} \end{vmatrix} + \begin{vmatrix} \phi_1 & \cdots & \phi_n \\ \phi_1'' & \cdots & \phi_n'' \\ \vdots & & \vdots \\ \phi_1^{(n-1)} & \cdots & \phi_n^{(n-1)} \end{vmatrix}$$

(第 1 行の各元を微分)　　(第 2 行の各元を微分)

$$+ \cdots + \begin{vmatrix} \phi_1 & \cdots & \phi_n \\ \phi_1' & \cdots & \phi_n' \\ \vdots & & \vdots \\ \phi_1^{(n)} & \cdots & \phi_n^{(n)} \end{vmatrix}$$

(第 n 行の各元を微分)

$$= \begin{vmatrix} \phi_1 & \cdots & \phi_n \\ \phi_1' & \cdots & \phi_n' \\ \vdots & & \vdots \\ \phi_1^{(n-2)} & \cdots & \phi_n^{(n-2)} \\ \phi_1^{(n)} & \cdots & \phi_n^{(n)} \end{vmatrix}$$

$$\therefore \quad -p_0(x)\frac{dW}{dx} = \begin{vmatrix} \phi_1 & \cdots & \phi_n \\ \phi_1' & \cdots & \phi_n' \\ \vdots & & \vdots \\ \phi_1^{(n-2)} & \cdots & \phi_n^{(n-2)} \\ -p_0\phi_1^{(n)} & \cdots & -p_0\phi_n^{(n)} \end{vmatrix} \quad (3.37)$$

ここで $-p_0\phi_i^{(n)} = \sum_{j=1}^{n} p_j(x)\phi_i^{(n-j)}$ を上式に代入すれば, 行列式の性質により (3.37) の行列式は

$$\begin{vmatrix} \phi_1 & \cdots & \phi_n \\ \phi_1' & \cdots & \phi_n' \\ \vdots & & \vdots \\ \phi_1^{(n-2)} & \cdots & \phi_n^{(n-2)} \\ p_1\phi_1^{(n-1)} & \cdots & p_1\phi_n^{(n-1)} \end{vmatrix} = p_1(x)W(x)$$

に等しい。したがって
$$p_0\frac{dW}{dx} + p_1(x)W = 0 \quad \therefore \quad \frac{dW}{dx} + \frac{p_1(x)}{p_0(x)}W = 0$$

両辺に $P(x) = e^{\int_{x_0}^{x} \frac{p_1(t)}{p_0(t)}dt}$ を掛ければ $PW' + P'W = 0$, すなわち
$$\frac{d}{dx}(PW) = 0$$
を得るから,PW は定数である。
$$\therefore \quad P(x)W(x) = P(x_0)W(x_0) = W(x_0) \quad (\because \ P(x_0) = 1)$$

これより
$$W(x) = \frac{1}{P(x)}W(x_0) = W(x_0)e^{-\int_{x_0}^{x}\frac{p_1(t)}{p_0(t)}dt}$$
を得る。 ♠

系 3.7.1 定理 **3.7** の仮定の下で,つぎの 3 条件はすべて同値である。

(i) $W(x) \not\equiv 0$

(ii) ある $x_0 \in I$ について $W(x_0) \neq 0$

(iii) 任意の $x \in I$ について $W(x) \neq 0$

定理 3.8

$\phi_1, \cdots, \phi_n$ が $\mathcal{L}u = 0$ の解ならば,$\phi_1, \cdots, \phi_n$ が I 上 1 次独立であるための必要十分条件は

$$W(\phi_1, \cdots, \phi_n)(x) \neq 0 \quad \forall x \in I \tag{3.38}$$

なることである(系 **3.7.1** によって,(3.38) はある $x_0 \in I$ において

$$W(\phi_1, \cdots, \phi_n)(x_0) \neq 0 \tag{3.38}'$$

により置き換えられる)。

証明 定理 **3.6** の対偶をとれば

ある $x_0 \in I$ において $W(x_0) \neq 0 \Rightarrow \phi_1, \cdots, \phi_n$ は I 上 1 次独立

したがって系 **3.7.1** により

$$W(x) \neq 0 \ \forall x \in I \Rightarrow \phi_1, \cdots, \phi_n \text{ は } I \text{ 上 1 次独立} \tag{3.39}$$

である。したがって (3.39) の逆が成り立つことを示せばよい。$\phi_1, \cdots, \phi_n$ は I 上 1 次独立であるとし, 仮にある点 $x_0 \in I$ において $W(x_0) = 0$ となったとすれば, 行列

$$A = \begin{bmatrix} \phi_1(x_0) & \cdots & \phi_n(x_0) \\ \phi_1'(x_0) & \cdots & \phi_n'(x_0) \\ \vdots & & \vdots \\ \phi_1^{(n-1)}(x_0) & \cdots & \phi_n^{(n-1)}(x_0) \end{bmatrix}$$

は正則でなく, $A(c_1, \cdots, c_n)^t = \mathbf{0}$ を満たす定数の組 $(c_1, \cdots, c_n) \neq (0, \cdots, 0)$ がある。$\phi = c_1\phi_1(x) + \cdots + c_n\phi_n(x)$ と置けば, このことは

$$\phi(x_0) = \phi'(x_0) = \cdots = \phi^{(n-1)}(x_0) = 0 \tag{3.40}$$

を意味する。重ね合わせの原理によって $\mathcal{L}\phi = 0$ であるから, 線形方程式の初期値問題に対する解の一意性により $\phi \equiv 0$ を要するが, これは $\phi_1, \cdots, \phi_n$ が I 上 1 次従属であることを意味し, 仮定に反する。よって $W(x) \neq 0 \ (\forall \in I)$ である。 ♠

定義 3.4 (基本解) n 階線形方程式 $\mathcal{L}u = 0$ の解 $\phi_1, \cdots, \phi_n$ が I 上 1 次独立であるとき, これらを**基本解** (fundamental set of solutions) という。

基本解は必ず存在する。実際, $\phi_1(x)$ を初期値問題

$$\mathcal{L}u = 0, \ u(x_0) = 1, \ u'(x_0) = \cdots = u^{(n-1)}(x_0) = 0$$

の解, $\phi_2(x)$ を初期値問題

$$\mathcal{L}u = 0, \ u(x_0) = 0, \ u'(x_0) = 1, \ u''(x_0) = \cdots = u^{(n-1)}(x_0) = 0$$

の解, 等々として, $\phi_1(x), \cdots, \phi_n(x)$ をとればその Wronski 行列式は

$$W(x_0) = \begin{vmatrix} 1 & & & \\ & 1 & & \\ & & \ddots & \\ & & & 1 \end{vmatrix} = 1 \neq 0$$

となり，$\phi_1, \cdots, \phi_n$ は I 上 1 次独立となる．

定理 3.9

$\phi_1, \cdots, \phi_n$ が $\mathcal{L}u = 0$ の基本解ならば $\mathcal{L}u = 0$ の任意の解はそれらの 1 次結合として書ける．

証明　ϕ を $\mathcal{L}u = 0$ の解とし，$x_0 \in I$ とする．定理 3.8 によって $W(\phi_1, \cdots, \phi_n)(x_0) \neq 0$ である．したがって

$$c_1 \phi_1(x_0) + \cdots + c_n \phi_n(x_0) = \phi(x_0)$$
$$c_1 \phi_1'(x_0) + \cdots + c_n \phi_n'(x_0) = \phi'(x_0)$$
$$\vdots$$
$$c_1 \phi_1^{(n-1)}(x_0) + \cdots + c_n \phi_n^{(n-1)}(x_0) = \phi^{(n-1)}(x_0)$$

を満たす $c_1, \cdots, c_n$ はただ 1 通り存在する．このとき，$\phi(x)$ と $\psi(x) = \sum_{i=1}^{n} c_i \phi_i(x)$ は同一の初期条件を満たす $\mathcal{L}u = 0$ の解であるから，解の一意性によって $\phi = \psi$ でなければならない．　♠

系 3.9.1　$u_0(x)$ を $\mathcal{L}u = r(x)$ の一つの解とすれば，$\mathcal{L}u = r(x)$ の任意の解は

$$u(x) = \sum_{i=1}^{n} c_i \phi_i(x) + u_0(x) \tag{3.41}$$

と書ける．ただし，$\phi_1, \cdots, \phi_n$ は $\mathcal{L}u = 0$ の基本解，$c_1, \cdots, c_n$ は定数である．$\sum_i c_i \phi_i$ を $\mathcal{L}u = 0$ の一般解，$u_0(x)$ を **特殊解**（または特解）(particular solution) という．

証明　$\mathcal{L}(u - u_0) = \mathcal{L}u - \mathcal{L}u_0 = r - r = 0$ より

$$u - u_0 = \sum_{i=1}^{n} c_i \phi_i, \text{ すなわち } u = \sum_{i=1}^{n} c_i \phi_i + u_0$$

と書ける。 ♠

定理 3.10 (特殊解の求め方)

$\phi_1, \cdots, \phi_n$ を $\mathcal{L}u = 0$ の基本解, $x_0 \in I$ とすれば, $\mathcal{L}u = r(x)$ の特殊解 $u_0(x)$ は次式で与えられる。

$$u_0(x) = \int_{x_0}^{x} \frac{r(t)}{p_0(t)W(t)} \begin{vmatrix} \phi_1(t) & \cdots & \phi_n(t) \\ \vdots & & \vdots \\ \phi_1^{(n-2)}(t) & \cdots & \phi_n^{(n-2)}(t) \\ \phi_1(x) & \cdots & \phi_n(x) \end{vmatrix} dt \quad (3.42)$$

証明 $u(x) = v_1(x)\phi_1(x) + \cdots + v_n(x)\phi_n(x)$ と置き, $v_1, \cdots, v_n$ を

$$v_1'\phi_1 + \cdots + v_n'\phi_n = 0$$
$$v_1'\phi_1' + \cdots + v_n'\phi_n' = 0$$
$$\vdots$$
$$v_1'\phi_1^{(n-2)} + \cdots + v_n'\phi_n^{(n-2)} = 0$$
$$v_1'\phi_1^{(n-1)} + \cdots + v_n'\phi_n^{(n-1)} = \frac{r}{p_0}$$

を満たすように定める。$W(x) = W(\phi_1, \cdots, \phi_n)(x) \neq 0 \ \forall x \in I$ であるからこれは可能であり

$$v_i'(x) = \frac{1}{W(x)} \begin{vmatrix} \phi_1 & \cdots & 0 & \cdots & \phi_n \\ \phi_1' & \cdots & 0 & \cdots & \phi_n' \\ \vdots & & \vdots & & \vdots \\ \phi_1^{(n-2)} & \cdots & 0 & \cdots & \phi_n^{(n-2)} \\ \phi_1^{(n-1)} & \cdots & \frac{r}{p_0} & \cdots & \phi_n^{(n-1)} \end{vmatrix}$$

$\overset{i}{\smile}$

3.6 n 階線形方程式

$$= (-1)^{i+n} \frac{r(x)}{p_0(x)W(x)} \begin{vmatrix} \phi_1 & \cdots & \phi_{i-1} & \phi_{i+1} & \cdots & \phi_n \\ \phi_1' & \cdots & \phi_{i-1}' & \phi_{i+1}' & \cdots & \phi_n' \\ \vdots & & \vdots & \vdots & & \vdots \\ \phi_1^{(n-2)} & \cdots & \phi_{i-1}^{(n-2)} & \phi_{i+1}^{(n-2)} & \cdots & \phi_n^{(n-2)} \end{vmatrix}$$

(3.43)

右辺の行列式を $D_i(x)$ と置けば, (3.43) を満たす v_i を

$$v_i(x) = (-1)^{i+n} \int_{x_0}^{x} \frac{r(t)}{p_0(t)W(t)} D_i(t) dt \tag{3.44}$$

と定めることができる (積分定数は無視する)。このとき $u = \sum_{i=1}^{n} v_i \phi_i$ は $\mathcal{L}u = r$ を満たす。なぜならば, 証明の冒頭における v の定め方より

$$u' = \left(\sum_i v_i \phi_i\right)' = \sum_i v_i \phi_i' + \sum_i v_i' \phi_i = \sum_i v_i \phi_i'$$

$$u'' = \left(\sum_i v_i \phi_i'\right)' = \sum_i v_i \phi_i'' + \sum_i v_i' \phi_i' = \sum_i v_i \phi_i''$$

$$\vdots$$

$$u^{(n-1)} = \left(\sum_i v_i \phi_i^{(n-2)}\right)' = \sum_i v_i \phi_i^{(n-1)} + \sum_i v_i' \phi_i^{(n-2)} = \sum_i v_i \phi_i^{(n-1)}$$

$$u^{(n)} = \left(\sum_i v_i \phi_i^{(n-1)}\right)' = \sum_i v_i \phi_i^{(n)} + \sum_i v_i' \phi_i^{(n-1)} = \sum_i v_i \phi_i^{(n)} + \frac{r}{p_0}$$

したがって

$$\mathcal{L}u = \sum_{i=1}^{n} v_i \mathcal{L}(\phi_i) + r = r$$

となるからである。すなわち $\sum v_i \phi_i$ は $\mathcal{L}u = 0$ の特解である。さらに (3.44) より

$$\sum_{i=1}^{n} v_i \phi_i(x) = \int_{x_0}^{x} \frac{r(t)}{p_0(t)W(t)} \sum_{i=1}^{n} (-1)^{i+n} D_i(t) \phi_i(x) dt$$

そして

$$\sum_{i=1}^{n} (-1)^{i+n} D_i(t) \phi_i(x) = \begin{vmatrix} \phi_1(t) & \cdots & \phi_n(t) \\ \vdots & & \vdots \\ \phi_1^{(n-2)}(t) & \cdots & \phi_n^{(n-2)}(t) \\ \phi_1(x) & \cdots & \phi_n(x) \end{vmatrix}$$

(左辺は右辺の行列式を第 n 行につき展開したもの)

84　3. 常微分方程式の基礎

であるから (3.42) を得る。　♠

注意 3.5　上記証明のように, $\mathcal{L}u = 0$ の一般解 $\sum_i c_i \phi_i$ の定数 c_i を関数 $v_i(x)$ に変化させ, $\mathcal{L}u = r$ の特殊解を求める方法を**定数変化法** (method of variation of constants) という。結局 $\mathcal{L}u = 0$ の基本解が知られれば, (3.41) と (3.42) により $\mathcal{L}u = r$ の一般解が得られるのである。$\mathcal{L}u = 0$ の基本解を求めることは難しい問題であるが, $p_0, p_1, \cdots, p_n$ が定数の場合には, この問題は解決されている。その解答は $n = 2$ の場合については次節で与える。

3.7　求積法の初歩

今まで微分方程式の解の存在と性質について述べてきたが, 方程式が具体的に与えられたときそれをどのようにして解くかについては触れなかった。ほとんどの方程式は解を数式により表現することはできないが, 特別な形の方程式では, 積分を実行して解を具体的に表示することができる。この手法を**求積法** (quadrature) という。この節ではそのいくつかを取り上げる。ただし, 微分方程式全体の中で求積法により解けるものはごくわずかであって, 現代では, 解くことを必要とされる方程式の多くはコンピュータにより数値的に解かれていることを注意しておきたい。

3.7.1　1階線形方程式

$$p_0(x)\frac{du}{dx} + p_1(x)u = r(x) \qquad (p_0(x) \neq 0)$$

これを解くには

$$\frac{du}{dx} + \frac{p_1(x)}{p_0(x)}u = \frac{r(x)}{p_0(x)}$$

と変形し, 両辺に $P(x) = e^{\int_{x_0}^x \frac{p_1(t)}{p_0(t)} dt}$ を掛けて

$$\frac{d}{dx}(P(x)u) = \frac{r(x)}{p_0(x)}P(x)$$

$$\therefore \quad P(x)u(x) = \int_{x_0}^x \frac{r(t)}{p_0(t)} P(t)dt + P(x_0)u(x_0)$$

$$= \int_{x_0}^{x} \frac{r(t)}{p_0(t)} P(t) dt + u(x_0)$$

よって

$$u(x) = \frac{1}{P(x)} \left(\int_{x_0}^{x} \frac{r(t)}{p_0(t)} P(t) dt + c_1 \right) \qquad (c_1 = u(x_0))$$

3.7.2 変数分離形

$$\frac{du}{dx} = f(x)g(u) \tag{3.45}$$

このような微分方程式は**変数分離形**と呼ばれる。これを解くには $g(u) \neq 0$ で割り

$$\frac{1}{g(u)} \frac{du}{dx} = f(x) \tag{3.46}$$

両辺を適当な点 x_0 から x まで積分して

$$\int_{x_0}^{x} \frac{1}{g(u)} \frac{du}{dx} dx = \int_{x_0}^{x} f(x) dx = \int_{x_0}^{x} f(t) dt$$

$u_0 = u(x_0)$ と置けば左辺の積分は $\displaystyle\int_{u_0}^{u} \frac{du}{g(u)}$ に等しいから, 以上の操作を省略して, (3.46) より直接

$$\frac{1}{g(u)} du = f(x) dx,$$
$$\int_{u_0}^{u} \frac{du}{g(u)} = \int_{x_0}^{x} f(t) dt \tag{3.47}$$

とするのが普通である。(3.47) よりさらに粗く

$$\int \frac{du}{g(u)} = \int f(x) dx + c \qquad (c: 任意定数)$$

と書いてもよい。

ところで, 上記において $g(u) \neq 0$ と仮定した。もしある点 $u_0 = u(x_0)$ において $g(u_0) = 0$ となったとすれば, $u = u_0$(定数関数) は初期値問題

$$\frac{du}{dx} = f(x)g(u)$$
$$u(x_0) = u_0$$

の解である。$g(u)$ が Lipschitz 条件を満たすとき, 定理 **3.1** によって $x = x_0$ の

近傍における解はこれ以外に存在しない。

結局, (3.45) の解は, $g(u) = 0$ の実根を $\alpha_1, \cdots, \alpha_m$ とするとき, (3.47) と $u = \alpha_1, \cdots, u = \alpha_m$ を併せたものになる。

3.7.3 定数係数2階線形方程式

$$\mathcal{L}u = u'' + au' + bu = 0 \qquad (a, b は定数) \tag{3.48}$$

この方程式の基本解はつぎのようにして求める。

まず, $u = e^{\lambda x}$ を (3.48) に代入すれば

$$(\lambda^2 + a\lambda + b)e^{\lambda x} = 0$$

よって, $e^{\lambda x}$ が (3.48) の解であるためには λ は2次方程式

$$\lambda^2 + a\lambda + b = 0 \tag{3.49}$$

の根でなければならない。(3.49) を (3.48) に対する**特性方程式** (characteristic equation) という。(3.49) の2根 λ_1, λ_2 の性質によりつぎの三つの場合が起る。

(i) λ_1, λ_2 が相異なる実数の場合

$\phi_1(x) = e^{\lambda_1 x}$, $\phi_2(x) = e^{\lambda_2 x}$ は $\mathcal{L}u = 0$ の解であり

$$W(\phi_1, \phi_2)(x) = \begin{vmatrix} e^{\lambda_1 x} & e^{\lambda_2 x} \\ \lambda_1 e^{\lambda_1 x} & \lambda_2 e^{\lambda_2 x} \end{vmatrix} = (\lambda_2 - \lambda_1)e^{(\lambda_1 + \lambda_2)x} \neq 0 \quad \forall x$$

よって ϕ_1, ϕ_2 は $\mathcal{L}u = 0$ の基本解であり, 一般解は $c_1\phi_1 + c_2\phi_2$ で与えられる。

(ii) $\lambda_1 = \lambda_2$ の場合

$\phi_1(x) = e^{\lambda_1 x}$, $\phi_2(x) = xe^{\lambda_1 x} = x\phi_1(x)$ と置くと

$$\begin{aligned}
\mathcal{L}\phi_2 &= (x\phi_1)'' + a(x\phi_1)' + b(x\phi_1) \\
&= x(\phi_1'' + a\phi_1' + b\phi) + (2\phi_1' + a\phi_1) \\
&= (2\lambda_1 + a)\phi_1 = 0 \qquad (\because 2\lambda_1 + a = 0)
\end{aligned}$$

さらに

$$W(\phi_1,\phi_2)(x) = \begin{vmatrix} e^{\lambda_1 x} & xe^{\lambda_1 x} \\ \lambda_1 e^{\lambda_1 x} & (1+\lambda_1 x)e^{\lambda_1 x} \end{vmatrix} = e^{2\lambda_1 x} \neq 0$$

よって ϕ_1, ϕ_2 は $\mathcal{L}u = 0$ の基本解であり, $\mathcal{L}u = 0$ の一般解は

$$u = (c_1 + c_2 x)e^{\lambda_1 x} \qquad (c_1, c_2 : \text{任意定数})$$

で与えられる。

(iii) λ_1, λ_2 が共役複素数の場合

$\lambda_1 = \alpha + i\beta,\ \lambda_2 = \alpha - i\beta\ (\beta \neq 0)$ と置くと $u = e^{(\alpha+i\beta)x},\ v = e^{(\alpha-i\beta)x}$ は $\mathcal{L}u = 0$ を満たす。実際, $e^{\lambda x}$ は λ が複素数であっても

$$\frac{d}{dx}(e^{\lambda x}) = \lambda e^{\lambda x}, \quad \frac{d^2}{dx^2}(e^{\lambda x}) = \lambda^2 e^{\lambda x}$$

を満たし, $\mathcal{L}u = \mathcal{L}v = 0$ となる。一方

$$u = e^{\alpha x}(\cos\beta x + i\sin\beta x)$$

であるから

$$\mathcal{L}u = \mathcal{L}(e^{\alpha x}\cos\beta x) + i\mathcal{L}(e^{\alpha x}\sin\beta x) = 0$$

これより

$$\mathcal{L}(e^{\alpha x}\cos\beta x) = 0 \ \text{かつ}\ \mathcal{L}(e^{\alpha x}\sin\beta x) = 0$$

すなわち, $\phi_1 = e^{\alpha x}\cos\beta x,\ \phi_2 = e^{\alpha x}\sin\beta x$ は $\mathcal{L}u = 0$ の解である。

さらに

$$\begin{aligned} W(\phi_1,\phi_2)(x) &= \begin{vmatrix} e^{\alpha x}\cos\beta x & e^{\alpha x}\sin\beta x \\ e^{\alpha x}(\alpha\cos\beta x - \beta\sin\beta x) & e^{\alpha x}(\alpha\sin\beta x + \beta\cos\beta x) \end{vmatrix} \\ &= \beta e^{\alpha x} \neq 0 \end{aligned}$$

よって ϕ_1, ϕ_2 は $\mathcal{L}u = 0$ の基本解であり, 一般解は

$$u = (c_1\cos\beta x + c_2\sin\beta x)e^{\alpha x} \qquad (c_1, c_2 : \text{任意定数})$$

で与えられる。なお, 実関数 ϕ_1, ϕ_2 よりも複素関数 $e^{\lambda x}, e^{\bar{\lambda} x}\ (\lambda = \alpha + i\beta)$ のほうが計算が容易であり, 後者を基本解とみなしてもよい。

例 3.3 つぎの方程式を解け

$$u'' + u' - 2u = 0, \ u(0) = 1, \ \lim_{x \to \infty} u(x) = 0$$

【解答】 特性方程式は

$$\lambda^2 + \lambda - 2 = (\lambda + 2)(\lambda - 1) = 0 \qquad (\lambda = -2, 1)$$

よって基本解は $\phi_1 = e^{-2x}$, $\phi_2 = e^x$ である。また一般解は

$$u = c_1 e^{-2x} + c_2 e^x$$

である。与えられた条件より

$$c_1 + c_2 = 1 \ \text{および} \ c_2 = 0$$

であるから, $c_1 = 1$ で求める解は $u = e^{-2x}$ である。 $\diamondsuit$

3.7.4 $u'' = f(u)$

このような方程式を解くには $\dfrac{du}{dx} = p$ と置き

$$\frac{d^2u}{dx^2} = \frac{dp}{dx} = \frac{dp}{du} \cdot \frac{du}{dx} = \frac{dp}{du} p$$

であることに注意する。このとき与えられた方程式は変数分離形

$$p\frac{dp}{du} = f(u)$$

となる。これを

$$pdp = f(u)du$$

と書き直して積分すれば

$$\frac{1}{2}p^2 = \int f(u)du + c_1 = F(u) + c_1$$

$$p = \pm\sqrt{2F(u) + 2c_1}$$

$$\therefore \ \frac{du}{\sqrt{2F(u) + 2c_1}} = \pm dx$$

したがって

$$\int \frac{du}{\sqrt{2F(u) + 2c_1}} = \pm(x + c_2) \qquad (c_1, c_2 : \text{任意定数})$$

例 3.4 直線上で位置 x のみに関係する力 $f(x)$ が質点に働くとき，運動の方程式は

$$m\frac{d^2x}{dt^2} = f(x)$$

両辺に $\dfrac{dx}{dt}$ を掛けて

$$\frac{1}{2}m\frac{d}{dx}\left\{\left(\frac{dx}{dt}\right)^2\right\} = f(x)\frac{dx}{dt}$$

積分して

$$\frac{1}{2}m\left(\frac{dx}{dt}\right)^2 = \int f(t)\frac{dx}{dt}dt + c,$$

$$\frac{1}{2}m\left(\frac{dx}{dt}\right)^2 + \left(-\int f(x)dx\right) = c \qquad (3.50)$$

左辺第 1 項は運動エネルギー，第 2 項は位置エネルギーを表し，(3.50) は物理学におけるエネルギー保存則を表している。

3.7.5 $u'' = f(u')$

再び $u' = p$ とおけば $\dfrac{dp}{dx} = f(p)$ となって変数分離形となる。

例 3.5 図 3.3 のように 2 点 $(0, h_0), (l, h_l)$ 間に張られたケーブル (材質は一様とする) の形状 $u = u(x)$ は微分方程式

$$\frac{d^2u}{dx^2} = \kappa\sqrt{1+\left(\frac{du}{dx}\right)^2} \qquad (\kappa\text{は正の定数}) \qquad (3.51)$$

を満たす。$u' = p$ と置けば

$$\frac{dp}{dx} = \kappa\sqrt{1+p^2}$$

$$\therefore \quad \frac{dp}{\sqrt{1+p^2}} = \kappa dx$$

両辺を積分して $\log(p + \sqrt{1+p^2}) = \kappa x + c_1$，したがって

$$p + \sqrt{1+p^2} = e^{\kappa x + c_1} \qquad (3.52)$$

$$\frac{1}{p + \sqrt{1+p^2}} = e^{-(\kappa x + c_1)} \qquad (3.53)$$

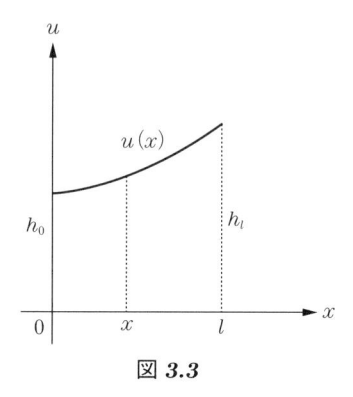

図 3.3

$\dfrac{1}{p+\sqrt{1+p^2}} = \sqrt{1+p^2} - p$ であるから, (3.52) から (3.53) を引けば

$$2p = e^{\kappa x + c_1} - e^{-(\kappa x + c_1)}$$

$$\therefore \quad \frac{du}{dx} = \frac{1}{2}\left(e^{\kappa x + c_1} - e^{-(\kappa x + c_1)}\right)$$

$$\therefore \quad u = \frac{1}{2\kappa}\left(e^{\kappa x + c_1} + e^{-(\kappa x + c_1)}\right) + c_2$$

$$= \frac{1}{\kappa}\cosh(\kappa x + c_1) + c_2$$

これは**懸垂線** (catenary, **カテナリー**) と呼ばれる曲線である。定数 c_1, c_2 は境界条件

$$u(0) = h_0, \ u(l) = h_l \tag{3.54}$$

により定まる。

4 線形境界値問題

4.1 はじめに

3.1 節ですでに述べたように,与えられた境界条件を満たす微分方程式の解を見い出す問題を境界値問題という。初期値問題と比較して境界値問題は関数解析,変分法,位相・代数など,数学のいろいろな分野とも関係し,解の存在理論も初期値問題ほど単純ではない。しかしながら,線形方程式の場合には,解の存在に関する単純で美しい理論ができ上がっている。

本章では,n 階線形方程式の境界値問題に対する解の存在を論じた後,Green 関数を導入して解の積分表示を行う。

4.2 n 階線形方程式に対する境界値問題

以下,区間 $[a,b]$ を有限区間,$u \in C^n[a,b]$ として

$$\mathcal{L}u = p_0(x)u^{(n)} + p_1(x)u^{(n-1)} + \cdots + p_n(x)u \tag{4.1}$$

$$B_i(u) = \sum_{j=1}^n a_{ij}u^{(j-1)}(a) + \sum_{j=1}^n b_{ij}u^{(j-1)}(b) \quad (1 \leq i \leq n) \tag{4.2}$$

$$\mathcal{D} = \{u \in C^n[a,b] \mid B_i(u) = 0, \ 1 \leq i \leq n\}$$

と置く。ただし $p_0, p_1, \cdots, p_n \in C[a,b]$, $p_0(x) \neq 0$ とする。このとき $\mathcal{L}$ は $C^n[a,b]$ から $C[a,b]$ への作用素である。

定義 4.1 (境界値問題) 与えられた関数 $f \in [a,b]$ と定数 $\alpha_i \in \boldsymbol{R}$, $i = 1, 2, \cdots, n$ に対し

$$\mathcal{L}u = f \qquad (a \leq x \leq b) \tag{4.3}$$

$$B_i(u) = \alpha_i \qquad (1 \leq i \leq n) \tag{4.4}$$

を満たす $u \in C^n[a,b]$ を求める問題を **2 点境界値問題**, または単に**境界値問題**という。(4.4) は **2 点境界条件**または単に**境界条件**と呼ばれる。

なお, (4.4) は行列とベクトルを用いて

$$\begin{bmatrix} a_{11} & \cdots & a_{1n} \\ \vdots & & \vdots \\ a_{n1} & \cdots & a_{nn} \end{bmatrix} \begin{bmatrix} u(a) \\ \vdots \\ u^{(n-1)}(a) \end{bmatrix}$$
$$+ \begin{bmatrix} b_{11} & \cdots & b_{1n} \\ \vdots & & \vdots \\ b_{n1} & \cdots & b_{nn} \end{bmatrix} \begin{bmatrix} u(b) \\ \vdots \\ u^{(n-1)}(b) \end{bmatrix} = \begin{bmatrix} \alpha_1 \\ \vdots \\ \alpha_n \end{bmatrix} \tag{4.5}$$

と表すことができる。ここで変換 (3.5) により (4.5) は

$$A\boldsymbol{u}(a) + B\boldsymbol{u}(b) = \boldsymbol{\alpha} \tag{4.6}$$

となる。ただし

$$A = (a_{ij}), \quad B = (b_{ij}), \quad \boldsymbol{u} = (u_1, \cdots, u_n)^t, \quad \boldsymbol{\alpha} = (\alpha_1, \cdots, \alpha_n)^t$$

と置く。

したがって, 2 点境界値問題 $(4.3), (4.4)$ は, 境界条件 (4.6) の下で n 元連立線形方程式 (3.28) を解くことと同じである。しかし, 本書ではこの形での考察は行わない。

補題 4.1

つぎの 2 条件は同値である。

(i) $\mathcal{L}u = 0, \ u \in \mathcal{D} \Rightarrow u = 0$

(ii) $u, v \in \mathcal{D}, \ u \neq v \Rightarrow \mathcal{L}u \neq \mathcal{L}v$

以下，このことを「$(\mathcal{L}, \mathcal{D})$ は**単射** (injection) である」ということにする。

証明 (i) ⇒ (ii) 仮に $u, v \in \mathcal{D}$, $u \neq v$ かつ $\mathcal{L}u = \mathcal{L}v$ となる u, v があれば，$w = u - v$ は $\mathcal{L}w = 0$, $w \in \mathcal{D}$ かつ $w \neq 0$ を満たすから条件 (i) に矛盾する。

(ii) ⇒ (i) 仮に $\mathcal{L}u = 0$, $u \in \mathcal{D}$, $u \neq 0$ なる u が存在したとすれば，$v = 0$ と置くとき

$$u, v \in \mathcal{D}, \ u \neq v \ \text{かつ} \ \mathcal{L}u = 0 = \mathcal{L}v$$

これは条件 (ii) に反する。 ♠

注意 4.1 後でわかるように，補題 **4.1** の条件はつぎの条件とも同値である。
(iii) $(\mathcal{L}, \mathcal{D})$ は**全単射** (bijection), すなわち単射かつ $\mathcal{L}(\mathcal{D}) = C[a, b]$ を満たす。

補題 4.2

$\phi_1, \cdots, \phi_n$ を $\mathcal{L}u = 0$ の基本解とする。$(\mathcal{L}, \mathcal{D})$ が単射であるための必要十分条件は

$$\det(B_i(\phi_j)) = \begin{vmatrix} B_1(\phi_1) & \cdots & B_1(\phi_n) \\ \vdots & & \vdots \\ B_n(\phi_1) & \cdots & B_n(\phi_n) \end{vmatrix} \neq 0$$

となることである。

証明 $\mathcal{L}u = 0$ の任意の解 u は

$$u = c_1 \phi_1 + \cdots + c_n \phi_n \qquad (c_1, \cdots, c_n \in \boldsymbol{R})$$

と表される (定理 **3.9**)。よって

$$\mathcal{L}u = 0 \ (u \in \mathcal{D}) \Leftrightarrow B_i(u) = \sum_{j=1}^{n} c_j B_i(\phi_j) = 0 \ (1 \leq i \leq n)$$

$$\Leftrightarrow \begin{bmatrix} B_1(\phi_1) & \cdots & B_1(\phi_n) \\ \vdots & & \vdots \\ B_n(\phi_1) & \cdots & B_n(\phi_n) \end{bmatrix} \begin{bmatrix} c_1 \\ \vdots \\ c_n \end{bmatrix} = \begin{bmatrix} 0 \\ \vdots \\ 0 \end{bmatrix} \quad (4.7)$$

よって, $(\mathcal{L}, \mathcal{D})$ が単射であるための必要十分条件は, (4.7) が自明解 $c_1 = \cdots = c_n$ しかもたないことである。これは (4.7) の係数行列が正則であることにほかならない。 ♠

定理 4.1 (解の存在定理)

$f \in C[a, b]$, $\alpha_1, \cdots, \alpha_n \in \boldsymbol{R}$ とする。

(i) $(\mathcal{L}, \mathcal{D})$ が単射ならば境界値問題 $(4.3), (4.4)$ はただ一つの解をもつ。

(ii) $(\mathcal{L}, \mathcal{D})$ が単射でないならば $(4.3), (4.4)$ の解は存在しないか無数に存在するかのいずれかである。

証明 (i) $\phi_1, \cdots, \phi_n$ を $\mathcal{L}u = 0$ の基本解として, ψ を初期値問題
$$\mathcal{L}u = f, \quad u(a) = u'(a) = \cdots = u^{(n-1)}(a) = 0$$
の解とする (定理 **3.3** によって ψ は一意に定まる)。このとき $\mathcal{L}u = f$ の一般解は
$$u = c_1\phi_1 + \cdots c_n\phi_n + \psi \qquad (c_1, \cdots, c_n \in \boldsymbol{R})$$
と表されるから
$$B_i(u) = \alpha_i \ (1 \leq i \leq n) \Leftrightarrow \sum_{j=1}^n c_j B_i(\phi_j) + B_i(\psi) = \alpha_i \ (1 \leq i \leq n)$$
$$\Leftrightarrow \sum_{j=1}^n B_i(\phi_j) c_j = \alpha_i - B_i(\psi) \ (1 \leq i \leq n) \quad (4.8)$$
よって, $(\mathcal{L}, \mathcal{D})$ が単射ならば補題 **4.1** により (4.8) は一意解 $c_1, \cdots, c_n$ をもつ。すなわち, 解 u は一意に定まる。

(ii) $(\mathcal{L}, \mathcal{D})$ が単射でないならば $\mathcal{L}\phi = 0$ を満たす $\phi(\neq 0) \in \mathcal{D}$ がある。このとき, 仮に $(4.3), (4.4)$ の解 u_0 が存在したとすれば, 任意の定数 $c \in \boldsymbol{R}$ に対して
$$u_c = c\phi + u_0$$
は $(4.3), (4.4)$ の解である。実際
$$\mathcal{L}u_c = \mathcal{L}(c\phi + u_0) = c\mathcal{L}\phi + \mathcal{L}u_0 = \mathcal{L}u_0 = f$$
$$B_i(u_c) = cB_i(\phi) + B_i(u_0) = B_i(u_0) = \alpha_i \qquad (1 \leq i \leq n)$$
したがって, $(4.3), (4.4)$ の一つの解 u_0 が存在すれば無数の解が存在する。 ♠

例 4.1 $u'' + u = 0,\ u(0) = u\left(\dfrac{\pi}{2}\right) = 0$ の解は $u = 0$ のみである。実際 $u'' + u = 0$ の一般解は

$$u = c_1 \cos x + c_2 \sin x$$

であり，境界条件より $c_1 = c_2 = 0$ を得るから，$u = 0$。したがって

$$\mathcal{L}u = u'' + u,\ \mathcal{D} = \left\{u \in C^2\left[0, \dfrac{\pi}{2}\right] \mid u(0) = u\left(\dfrac{\pi}{2}\right) = 0\right\}$$

と置くとき $(\mathcal{L}, \mathcal{D})$ は単射である。ゆえに，定理 **4.1** (i) により，境界値問題 $\mathcal{L}u = f,\ u \in \mathcal{D}$ は任意の $f \in C[a, b]$ に対して一意解をもつ。

例 4.2 $u'' + u = 0,\ u(0) = u(\pi) = 0$ の解は $u = c \sin x$ (c は任意定数) であるから

$$\mathcal{L}u = u'' + u,\ \ \mathcal{D} = \{u \in C^2[0, \pi] \mid u(0) = u(\pi) = 0\}$$

とするとき $(\mathcal{L}, \mathcal{D})$ は単射でない。このとき境界値問題

$$\mathcal{L}u = 1 \qquad (u \in \mathcal{D})$$

の解は存在しない。なぜなら，容易にわかるように $\mathcal{L}u = 1$ の一般解は

$$u = c_1 \cos x + c_2 \sin x + 1 \qquad (c_1, c_2 は任意定数)$$

であり，$u \in \mathcal{D}$ であるためには

$$u(0) = c_1 + 1 = 0,\ \ u(\pi) = -c_1 + 1 = 0$$

しかしこのような c_1 は存在しない。

一方，$\mathcal{L}u = 1,\ u(0) = 3,\ u(\pi) = -1$ の解は

$$u = 2\cos x + c \sin x + 1 \qquad (c : 任意定数)$$

であって無数に存在する。

4.3 Green 関数

(4.1), (4.2) で定義された $\mathcal{L} : C^n[a, b] \to C[a, b]$ と対応する $\mathcal{D}$ を考える。このとき $(\mathcal{L}, \mathcal{D})$ の Green 関数 $G(x, \xi)$ をつぎにより定義する。ただし $n \geq 2$ と

する。

定義 4.2 (Green 関数)　つぎの条件を満たす関数 $G(x,\xi)$ を $(\mathcal{L},\mathcal{D})$ の **Green** (グリーン) 関数という。

(i)　$G(x,\xi) \in C^{n-2}([a,b] \times [a,b])$

(ii)　$G(x,\xi)$ は
$$\Omega_1 = \{(x,\xi) \mid a \leq x \leq \xi \leq b\}$$
および
$$\Omega_2 = \{(x,\xi) \mid a \leq \xi \leq x \leq b\} \qquad (\text{図 } \mathbf{4.1})$$
において C^n 級で, $\xi \in (a,b)$ を固定するとき, x の関数として
$$\lim_{\varepsilon \to +0} \frac{\partial^{n-1} G(x,\xi)}{\partial x^{n-1}} \bigg|_{x=\xi-\varepsilon}^{x=\xi+\varepsilon} = \frac{\partial^{n-1} G(\xi+0,\xi)}{\partial x^{n-1}} - \frac{\partial^{n-1} G(\xi-0,\xi)}{\partial x^{n-1}}$$
$$= \frac{1}{p_0(\xi)}$$

(iii)　$\xi \in (a,b)$ を固定するとき $x \in [a,\xi) \cup (\xi,b]$ に対し
$$\mathcal{L}G(x,\xi) = 0 \text{ かつ } B_i(G(x,\xi)) = 0 \qquad (1 \leq i \leq n)$$

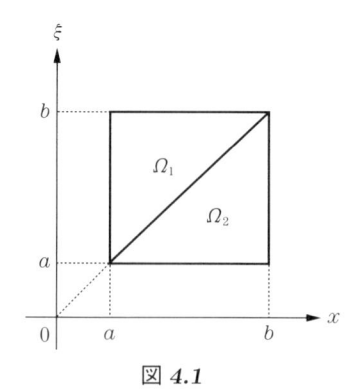

図 **4.1**

定理 4.2 (Green 関数の存在)

$(\mathcal{L}, \mathcal{D})$ が単射のとき Green 関数はただ一つ存在する。

証明 $\phi_1, \cdots, \phi_n$ を $\mathcal{L}u = 0$ の基本解とすれば $\xi \in (a, b)$ を固定するとき, 定義 **4.2** (iii) によって, $a \leq x < \xi$ および $\xi < x \leq b$ において $\mathcal{L}G = 0$ である。よって適当な定数 $a_i, b_i, 1 \leq i \leq n$ を定めて

$$G(x, \xi) = \begin{cases} a_1 \phi_1(x) + \cdots + a_n \phi_n(x) & (a \leq x < \xi) \\ b_1 \phi_1(x) + \cdots + b_n \phi_n(x) & (\xi < x \leq b) \end{cases} \quad (4.9)$$

と書くことができる。さらに定義 **4.2** (i) によって $G(x, \xi)$ は $[a, b] \times [a, b]$ で C^{n-2} 級であるから, $x = \xi$ において

$$\sum_{j=1}^{n} a_j \phi_j^{(i)}(\xi) - \sum_{j=1}^{n} b_j \phi_j^{(i)}(\xi) = 0 \quad (0 \leq i \leq n-2) \quad (4.10)$$

さらに条件 (ii) によって

$$\sum_{j=1}^{n} b_j \phi_j^{(n-1)}(\xi) - \sum_{j=1}^{n} a_j \phi_j^{(n-1)}(\xi) = \frac{1}{p_0(\xi)} \quad (4.11)$$

ここで $c_j = b_j - a_j$ と置けば, (4.10) と (4.11) から

$$\begin{bmatrix} \phi_1(\xi) & \cdots & \phi_n(\xi) \\ \phi_1'(\xi) & \cdots & \phi_n'(\xi) \\ \vdots & & \vdots \\ \phi_1^{(n-2)}(\xi) & \cdots & \phi_n^{(n-2)}(\xi) \\ \phi_1^{(n-1)}(\xi) & \cdots & \phi_n^{(n-1)}(\xi) \end{bmatrix} \begin{bmatrix} c_1 \\ c_2 \\ \vdots \\ c_{n-1} \\ c_n \end{bmatrix} = \begin{bmatrix} 0 \\ 0 \\ \vdots \\ 0 \\ \frac{1}{p_0(\xi)} \end{bmatrix} \quad (4.12)$$

係数行列の行列式は Wronski 行列式 $W(\phi_1, \cdots, \phi_n)(\xi)$ であるから, $\phi_1, \cdots, \phi_n$ の 1 次独立性により零でなく, $c_1, \cdots, c_n$ は (4.12) により一意に決定される。

つぎに $B_i(u)$ を二つに分けて

$$B_i(u) = B_{ia}(u) + B_{ib}(u)$$

$$B_{ia}(u) = \sum_{j=0}^{n-1} a_{ij} u^{(j)}(a), \quad B_{ib}(u) = \sum_{j=0}^{n-1} b_{ij} u^{(j)}(b)$$

と置く ($B_{ia}(u) = 0$, $B_{ib}(u) = 0$ は**分離境界条件** (separated conditions) と呼ばれる)。定義 **4.2** (iii) によって $x \in [a, \xi) \cup (\xi, b]$ のとき $B_i(G) = 0$ であるから

$$\sum_{j=1}^{n} a_j B_{ia}(\phi_j) + \sum_{j=1}^{n} b_j B_{ib}(\phi_j) = 0 \quad (1 \leq i \leq n)$$

$a_j = b_j - c_j$ を上式に代入すれば

$$\sum_{j=1}^{n} b_j [B_{ia}(\phi_j) + B_{ib}(\phi_j)] = \sum_{j=1}^{n} c_j B_{ia}(\phi_j) \qquad (1 \leq i \leq n)$$

$$\sum_{j=1}^{n} b_j B_i(\phi_j) = \sum_{j=1}^{n} c_j B_{ia}(\phi_j) \qquad (1 \leq i \leq n) \tag{4.13}$$

補題 **4.2** によって, $b_1, \cdots, b_n$ に関する n 次元連立 1 次方程式 (4.13) の係数行列は正則であるから, 解 $b_1, \cdots, b_n$ は一意に定まる. このとき $a_j = b_j - c_j$ も一意に定まる. よって, $G(x, \xi)$ は (4.9) によりただ一つ確定する. ♠

例 4.3 定理 **4.2** の特別な場合として

$$\mathcal{L}u = p_0(x)u'' + p_1(x)u' + p_2(x)u \tag{4.14}$$

$$B_1(u) = \alpha_0 u(a) + \alpha_1 u'(a) \qquad ((\alpha_0, \alpha_1) \neq (0,0)) \tag{4.15}$$

$$B_2(u) = \beta_0 u(b) + \beta_1 u'(b) \qquad ((\beta_0, \beta_1) \neq (0,0)) \tag{4.16}$$

$$\mathcal{D} = \{u \in C^2[a,b] \mid B_1(u) = B_2(u) = 0\}$$

と置き, $(\mathcal{L}, \mathcal{D})$ は単射であると仮定する. つぎに, ϕ_1, ϕ_2 を

ϕ_1 は $\mathcal{L}u = 0$, $B_1(u) = 0$ の解で $B_2(\phi_1) \neq 0$

ϕ_2 は $\mathcal{L}u = 0$, $B_2(u) = 0$ の解で $B_1(\phi_2) \neq 0$

として選ぶ. このような ϕ_1, ϕ_2 は確かに存在する. 例えば, ϕ_1 は初期値問題 $\mathcal{L}u = 0$, $u(a) = \alpha_1$, $u'(a) = -\alpha_0$ の解, ϕ_2 は初期値問題 $\mathcal{L}u = 0$, $u(b) = \beta_1$, $u'(b) = -\beta_0$ の解とすればよい. このとき $B_2(\phi_1) \neq 0$ である (仮に $B_2(\phi_1) = 0$ ならば $\mathcal{L}\phi_1 = 0$ ($\phi_1 \in \mathcal{D}$) かつ $\phi_1 \neq 0$ となり, $(\mathcal{L}, \mathcal{D})$ は単射でない). 同様に $B_1(\phi_2) \neq 0$ である. よって (4.13) より

$$\begin{bmatrix} 0 & B_1(\phi_2) \\ B_2(\phi_1) & 0 \end{bmatrix} \begin{bmatrix} b_1 \\ b_2 \end{bmatrix} = \begin{bmatrix} B_1(\phi_1) & B_1(\phi_2) \\ 0 & 0 \end{bmatrix} \begin{bmatrix} c_1 \\ c_2 \end{bmatrix}$$

これより $b_1 = 0$, $b_2 = c_2$ を得る. したがってつぎも成り立つ.

$$a_1 = b_1 - c_1 = -c_1, \quad a_2 = b_2 - c_2 = 0$$

さらに, Wronski 行列式 $W(\phi_1, \phi_2)(x)$ を $W(x)$ と書けば, (4.12) より

$$c_1 = \frac{1}{W(\xi)} \begin{vmatrix} 0 & \phi_2(\xi) \\ p_0(\xi)^{-1} & \phi_2'(\xi) \end{vmatrix} = -\frac{\phi_2(\xi)}{p_0(\xi)W(\xi)}$$

$$c_2 = \frac{1}{W(\xi)} \begin{vmatrix} \phi_1(\xi) & 0 \\ \phi_1'(\xi) & p_0(\xi)^{-1} \end{vmatrix} = \frac{\phi_1(\xi)}{p_0(\xi)W(\xi)}$$

を得る。よって (4.9) より

$$G(x,\xi) = \begin{cases} a_1\phi_1(x) + a_2\phi_2(x) & (x \leq \xi) \\ b_1\phi_1(x) + b_2\phi_2(x) & (x \geq \xi) \end{cases}$$

$$= \begin{cases} \dfrac{\phi_1(x)\phi_2(\xi)}{p_0(\xi)W(\xi)} & (x \leq \xi) \\ \dfrac{\phi_1(\xi)\phi_2(x)}{p_0(\xi)W(\xi)} & (x \geq \xi) \end{cases} \tag{4.17}$$

これが $(\mathcal{L}, \mathcal{D})$ に対する Green 関数の具体的表現である。

さて、Green 関数の重要性はつぎの定理が成り立つことにある。

定理 4.3 (Green 関数による解の積分表示)

定理 **4.2** の仮定の下で、境界値問題

$$\mathcal{L}u = f, \quad u \in \mathcal{D}, \quad f \in C[a,b] \tag{4.18}$$

の解 u は

$$u(x) = \int_a^b G(x,\xi)f(\xi)d\xi \tag{4.19}$$

と表される。

証明 定理 **4.1** (i) により (4.18) はただ一つの解 u をもつ。よって、(4.19) の右辺で定義される関数 u が $\mathcal{L}u = f$ $(u \in \mathcal{D})$ を満たすことを示せばよい。まず $G \in C^{n-2}([a,b] \times [a,b])$ であるから

$$u^{(i)}(x) = \int_a^b \frac{\partial^i G(x,\xi)}{\partial x^i} f(\xi) d\xi \quad (0 \leq i \leq n-2) \tag{4.20}$$

つぎに、定義 **4.2** の条件 (ii) を用いて

$$u^{(n-1)}(x) = \frac{d}{dx}\left(\int_a^b \frac{\partial^{n-2}G(x,\xi)}{\partial x^{n-2}} f(\xi) d\xi\right)$$

$$= \frac{d}{dx}\left(\int_a^x + \int_x^b \frac{\partial^{n-2}G(x,\xi)}{\partial x^{n-2}} f(\xi)d\xi\right)$$

$$= \int_a^x \frac{\partial^{n-1}G(x,\xi)}{\partial x^{n-1}} f(\xi)d\xi + \frac{\partial^{n-2}G(x,x-0)}{\partial x^{n-2}} f(x)$$

$$+ \int_x^b \frac{\partial^{n-1}G(x,\xi)}{\partial x^{n-1}} f(\xi)d\xi - \frac{\partial^{n-2}G(x,x+0)}{\partial x^{n-2}} f(x)$$

$$= \int_a^b \frac{\partial^{n-1}G(x,\xi)}{\partial x^{n-1}} f(\xi)d\xi \qquad (4.21)$$

同様に

$$u^{(n)}(x) = \int_a^x + \int_x^b \frac{\partial^n G(x,\xi)}{\partial x^n} f(\xi)d\xi$$

$$+ \left(\frac{\partial^{n-1}G(x,x-0)}{\partial x^{n-1}} - \frac{\partial^{n-1}G(x,x+0)}{\partial x^{n-1}}\right) f(x)$$

$$= \int_a^b \frac{\partial^n G(x,\xi)}{\partial x^n} f(\xi)d\xi + \frac{1}{p_0(x)} f(x) \qquad (4.22)$$

ただし, (4.22) を導くのに, 定義 **4.2** (ii) によって $G \in C^n[\Omega_1]$ であるから

$$\frac{\partial^{n-1}G(x,x+0)}{\partial x^{n-1}} = \frac{\partial^{n-1}G(x-0,x)}{\partial x^{n-1}}$$

また $G \in C^n[\Omega_2]$ であるから

$$\frac{\partial^{n-1}G(x,x-0)}{\partial x^{n-1}} = \frac{\partial^{n-1}G(x+0,x)}{\partial x^{n-1}}$$

であることを用いた。(4.19)~(4.22) と定義 **4.2** (iii) によって

$$\mathcal{L}u = \int_a^x + \int_x^b \mathcal{L}(G(x,\xi))f(\xi)d\xi + f(x)$$
$$= f(x)$$

かつ

$$B_i(u) = \int_a^x + \int_x^b \mathcal{L}(G(x,\xi))f(\xi)d\xi = 0 \qquad (1 \leq i \leq n)$$

を得る。 ♠

系 4.3.1 $(\mathcal{L},\mathcal{D})$ が単射ならば, 写像 $\mathcal{L}: \mathcal{D} \to C[a,b]$ は全射 (すなわち $\mathcal{L}(\mathcal{D}) = C[a,b]$) である。

証明 $f \in C[a,b]$ ならば (4.19) により定義される u により

$$f = \mathcal{L}u \qquad (u \in \mathcal{D})$$

と書けるから

$$C[a,b] \subseteq \mathcal{L}(\mathcal{D}) \subseteq C[a,b] \qquad \therefore \quad \mathcal{L}(\mathcal{D}) = C[a,b]$$

♠

系 4.3.2 $(\mathcal{L}, \mathcal{D})$ が単射のとき

$$(\mathcal{G}f)(x) = \int_a^b G(x,\xi)f(\xi)d\xi$$

により写像 $\mathcal{G}: C[a,b] \to \mathcal{D}$ を定義すれば $\mathcal{G} = \mathcal{L}^{-1}$ ($\mathcal{L}$ の逆写像) である。積分作用素 $\mathcal{G}$ を **Green 作用素** (Green operator) という。

証明 $u = \mathcal{G}f$, $f \in C[a,b]$ と置けば定理 **4.3** によって $\mathcal{L}u = f$, すなわち

$$\mathcal{L}(\mathcal{G}f) = f \qquad (f \in C[a,b]) \tag{4.23}$$

特に $u \in \mathcal{D}$ に対して $f = \mathcal{L}u$ と置けば, 上式より

$$\mathcal{L}(\mathcal{G}(\mathcal{L}u)) = \mathcal{L}u$$

$$\therefore \quad \mathcal{L}(\mathcal{G}(\mathcal{L}u) - u) = 0 \tag{4.24}$$

$u \in \mathcal{D}$ かつ $\mathcal{G}(\mathcal{L}u) \in \mathcal{D}$ より $\mathcal{G}(\mathcal{L}u) - u \in \mathcal{D}$ を得るが, $(\mathcal{L}, \mathcal{D})$ は単射であるから (4.24) より $\mathcal{G}(\mathcal{L}u) - u = 0$, すなわち

$$\mathcal{G}\mathcal{L}u = u \qquad (u \in \mathcal{D}) \tag{4.25}$$

(4.23) と (4.25) によって $\mathcal{L}\mathcal{G} = \mathcal{G}\mathcal{L} = I$ (恒等写像) が示された。 ♠

定理 4.4

$(\mathcal{L}, \mathcal{D})$ は単射であると仮定する。$\phi_j(x)(1 \leq j \leq n)$ を

$$\mathcal{L}u = 0$$

$$B_i(u) = \delta_{ij} = \begin{cases} 1 & (i = j) \\ 0 & (i \neq j) \end{cases} \qquad (1 \leq i \leq n)$$

の解とすれば, 境界値問題 (4.3), (4.4) の解は

$$u(x) = \int_a^b G(x,\xi)f(\xi)d\xi + \sum_{j=1}^n \alpha_j \phi_j(x) \tag{4.26}$$

で与えられる。

証明 定理 **4.1** (i) によって, 各 j につき, $\phi_j(x)$ は確かに存在する。このとき

$$\mathcal{L}\left(\mathcal{G}f + \sum_{j=1}^n \alpha_j \phi_j\right) = \mathcal{L}(\mathcal{G}f) + \sum_{j=1}^n \alpha_i \mathcal{L}(\phi_j) = f$$

かつ

$$B_i\left(\mathcal{G}f + \sum_{j=1}^n \alpha_j \phi_j\right) = B_i(\mathcal{G}f) + \sum_{j=1}^n \alpha_j B_i(\phi_j)$$
$$= \sum_{j=1}^n \alpha_j \delta_{ij} = \alpha_i$$

ゆえに, (4.26) は境界値問題 (4.3), (4.4) の解である。定理 **4.1** (i) によりこれ以外に解は存在しない。 ♠

4.4 随伴作用素

関数 $u \in C^n[a,b]$ に対し

$$\mathcal{L}u = p_0(x)u^{(n)} + p_1(x)u^{(n-1)} + \cdots + p_n(x)u$$

と置き, $p_0, p_1, \cdots, p_n$ に対して今までより強い条件

$$p_i \in C^{n-i}[a,b] \qquad (0 \le i \le n)$$

を付加する。このとき $u, v \in C^n[a,b]$ に対して

$$\int_a^b \mathcal{L}u \cdot v\, dx = \int_a^b \left\{(p_0 v)u^{(n)} + (p_1 v)u^{(n-1)} + \cdots + (p_n v)u\right\} dx$$
$$= \left[(p_0 v)u^{(n-1)} + (p_1 v)u^{(n-2)} + \cdots + (p_{n-1} v)u\right]_a^b$$
$$\quad - \int_a^b \left\{(p_0 v)'u^{(n-1)} + (p_1 v)'u^{(n-2)} + \cdots + (p_{n-1} v)'u\right\} dx$$
$$\quad + \int_a^b (p_n v)u\, dx$$
$$= \Big[(p_0 v)u^{(n-1)} + \cdots + (p_{n-1} v)u$$
$$\quad - \left\{(p_0 v)'u^{(n-2)} + \cdots + (p_{n-2} v)'u\right\}\Big]_a^b$$
$$\quad + \int_a^b \left\{(p_0 v)''u^{(n-2)} + \cdots + (p_{n-2} v)''u\right\} dx$$
$$\quad - \int_a^b (p_{n-1} v)'u\, dx + \int_a^b (p_n v)u\, dx$$
$$= \cdots$$
$$= \Big[(p_0 v)u^{(n-1)} + \cdots + (p_{n-1} v)u$$
$$\quad - \left\{(p_0 v)'u^{(n-2)} + \cdots + (p_{n-2} v)'u\right\}$$

$$+ \cdots + (-1)^{n-1}\left\{(p_0 v)^{(n-1)} u\right\}\Big]_a^b$$
$$+ \int_a^b \left\{(-1)^n (p_0 v)^{(n)} + (-1)^{n-1}(p_1 v)^{(n-1)} + \cdots \right.$$
$$\left. + (-1)(p_{n-1}v)' + p_n v \right\} u dx$$
$$= [P(u,v)]_a^b + \int_a^b u \mathcal{L}^* v dx \tag{4.27}$$

ただし

$$P(u,v)$$
$$= u\left\{(p_{n-1}v) - (p_{n-2}v)' + \cdots + (-1)^{n-1}(p_0 v)^{(n-1)}\right\}$$
$$+ u'\left\{(p_{n-2}v) - (p_{n-3}v)' + \cdots + (-1)^{n-2}(p_0 v)^{(n-2)}\right\}$$
$$+ \cdots + u^{(n-1)}(p_0 v)$$
$$= (u, u', \cdots, u^{(n-1)}) \begin{bmatrix} * & * & \cdots & * & (-1)^{n-1}p_0 \\ & * & \cdots & (-1)^{n-2}p_0 & 0 \\ \vdots & \vdots & & 0 & \vdots \\ & -p_0 & & \vdots & \\ p_0 & 0 & \cdots & 0 & 0 \end{bmatrix} \begin{bmatrix} v \\ v' \\ \vdots \\ v^{(n-1)} \end{bmatrix}$$

$$\mathcal{L}^* v = (-1)^n (p_0 v)^{(n)} + (-1)^{n-1}(p_1 v)^{(n-1)}$$
$$+ \cdots + (-1)(p_{n-1}v)' + p_n v$$

と置いた。(4.27) より得られる関係式

$$\int_a^b (\mathcal{L}u) v dx - \int_a^b u(\mathcal{L}^* v) dx = [P(u,v)]_a^b$$

を **Lagrange** (ラグランジュ) の等式という。

定義 4.3 (随伴作用素) $\mathcal{L}^*$ を $\mathcal{L}$ の**随伴作用素** (adjoint operator) という。また $\mathcal{L}^* = \mathcal{L}$ のとき**自己随伴作用素** (self-adjoint operator) という。

例 4.4 $n = 2$ のとき

$$\mathcal{L}^*u = (p_0 u)'' - (p_1 u)' + p_2 u$$
$$= p_0 u'' + (2p_0' - p_1)u' + (p_0'' - p_1' + p_2)u$$

であるから

$$\mathcal{L} = \mathcal{L}^* \Leftrightarrow \begin{cases} p_1 = 2p_0' - p_1 \\ p_2 = p_0'' - p_1' + p_2 \end{cases}$$
$$\Leftrightarrow p_1 = p_0'$$
$$\Leftrightarrow \mathcal{L}u = (p_0 u')' + p_2 u$$

4.5 対称作用素と Green 関数

n 階線形微分作用素 $\mathcal{L}$ と定義域 $\mathcal{D}$ を 4.2 節のように定義し $u, v \in C[a, b]$ に対して

$$(u, v) = \int_a^b u(x) v(x) dx$$

と置く。

定義 4.4 (対称作用素) 作用素 $(\mathcal{L}, \mathcal{D})$ が対称であるとは, 任意の $u, v \in \mathcal{D}$ に対し

$$(\mathcal{L}u, v) = (u, \mathcal{L}v)$$

が成り立つときをいう。特に任意の $u(\neq 0) \in \mathcal{D}$ に対し

$$(\mathcal{L}u, u) > 0$$

が成り立つとき, $(\mathcal{L}, \mathcal{D})$ は**正値対称作用素** (symmetric positive definite operator または positive definite symmetric operator) であるという。明らかに正値対称作用素は単射である。

命題 4.1

$p \in C^1[a, b],\ r(x) \in C[a, b],\ p(x) > 0,\ r(x) \geq 0$ とし

$$\mathcal{L}u = -\frac{d}{dx}\left(p(x)\frac{du}{dx}\right) + r(x)u$$

$$B_1(u) = \alpha_0 u(a) - \alpha_1 u'(a) \qquad ((\alpha_0, \alpha_1) \neq (0,0),\ \alpha_0 \geq 0,\ \alpha_1 \geq 0)$$

$$B_2(u) = \beta_0 u(b) + \beta_1 u'(b) \qquad ((\beta_0, \beta_1) \neq (0,0),\ \beta_0 \geq 0,\ \beta_1 \geq 0)$$

$$\mathcal{D} = \{u \in C^2[a,b] \mid B_1(u) = B_2(u) = 0\}$$

と置く.このとき, $(\alpha_0, \beta_0) \neq (0,0)$ ならば $(\mathcal{L}, \mathcal{D})$ は正値対称作用素である.

証明 $u, v \in \mathcal{D}$ のとき

$$(\mathcal{L}u, v) - (u, \mathcal{L}v) = [P(u,v)]_a^b$$

$$P(u,v) = p(uv' - u'v) = p\begin{vmatrix} u & v \\ u' & v' \end{vmatrix}$$

であるが, $B_1(u) = B_1(v) = 0$ より

$$\alpha_0 u(a) - \alpha_1 u'(a) = 0$$

$$\alpha_0 v(a) - \alpha_1 v'(a) = 0$$

$$(\alpha_0, \alpha_1) \neq (0,0)$$

よって

$$\begin{vmatrix} u(a) & u'(a) \\ v(a) & v'(a) \end{vmatrix} = 0$$

同様に $B_2(u) = B_2(v) = 0$ より

$$\begin{vmatrix} u(b) & u'(b) \\ v(b) & v'(b) \end{vmatrix} = 0$$

したがって

$$P(u,v)(a) = P(u,v)(b) = 0$$

よって

$$(\mathcal{L}u, v) = (u, \mathcal{L}v) \qquad (u, v \in \mathcal{D})$$

となり, $(\mathcal{L}, \mathcal{D})$ は対称作用素である.
さらに

$$(\mathcal{L}u, u) = -pu' \cdot u\big|_a^b + \int_a^b \{p(u')^2 + ru^2\}dx$$

$$-p(b)u'(b)u(b) = \begin{cases} \dfrac{\beta_0}{\beta_1}p(b)u(b)^2 & (\beta_1 \neq 0) \\ 0 & (\beta_1 = 0) \end{cases}$$

$$p(a)u'(a)u(a) = \begin{cases} \dfrac{\alpha_0}{\alpha_1}p(a)u(a)^2 & (\alpha_1 \neq 0) \\ 0 & (\alpha_1 = 0) \end{cases}$$

$p > 0, \ r \geq 0, \ \alpha_0 \geq 0, \ \alpha_1 \geq 0, \ \beta_0 \geq 0, \ \beta_1 \geq 0$

であるから

$(\mathcal{L}u, u) \geq 0 \ \forall u \in \mathcal{D}$

である。ここで, $(\alpha_0, \beta_0) \neq (0,0)$ のとき, $(\mathcal{L}u, u) = 0$ から $u = 0$ を導くことができる (各自検証せよ)。ゆえに, $u \neq 0$ ならば

$(\mathcal{L}u, u) > 0$

となる。 ♠

注意 4.2 命題 **4.1** の作用素では，随伴作用素を定義した際の仮定 $p \in C^2[a,b]$ は $p \in C^1[a,b]$ に緩められていることに注意されたい。

定理 4.5 (Green 関数の対称性)

$(\mathcal{L}, \mathcal{D})$ は単射と仮定する。このとき, $(\mathcal{L}, \mathcal{D})$ が対称ならば，対応する Green 関数も対称 $(G(x,\xi) = G(\xi,x))$ で，対応する Green 作用素 $\mathcal{G}$ も

$(\mathcal{G}f, g) = (f, \mathcal{G}g) \qquad (f, g \in C[a,b])$

を満たす。

証明 $f, g \in C[a,b]$ とする。$(\mathcal{L}, \mathcal{D})$ は単射であるから，定理 **4.1** によって $\mathcal{L}u = f, \ u \in \mathcal{D}$ および $\mathcal{L}v = g, \ v \in \mathcal{D}$ を満たす u, v がある。このとき $u = \mathcal{G}f, \ v = \mathcal{G}g$ であるから

$(f, \mathcal{G}g) = (\mathcal{L}u, v) = (u, \mathcal{L}v) = (\mathcal{G}f, g)$

したがって

$$\int_a^b \left(\int_a^b G(x,\xi)g(\xi)d\xi \right) f(x)dx = \int_a^b \left(\int_a^b G(x,\xi)f(\xi)d\xi \right) g(x)dx \quad (4.28)$$

右辺の積分において変数 x と ξ を入れ替えて

$$\int_a^b \left(\int_a^b G(\xi,x)f(x)dx \right) g(\xi)d\xi$$
とした後に積分順序を交換すれば (4.28) の右辺は
$$\int_a^b \left(\int_a^b G(\xi,x)g(\xi)d\xi \right) f(x)dx$$
に等しい。
$$\therefore \quad \int_a^b \left(\int_a^b G(x,\xi)g(\xi)d\xi \right) f(x)dx = \int_a^b \left(\int_a^b G(\xi,x)g(\xi)d\xi \right) f(x)dx$$
$$\therefore \quad \int_a^b \left\{ \int_a^b (G(x,\xi)-G(\xi,x))g(\xi)d\xi \right\} f(x)dx = 0 \quad \forall f,g \in C[a,b] \quad (4.29)$$
これは
$$G(x,\xi) - G(\xi,x) = 0 \qquad (x,\xi \in [a,b])$$
を意味する。実際, 仮にある点 (x_0,ξ_0) において $G(x_0,\xi_0) \neq G(\xi_0,x_0)$ とし, 一般性を失うことなく $G(x_0,\xi_0) > G(\xi_0,x_0)$ であるとすれば, 十分小さい正数 $\delta > 0$ を選んで, $(x,\xi) \in U = (x_0-\delta, x_0+\delta) \times (\xi_0-\delta, \xi_0+\delta)$ のとき
$$\phi(x,\xi) = G(x,\xi) - G(\xi,x) > 0$$
とできる。
$$f(x) = \begin{cases} (x-x_0+\delta)^2(x-x_0-\delta)^2 & (x_0-\delta < x < x_0+\delta) \\ 0 & (x \leq x_0-\delta \text{ または } x \geq x_0+\delta) \end{cases}$$
$$g(\xi) = \begin{cases} (\xi-\xi_0+\delta)^2(\xi-\xi_0-\delta)^2 & (\xi_0-\delta < \xi < \xi_0+\delta) \\ 0 & (\xi \leq \xi_0-\delta \text{ または } \xi \geq \xi_0+\delta) \end{cases}$$
と置けば
$$\phi(x,\xi)f(x)g(\xi) \begin{cases} > 0 & ((x,\xi) \in U) \\ = 0 & ((x,\xi) \notin U) \end{cases}$$
であるから
$$\int_a^b \int_a^b \phi(x,\xi)f(x)g(\xi)d\xi = \int\int_U \phi(x,\xi)f(x)g(\xi)dxd\xi > 0$$
これは (4.29) に矛盾する。♠

命題 4.2

命題 **4.1** の作用素 $(\mathcal{L},\mathcal{D})$ を考え, ϕ_1, ϕ_2 を $\mathcal{L}u = 0$ の基本解とすれば, $p(x)W(\phi_1,\phi_2)(x)$ は定数であり $(\mathcal{L},\mathcal{D})$ の Green 関数 $G(x,\xi)$ は次式で与えられる。

$$G(x,\xi) = \begin{cases} -\dfrac{\phi_1(x)\phi_2(\xi)}{p(a)W(\phi_1,\phi_2)(a)} & (x \leq \xi) \\ -\dfrac{\phi_1(\xi)\phi_2(x)}{p(a)W(\phi_1,\phi_2)(a)} & (x \geq \xi) \end{cases} \tag{4.30}$$

$\boxed{\text{証明}}$ $w(x) = p(x)W(\phi_1,\phi_2)(x)$ と置けば

$$\begin{aligned}\frac{dw(x)}{dx} &= \frac{d}{dx}\begin{vmatrix} \phi_1 & \phi_2 \\ p\phi_1' & p\phi_2' \end{vmatrix} \\ &= \begin{vmatrix} \phi_1' & \phi_2' \\ p\phi_1' & p\phi_2' \end{vmatrix} + \begin{vmatrix} \phi_1 & \phi_2 \\ (p\phi_1')' & (p\phi_2')' \end{vmatrix} \\ &= \begin{vmatrix} \phi_1 & \phi_2 \\ r\phi_1 & r\phi_2 \end{vmatrix} = 0\end{aligned}$$

したがって $w(x)$ は定数であり, $w(x) = w(a)$ となる. よって (4.17) より (4.30) を得る. ♠

注意 4.3 (4.30) の右辺は x と ξ につき対称であり, 定理 **4.5** と整合している. さらに特別な場合を考え

$$\mathcal{L}u = -u'', \quad \mathcal{D} = \{u \in C^2[a,b] \mid u(a) = u(b) = 0\}$$

とすれば, $\phi_1 = x - a$, $\phi_2 = b - x$ は $\mathcal{L}u = 0$ の基本解であり

$$W(\phi_1,\phi_2)(x) = \begin{vmatrix} x-a & b-x \\ 1 & -1 \end{vmatrix} = -(b-a)$$

したがってこの場合

$$G(x,\xi) = \begin{cases} \dfrac{1}{b-a}(x-a)(b-\xi) & (x \leq \xi) \\ \dfrac{1}{b-a}(\xi-a)(b-x) & (x \geq \xi) \end{cases}$$

となる.

5 固有値問題

5.1 固有値と固有関数

前章に引き続いて
$$\mathcal{L}u = p_0(x)u^{(n)} + \cdots + p_n(x)u$$
$$(p_0, p_1, \cdots, p_n \in C[a,b],\ p_0(x) \neq 0)$$
$$B_i(u) = \sum_{j=1}^{n} a_{ij} u^{(j-1)}(a) + \sum_{j=1}^{n} b_{ij} u^{(j-1)}(b) \qquad (1 \leq i \leq n)$$
$$\mathcal{D} = \{u \in C^n[a,b] \mid B_i(u) = 0,\ 1 \leq i \leq n\}$$

と置く。行列の固有値問題と同様に, 微分作用素 $(\mathcal{L}, \mathcal{D})$ に対する固有値問題がつぎのように定義される。

定義 5.1 (固有値, 固有関数)　$\mathcal{L}u = \lambda u,\ u \in \mathcal{D},\ u \neq 0$ を満たす実数または複素数 λ を $(\mathcal{L}, \mathcal{D})$ の**固有値**, u を λ に対応する**固有関数**という。また $(\mathcal{L}, \mathcal{D})$ の**固有値** (eigenvalue), **固有関数** (eigenfunction) を求める問題を**固有値問題** (eigenvalue problem) という。

定義 5.2 (固有空間)　λ を $(\mathcal{L}, \mathcal{D})$ の固有値とするとき, 線形空間
$$W_\lambda = \{u \in \mathcal{D} \mid \mathcal{L}u = \lambda u\}$$
を λ に対応する**固有空間** (eigenspace), その次元 $\dim W_\lambda$ を λ の**重複度** (multiplicity) という。

n 次元行列 A の固有値 λ の重複度には, 特性方程式
$$\det(\lambda I - A) = \lambda^n + \cdots + (-1)^n \det A = 0$$

の根の重複度を意味する代数的重複度と固有空間の次元を意味する幾何的重複度の 2 種類があるが, $(\mathcal{L}, \mathcal{D})$ の固有値に対する重複度の定義は後者にほかならない。

$(\mathcal{L}, \mathcal{D})$ の固有値は一般に複素数であるから, 固有関数も複素数値関数であるが, 実対称行列の場合と同様に対称作用素 $(\mathcal{L}, \mathcal{D})$ の固有値は実数であることが示される。したがって, 固有関数は実数値関数としてよい。

定理 5.1

$(\mathcal{L}, \mathcal{D})$ が対称ならばつぎが成り立つ。

(i) 固有値は実数である。

(ii) 相異なる固有値に対応する固有関数は直交する。

(iii) さらに $(\mathcal{L}, \mathcal{D})$ が正値ならば固有値は正数である。

証明 (i) 内積をひとまず複素内積
$$(u, v) = \int_a^b u(x)\bar{v}(x)dx$$
としよう。$\mathcal{L}u = \lambda u,\ u \neq 0,\ u \in \mathcal{D}$ とすれば $(\mathcal{L}u, u) = (u, \mathcal{L}u)$ より
$$(\lambda u, u) = (u, \lambda u)$$
$$\therefore\ \lambda \int_a^b |u|^2 dx = \bar{\lambda} \int_a^b |u|^2 dx$$
$u \neq 0$ より $\int_a^b |u|^2 dx > 0$ であるから, $\lambda = \bar{\lambda}$ であり, λ は実数である。

(ii) (i) により固有関数は実数値関数としてよく, 内積も実内積としてよい。λ と μ を相異なる固有値として
$$\mathcal{L}u = \lambda u,\ \mathcal{L}v = \mu v,\ u, v \neq 0,\ u, v \in \mathcal{D}$$
とすれば, $(\mathcal{L}u, v) = (u, \mathcal{L}v)$ より $\lambda(u, v) = \mu(u, v)$
$$(\lambda - \mu)(u, v) = 0$$
$\lambda - \mu \neq 0$ であるから, $(u, v) = 0$ を得る。

(iii) $\mathcal{L}u = \lambda u,\ u \neq 0,\ u \in \mathcal{D}$ とすれば $(u, u) > 0$ で
$$\lambda(u, u) = (\mathcal{L}u, u) > 0$$

より $\lambda > 0$ を得る。 ♠

例 5.1 $\mathcal{L}u = -u''$, $\mathcal{D} = \{u \in C^2[0,1] \mid u(0) = u(1) = 0\}$ の固有値, 固有関数を求めよう。すでに命題 **4.1** で示したように $(\mathcal{L}, \mathcal{D})$ は正値対称作用素であるから, 定理 **5.1** (iii) によって $(\mathcal{L}, \mathcal{D})$ の固有値 λ は正である。このとき $\mathcal{L}u = \lambda u$, すなわち $u'' + \lambda u = 0$ の一般解は

$$u = c_1 \cos \sqrt{\lambda} x + c_2 \sin \sqrt{\lambda} x$$

$u(0) = 0$ より $c_1 = 0$ である。また $u(1) = 0$ より $c_2 \sin \sqrt{\lambda} = 0$ である。$u \not\equiv 0$ であるためには $c_2 \neq 0$ でなければならないから, $\sin \sqrt{\lambda} = 0$

$$\therefore \quad \sqrt{\lambda} = n\pi \quad (n = 1, 2, \cdots)$$

よって $\lambda = \lambda_n = (n\pi)^2$ $(n = 1, 2, \cdots)$ が成り立つ。

対応する固有関数は $u_n = c_n \sin \sqrt{\lambda_n} x = c_n \sin n\pi x$ であるが, 特に $\|u_n\| = 1$ と正規化すれば

$$c_n^2 \int_0^1 \sin^2 n\pi x \, dx = 1$$

より

$$c_n^2 = \frac{1}{\int_0^1 \sin^2 n\pi x \, dx} = 2 \quad \therefore \quad c_n = \sqrt{2}$$

結局 $(\mathcal{L}, \mathcal{D})$ の固有値と長さ 1 の固有関数は

$$\lambda_n = (n\pi)^2, \quad u_n = \sqrt{2} \sin n\pi x \quad (n = 1, 2, \cdots)$$

で与えられる。

本章では $(\mathcal{L}, \mathcal{D})$ を単射な対称作用素に限定し, Green 作用素 $\mathcal{G} = \mathcal{L}^{-1}$ を用いてつぎのことを示す。

1. $(\mathcal{L}, \mathcal{D})$ の固有値 (定理 **5.1** により実数である) は可算無限個存在し, 各固有値の重複度は有限である。それらを重複度も込めて絶対値の小さなものから順番に

    $$0 < |\lambda_0| \leq |\lambda_1| \leq \cdots \leq |\lambda_j| \leq \cdots$$

と並べるとき $|\lambda_j| \to \infty \ (j \to \infty)$ である。

2. λ_j に対応する固有関数を u_j として,固有関数からなる正規直交系 $\{u_j\}_{j=0}^{\infty}$ を見出すことができる。すなわち
$$(u_i, u_j) = \begin{cases} 1 & (i = j) \\ 0 & (i \neq j) \end{cases}$$
を満たす固有関数系が存在する。

3. $\{u_j\}$ は $\mathcal{D}$ 内の完全系をなす。すなわち $u \in \mathcal{D}$ ならば
$$u = \sum_{j=0}^{\infty} (u, u_j) u_j \qquad ([a,b] \text{ 上一様収束})$$
と Fourier (フーリエ) 展開できる。また $u \in C[a,b]$ ならばこの級数は u に平均収束する。

5.2 Green 作用素の性質

以下 $(\mathcal{L}, \mathcal{D})$ は単射な対称作用素 (したがって固有値は零でない実数) で,内積は実内積を表すものとする。このとき Green 作用素 $\mathcal{G} : C[a,b] \to \mathcal{D}$ が
$$(\mathcal{G}f)(x) = \int_a^b G(x,\xi) f(\xi) d\xi \qquad (f \in C[a,b])$$
により定義され,系 **4.3.1** と系 **4.3.2** によって $\mathcal{L}(\mathcal{D}) = C[a,b]$ かつ $\mathcal{G} = \mathcal{L}^{-1}$ である。したがって
$$\mathcal{L}u = \lambda u \ (u \neq 0, \ u \in \mathcal{D}) \Leftrightarrow u = \lambda \mathcal{G}u \ (u \neq 0, \ u \in \mathcal{D})$$
$$\Leftrightarrow \mathcal{G}u = \mu u \ (u \neq 0, \ u \in \mathcal{D})$$
$$\left(\mu = \frac{1}{\lambda} \right)$$
となって,$(\mathcal{L}, \mathcal{D})$ の固有値問題は $(\mathcal{G}, \mathcal{D})$ の固有値問題に移される。

補題 5.1

$X = C[a,b]$ と置く。$u \in X$ に対して
$$\|u\| = \sqrt{\int_a^b |u|^2 dx}$$

5.2 Green 作用素の性質

$$\|\mathcal{G}\| = \sup_{u(\neq 0) \in X} \frac{\|\mathcal{G}u\|}{\|u\|} = \sup_{\|u\|=1} \|\mathcal{G}u\|$$

$$M = \max_{a \leq x,\, \xi \leq b} |G(x, \xi)|$$

と置けばつぎが成り立つ。

(i) $\|\mathcal{G}\| \leq M(b - a)$

(ii) $\|\mathcal{G}\| = \sup_{u \in X,\, \|u\|=1} |(\mathcal{G}u, u)|$

(iii) $\|\mathcal{G}\| > 0$

証明 (i) $u \in X,\ \|u\| = 1$ とすれば

$$\begin{aligned}
\|\mathcal{G}u\|^2 &= \int_a^b |\mathcal{G}u|^2 dx \\
&= \int_a^b \left(\int_a^b G(x, \xi) u(\xi) d\xi \right)^2 dx \\
&\leq \int_a^b \left(\int_a^b G(x, \xi)^2 d\xi \int_a^b u(\xi)^2 d\xi \right) dx \quad \text{(Cauchy-Schwarz の不等式)} \\
&\leq M^2 \|u\|^2 (b-a)^2 = M^2 (b-a)^2 \tag{5.1}
\end{aligned}$$

$\therefore\ \|\mathcal{G}\| = \sup\limits_{\|u\|=1} \|\mathcal{G}u\| \leq M(b-a)$

(ii) $\eta = \sup\limits_{\|u\|=1} |(\mathcal{G}u, u)|$ と置き $\eta = \|\mathcal{G}\|$ を示す。まず, $u \in X$ かつ $\|u\|=1$ ならば $|(\mathcal{G}u, u)| \leq \|\mathcal{G}u\| \cdot \|u\| \leq \|\mathcal{G}\| \cdot \|u\|^2 = \|\mathcal{G}\|$

$$\therefore\ \eta \leq \|\mathcal{G}\| \tag{5.2}$$

つぎに $\eta \geq \|\mathcal{G}\|$ を示そう。$u \in X,\ u \neq 0$ ならば $z = \dfrac{u}{\|u\|}$ は $\|z\|=1$ を満たすから, η の定義より $|(\mathcal{G}z, z)| \leq \eta$

$$\therefore\ |(\mathcal{G}u, u)| \leq \eta \|u\|^2 \tag{5.3}$$

この不等式は $u = 0$ のときも成り立つ。さらに, $u, v \in X$ に対して

$$(\mathcal{G}(u+v), u+v) = (\mathcal{G}u, u) + (\mathcal{G}v, v) + 2(\mathcal{G}u, v)$$

$$(\mathcal{G}(u-v), u-v) = (\mathcal{G}u, u) + (\mathcal{G}v, v) - 2(\mathcal{G}u, v)$$

辺々引いて

$$4(\mathcal{G}u, v) = (\mathcal{G}(u+v), u+v) - (\mathcal{G}(u-v), u-v)$$

$$\therefore\ |(\mathcal{G}u, v)| \leq \frac{1}{4} \left\{ |(\mathcal{G}(u+v), u+v)| + |(\mathcal{G}(u-v), u-v)| \right\}$$

$$\leq \frac{\eta}{4}\{\|u+v\|^2 + \|u-v\|^2\}$$
$$= \frac{\eta}{4}\{(u+v, u+v) + (u-v, u-v)\}$$
$$= \frac{\eta}{2}\{\|u\|^2 + \|v\|^2\} \tag{5.4}$$

ここで $u \neq 0$ ならば $\mathcal{G}u \neq 0$ である (仮に $\mathcal{G}u = 0$ ならば両辺に $\mathcal{L}$ を施して $u = 0$ となる)。よって $\|u\| = 1$ のとき $\mathcal{G}u \neq 0$ であり, (5.4) において $v = \dfrac{\mathcal{G}u}{\|\mathcal{G}u\|}$ と置けば

$$\left|\left(\mathcal{G}u, \frac{\mathcal{G}u}{\|\mathcal{G}u\|}\right)\right| \leq \frac{\eta}{2}(1^2 + 1^2) = \eta$$

左辺は $\|\mathcal{G}u\|$ に等しいから $\|\mathcal{G}u\| \leq \eta$

$$\therefore \quad \|\mathcal{G}\| = \sup_{u \in X, \|u\|=1} \|\mathcal{G}u\| \leq \eta$$

これと (5.2) とを併せて $\|\mathcal{G}\| = \eta$ を得る。

(iii) すでに注意したように, $u \in X$, $u \neq 0$ ならば $\mathcal{G}u \neq 0$ であるから

$$0 < \|\mathcal{G}u\| \leq \|\mathcal{G}\| \cdot \|u\|$$

よって $\|\mathcal{G}\| > 0$ である。 ♠

補題 5.2

$X = C[a,b]$ と置くと, $u, v \in X$ に対し

$$\|\mathcal{G}u - \mathcal{G}v\| \leq M(b-a)\|u-v\|$$

すなわち $\mathcal{G}$ は Lipschitz 条件を満たす。

$\boxed{\text{証明}}$ $w = u - v$ とおけば補題 **5.1** によって

$$\|\mathcal{G}u - \mathcal{G}v\| = \|\mathcal{G}w\| \leq \|\mathcal{G}\| \cdot \|w\| \leq M(b-a)\|u-v\|$$

である。 ♠

補題 5.3

$X = C[a,b]$ と置く。無限集合 $\mathcal{F} = \{\mathcal{G}u \mid u \in X, \|u\| = 1\}$ は $[a,b]$ 上一様有界かつ同程度 (一様) 連続であり, $\mathcal{F}$ の任意の可算無限列は $[a,b]$ 上

一様収束する無限部分列を含む。

証明 (i) 一様有界性。$f = \mathcal{G}u \in \mathcal{F}$ とすると

$$|f(x)| = \left|\int_a^b G(x,\xi)u(\xi)d\xi\right|$$

$$\leq \int_a^b |G(x,\xi)||u(\xi)|d\xi$$

$$\leq M\sqrt{\int_a^b 1^2 d\xi \int_a^b |u(\xi)|^2 d\xi} = M\sqrt{b-a}\|u\| = M\sqrt{b-a}$$

∴ $\|f\|_\infty \leq M\sqrt{b-a}$

(ii) $G(x,\xi)$ は 2 次元有界閉区間 $[a,b] \times [a,b]$ において連続であるから一様連続である。よって, 任意に与えられた $\varepsilon > 0$ に対して $\delta = \delta(\varepsilon) > 0$ を適当に定めて

$$\sqrt{(x_1-x_2)^2 + (\xi_1-\xi_2)^2} < \delta \Rightarrow |G(x_1,\xi_1) - G(x_2,\xi_2)| < \varepsilon$$

とできる。特に

$$|x_1 - x_2| < \delta \quad (x_1, x_2 \in [a,b]) \Rightarrow |G(x_1,\xi) - G(x_2,\xi)| < \varepsilon \quad \forall \xi \in [a,b]$$

よって

$$|(\mathcal{G}u)(x_1) - (\mathcal{G}u)(x_2)| \leq \int_a^b |G(x_1,\xi) - G(x_2,\xi)||u(\xi)|d\xi$$

$$< \varepsilon\sqrt{\int_a^b 1^2 d\xi \int_a^b |u(\xi)|^2 d\xi}$$

$$= \varepsilon\sqrt{b-a}$$

結局

$$|x_1 - x_2| < \delta \Rightarrow |f(x_1) - f(x_2)| < \varepsilon\sqrt{b-a} \quad \forall f \in \mathcal{F}$$

これは $\mathcal{F}$ が同程度一様連続であることを示している。

したがって, $\mathcal{F}$ の可算無限列 $\{f_n\}_{n=1}^\infty$ に対し (i),(ii) の結果を Ascoli-Arzela の定理に持ち込むことにより, $[a,b]$ 上一様収束する無限部分列 $\{f_{n_j}\}(n_1 < n_2 < \cdots)$ が抽き出せる。 ♠

5.3 固有値の重複度

前節の結果を用いてつぎを示そう。

定理 5.2

単射な作用素 $(\mathcal{L}, \mathcal{D})$ の各固有値の重複度は有限である。

証明 λ を $(\mathcal{L}, \mathcal{D})$ の固有値，W_λ を対応する固有空間とする。$(\mathcal{L}, \mathcal{D})$ は単射であるから $\lambda \neq 0$ である。いま $\dim W_\lambda = \infty$ とすれば

$$\mathcal{L} u_j = \lambda u_j \qquad (u_j \neq 0,\ u_j \in \mathcal{D}) \tag{5.5}$$

を満たす 1 次独立な固有関数 $u_j \in W_\lambda$ $(j = 1, 2, \cdots)$ がある。(5.5) の両辺に $\mathcal{G}$ を施して $\mu = \dfrac{1}{\lambda}$ と置けば

$$\mathcal{G} u_j = \mu u_j$$

$\{u_j\}$ に **Gram-Schmidt** (グラム・シュミット) の**直交化法**を施す。すなわち

$$v_1 = u_1,\quad \phi_1 = \frac{v_1}{\|v_1\|},$$
$$v_2 = u_2 - (u_2, \phi_1)\phi_1,\quad \phi_2 = \frac{v_2}{\|v_2\|},$$
$$\cdots$$
$$v_j = u_j - \sum_{k=1}^{j-1} (u_j, \phi_k)\phi_k,\quad \phi_j = \frac{v_j}{\|v_j\|},$$
$$\cdots$$

と置けば，$\{\phi_j\}_{j=1}^\infty$ は**正規直交系** $((\phi_i, \phi_j) = \delta_{ij})$ であり

$$\dim \mathrm{span}\{\phi_1, \cdots, \phi_j\} = \dim \mathrm{span}\{u_1, \cdots, u_j\} \tag{5.6}$$

かつ

$$\mathcal{G} \phi_j = \mu \phi_j \qquad (j = 1, 2, \cdots)$$

が成り立つ。

一方，$\|\phi_j\| = 1$ より $f_j = \mathcal{G} \phi_j$ と置けば，補題 **5.3** によって $\{f_j\}_{j=1}^\infty$ は $[a, b]$ 上一様収束する部分列 $\{f_{j_k}\}$ を含む。しかし

$$\|f_{j_k} - f_{j_l}\| = \|\mathcal{G} \phi_{j_k} - \mathcal{G} \phi_{j_l}\| = \|\mu \phi_{j_k} - \mu \phi_{j_l}\|$$
$$= |\mu|\|\phi_{j_k} - \phi_{j_l}\| = |\mu|\sqrt{2}$$

$$\left(\begin{array}{l} \because\ \|\phi_{j_k} - \phi_{j_l}\|^2 = (\phi_{j_k} - \phi_{j_l}, \phi_{j_k} - \phi_{j_l}) \\ \qquad = (\phi_{j_k}, \phi_{j_k}) + (\phi_{j_l}, \phi_{j_l}) = 2\ (k \neq l) \end{array}\right)$$

であって $\{f_{j_k}\}$ は Cauchy 列をなさない。これは矛盾であるから $\dim W_\lambda < \infty$ である。 ♠

注意 5.1 命題 **4.1** で定義された正値対称作用素 $(\mathcal{L}, \mathcal{D})$ の固有値はすべて単純である。実際, λ を $(\mathcal{L}, \mathcal{D})$ の固有値とし, 対応する固有空間を W_λ とすれば, $u, v \in W_\lambda$ に対し, $B_1(u) = B_1(v) = 0$ より

$$\alpha_0 u(a) - \alpha_1 u'(a) = 0$$
$$\alpha_0 v(a) - \alpha_1 v'(a) = 0$$

$(\alpha_0, \alpha_1) \neq (0, 0)$ であるから

$$\begin{vmatrix} u(a) & u'(a) \\ v(a) & v'(a) \end{vmatrix} = 0$$

u, v は線形方程式 $(\mathcal{L} - \lambda I)w = 0$ の解であり, 上式左辺は Wronski 行列式の $x = a$ における値 $W(u, v)(a)$ に等しいから, u, v は 1 次従属である (定理 **3.8** 参照)。したがって $\dim W_\lambda = 1$ である。

5.4 固有値, 固有関数の存在

いままでと同様に作用素 $(\mathcal{L}, \mathcal{D})$ は単射かつ対称として, Green 作用素を $\mathcal{G}$ で表す。この節では Cole 15) に従って $\mathcal{G}$ が可算無限個の固有値と対応する正規直交固有関数 (orthonormal eigenfunctions) をもつことを示す。

定理 5.3

$\|\mathcal{G}\|$ または $-\|\mathcal{G}\|$ は $\mathcal{G}$ の固有値であり, $\mathcal{G}$ の固有値はすべて有限区間 $[-\|\mathcal{G}\|, \|\mathcal{G}\|]$ に属す。

証明 $\eta = \|\mathcal{G}\|$ と置く。補題 **5.1** によって

$$\eta = \sup_{\|u\|=1} |(\mathcal{G}u, u)| > 0$$

である。

(i) $\sup_{\|u\|=1} (\mathcal{G}u, u) \geq -\inf_{\|u\|=1} (\mathcal{G}u, u)$ のとき。このとき

$$\eta = \|\mathcal{G}\| = \sup_{\|u\|=1} (\mathcal{G}u, u)$$

であるから, $u_j \in X = C[a, b] \, (j = 1, 2, \cdots)$ を適当に選んで

$$\|u_j\| = 1 \text{ かつ } (\mathcal{G}u_j, u_j) \to \eta \quad (j \to \infty)$$

とできる。補題 **5.3** によって $\{\mathcal{G}u_j\}_{j=1}^\infty$ は $[a, b]$ 上一様収束する部分列 $\{\mathcal{G}u_{j_k}\}_{k=1}^\infty$

($j_1 < j_2 < \cdots$) を含む。収束先を f とすれば $f \in X$ である (命題 **1.1**)。このとき $\mathcal{G}f = \eta f\ (f \neq 0)$ を示そう。まず

$$|\,\|\mathcal{G}u_{j_k}\| - \|f\|\,| \leq \|\mathcal{G}u_{j_k} - f\| = \sqrt{\int_a^b |\mathcal{G}u_{j_k}(x) - f(x)|^2 dx}$$
$$\to 0\ (k \to \infty)$$

であるから

$$\|\mathcal{G}u_{j_k}\| \to \|f\|\ (k \to \infty)$$

かつ

$$\|f\| \leq \|f - \mathcal{G}u_{j_k}\| + \|\mathcal{G}u_{j_k}\| \leq \|f - \mathcal{G}u_{j_k}\| + \|\mathcal{G}\|$$

である。

したがって $k \to \infty$ として

$$\|f\| \leq \eta \tag{5.7}$$

一方, $k \to \infty$ のとき

$$0 \leq \|\mathcal{G}u_{j_k} - \eta u_{j_k}\|^2 = \|\mathcal{G}u_{j_k}\|^2 - 2\eta(\mathcal{G}u_{j_k}, u_{j_k}) + \eta^2\|u_{j_k}\|^2$$
$$\to \|f\|^2 - 2\eta^2 + \eta^2 = \|f\|^2 - \eta^2 \tag{5.8}$$

$$\therefore\quad \|f\| \geq \eta \tag{5.9}$$

(5.7) と (5.9) より

$$\|f\| = \eta > 0\ (\text{したがって } f \neq 0) \tag{5.10}$$

ゆえに (5.8) より

$$\|\mathcal{G}u_{j_k} - \eta u_{j_k}\| \to 0\ (k \to \infty)$$
$$\therefore\quad \left\|u_{j_k} - \frac{1}{\eta}f\right\| \leq \left\|u_{j_k} - \frac{1}{\eta}\mathcal{G}u_{j_k}\right\| + \left\|\frac{1}{\eta}(\mathcal{G}u_{j_k} - f)\right\|$$
$$= \frac{1}{\eta}\|\eta u_{j_k} - \mathcal{G}u_{j_k}\| + \frac{1}{\eta}\|\mathcal{G}u_{j_k} - f\|$$
$$\to 0\ (k \to \infty)$$

したがって

$$\left\|\mathcal{G}\left(\frac{1}{\eta}f\right) - \eta\left(\frac{1}{\eta}f\right)\right\| \leq \left\|\mathcal{G}\left(\frac{1}{\eta}f\right) - \mathcal{G}u_{j_k}\right\| + \|\mathcal{G}u_{j_k} - f\|$$
$$\leq \|\mathcal{G}\|\left\|\frac{1}{\eta}f - u_{j_k}\right\| + \|\mathcal{G}u_{j_k} - f\|$$
$$\to 0\ (k \to \infty)$$

よって
$$\mathcal{G}\left(\frac{1}{\eta}f\right) - \eta\left(\frac{1}{\eta}f\right) = 0$$
すなわち $\mathcal{G}f = \eta f$ が示された. $f \neq 0$ かつ $f = \frac{1}{\eta}\mathcal{G}f \in \mathcal{D}$ であるから, f は η に対応する固有関数である.

(ii) $\sup_{u \in X,\ \|u\|=1}(\mathcal{G}u, u) < -\inf_{u \in X,\ \|u\|=1}(\mathcal{G}u, u)$ のとき. このとき $\mathcal{G}$ を $-\mathcal{G}$ で置き換えれば
$$\sup_{u \in X,\ \|u\|=1}(-\mathcal{G}u, u) = -\inf_{u \in X,\ \|u\|=1}(\mathcal{G}u, u)$$
$$> \sup_{u \in X,\ \|u\|=1}(\mathcal{G}u, u) = -\inf_{u \in X, \|u\|=1}(-\mathcal{G}u, u)$$
かつ
$$\eta = \|\mathcal{G}\| = \|-\mathcal{G}\| = \sup_{u \in X,\ \|u\|=1}|(-\mathcal{G}u, u)| = \sup_{\|u\|=1}(-\mathcal{G}u, u)$$
よって, (i) の結果を $-\mathcal{G}$ に適用して
$$-\mathcal{G}f = \eta f \quad (f \neq 0)$$
となる $f \in X$ がある. このとき $\mathcal{G}f = (-\eta)f$ かつ $f = -\frac{1}{\eta}\mathcal{G}f \in \mathcal{D}$ であるから, $-\eta$ は $\mathcal{G}$ の固有値, f は対応する固有関数である.

(iii) 最後に μ を $\mathcal{G}$ の任意の固有値とすれば
$$\mathcal{G}u = \mu u \quad (u \neq 0,\ u \in \mathcal{D})$$
なる u がある. このとき
$$|\mu| \cdot \|u\| = \|\mu u\| = \|\mathcal{G}u\| \leq \|\mathcal{G}\|\|u\| \quad (\|u\| > 0)$$
より
$$|\mu| \leq \|\mathcal{G}\|$$
μ は実数であるから $\mu \in [-\|\mathcal{G}\|, \|\mathcal{G}\|]$ を得る. ♠

定理 **5.3** によって $\mathcal{G}$ は少なくとも一つの固有値と対応する固有関数をもつことが示された.

そこで, $\mathcal{G}_0 = \mathcal{G}$ と置き, いま存在が保証された固有値, 固有関数をそれぞれ μ_0, u_0 で表すことにすれば
$$\mathcal{G}_0 u_0 = \mu_0 u_0 \quad (u_0 \in \mathcal{D}), \quad |\mu_0| = \|\mathcal{G}_0\| \quad (\|u_0\| = 1)$$
である. つぎに $P_0 : C[a, b] \to C[a, b]$ を

$$P_0 u = (u, u_0) u_0 \qquad (u \in C[a,b])$$

により定義する。つぎの補題が成り立つ。

補題 5.4

P_0 はつぎの性質をもつ。

(i) $P_0 u_0 = u_0$

(ii) $P_0^2 = P_0$

(iii) $(P_0 u, v) = (u, P_0 v) \ (u, v \in C[a,b])$

証明 ほとんど明らかであろう。 ♠

さらに，$\mathcal{G}_0$ と P_0 の値域をそれぞれ R_0, U_0 で表す。すなわち

$$R_0 = \{\mathcal{G}_0 f \mid f \in C[a,b]\}$$
$$U_0 = \{P_0 f \mid f \in C[a,b]\}$$

と置く。系 **4.3.2** によって $R_0 = \mathcal{D}$ である。また P_0 の定義によって

$$U_0 = \operatorname{span}\{u_0\} \quad (u_0 \text{ により張られる 1 次元空間})$$

である。ここで

$$\mathcal{G}_1 = \mathcal{G}_0 - \mu_0 P_0$$
$$R_1 = \{\mathcal{G}_1 f \mid f \in C[a,b]\} \quad (\mathcal{G}_1 \text{ の値域})$$
$$\ker(\mathcal{G}_1) = \{f \in C[a,b] \mid \mathcal{G}_1 f = 0\} \quad (\mathcal{G}_1 \text{ の核})$$

と置けばつぎの補題が成り立つ。

補題 5.5

R_0 は R_1 と U_0 の直和である。実際，つぎが成り立つ。

(i) $R_0 \supset U_0 = \ker(\mathcal{G}_1)$

(ii) $R_0 \supset R_1$

(iii) $U_0 \perp R_1$

(iv) $U_0 \cap R_1 = \{0\}$

(v) $R_0 = R_1 \dotplus U_0$ (R_1 と U_0 の直和)

証明 (i) $u \in U_0$ ならば $u = cu_0$ ($c \in \mathbf{R}$) と書けて

$$\mathcal{G}_0 u = c\mathcal{G}u_0 = c\mu_0 u_0 = \mu_0 u \qquad (\mu_0 \neq 0) \tag{5.11}$$

$$\therefore \quad u = \frac{1}{\mu_0}\mathcal{G}_0 u = \mathcal{G}_0\left(\frac{1}{\mu_0}u\right) \in R_0$$

したがって $U_0 \subseteq R_0$ である。

つぎに $U_0 = \ker(\mathcal{G}_1)$ を示す。$u \in U_0$, $u = cu_0$ ($c \in \mathbf{R}$) とすれば, (5.11) により

$$\mathcal{G}_1 u = (\mathcal{G}_0 - \mu_0 P_0)u$$
$$= \mu_0 u - \mu_0(u, u_0)u_0$$
$$= c\mu_0 u_0 - \mu_0 \cdot cu_0 = 0$$

$$\therefore \quad u \in \ker(\mathcal{G}_1) \qquad \therefore \quad U_0 \subseteq \ker(\mathcal{G}_1)$$

逆に $u \in \ker(\mathcal{G}_1)$ ならば $\mathcal{G}_1 u = 0$ であり

$$0 = \mathcal{L}\mathcal{G}_1 u = \mathcal{L}(\mathcal{G}_0 - \mu_0 P_0)u = u - \mu_0 \mathcal{L}((u, u_0)u_0)$$
$$= u - \mu_0(u, u_0)\frac{1}{\mu_0}u_0 = u - (u, u_0)u_0$$

$$\therefore \quad u = (u, u_0)u_0 \in U_0$$

$$\therefore \quad \ker(\mathcal{G}_1) \subseteq U_0$$

(ii) $u \in R_1$ ならば $u = \mathcal{G}_1 f$, $f \in C[a, b]$ と書けて

$$u = (\mathcal{G}_0 - \mu_0 P_0)f = \mathcal{G}_0 f - \mu_0(f, u_0)u_0$$

ここで, $\mathcal{G}_0 f \in R_0$, $\mu_0(f, u_0)u_0 \in U_0 \subset R_0$ であるから $u \in R_0$ である。

(iii) $u \in R_1$ ならば $u = \mathcal{G}_1 f$, $f \in C[a, b]$ と書けて

$$(u, u_0) = (\mathcal{G}_1 f, u_0) = (f, \mathcal{G}_1 u_0) = (f, 0) = 0$$

$$\therefore \quad R_1 \perp U_0$$

(iv) $u \in U_0 \cap R_1$ ならば (iii) によって $(u, u) = 0$。

∴ $u = 0$

(v) $\mathcal{G}_1$ の定義によって

$$\mathcal{G}_0 = \mathcal{G}_1 + \mu_0 P_0$$

であり

$$R_0 = R_1 + U_0, \quad R_1 \perp U_0, \quad R_1 \cap U_0 = \{0\}$$

が成り立つのであるから, R_0 の任意の元 g_0 は

$$g_0 = g_1 + v_0 \quad (g_1 \in R_1, \, v_0 \in U_0)$$

とただ1通りに書ける (仮に $g_0 = \tilde{g}_1 + \tilde{v}_0$ ($\tilde{g}_1 \in R_1, \, \tilde{v}_0 \in U_0$) を異なる表現とすれば, $g_1 - \tilde{g}_1 = \tilde{v}_0 - v_0 \in R_1 \cap U_0 = \{0\}$ となって $\tilde{g}_1 = g_1, \, \tilde{v}_0 = v_0$ である). すなわち, R_0 は R_1 と U_0 の直和である。 ♠

補題 5.6

$\mathcal{G}_1$ はつぎの性質をもつ。

(i) $\|\mathcal{G}_1\| > 0$

(ii) $\|\mathcal{G}_1\|$ または $-\|\mathcal{G}_1\|$ は $\mathcal{G}_1$ の固有値である。すなわち

$$\mathcal{G}_1 u_1 = \mu_1 u_1, \quad |\mu_1| = \|\mathcal{G}_1\|, \quad \|u_1\| = 1$$

を満たす $\mathcal{G}_1$ の固有値 μ_1 と固有関数 $u_1 \in \mathcal{D}$ がある。

(iii) $|\mu_0| \geq |\mu_1|$ かつ $(u_1, u_0) = 0$

(iv) μ_1 と u_1 は $\mathcal{G}$ の固有値, 固有関数でもある。

証明 (i) U_0 は1次元空間であるから $u \notin U_0$ なる $u \in C[a,b]$ がある。補題 **5.5** (i) によって $U_0 = \ker(\mathcal{G}_1)$ であるから $u \notin \ker(\mathcal{G}_1)$ である。したがって $\mathcal{G}_1 u \neq 0$ であり

$$0 < \|\mathcal{G}_1 u\| \leq \|\mathcal{G}_1\| \cdot \|u\|$$

より $\|\mathcal{G}_1\| > 0$ を得る。

(ii) 定理 **5.3** によって $\|\mathcal{G}_1\|$ または $-\|\mathcal{G}_1\|$ は $\mathcal{G}_1$ の固有値であり, $\mathcal{G}_1 u_1 = \mu_1 u_1, \, |\mu_1| = \|\mathcal{G}_1\|, \, \|u_1\| = 1$ を満たす固有値 μ_1 と固有関数 $u_1 \in \mathcal{D}$ がある。

(iii) $u_1 = \dfrac{1}{\mu_1}\mathcal{G}_1 u_1 \in R_1$ かつ $R_1 \perp U_0$ であるから $(u_1, u_0) = 0$ である. また

$$\begin{aligned}
|\mu_1| &= \|\mu_1 u_1\| = \|\mathcal{G}_1 u_1\| = \|(\mathcal{G}_0 - \mu_0 P_0) u_1\| \\
&= \|\mathcal{G}_0 u_1 - \mu_0 (u_1, u_0) u_0\| \\
&= \|\mathcal{G}_0 u_1\| \leq \|\mathcal{G}_0\| \cdot \|u_1\| = \|\mathcal{G}_0\| = |\mu_0|
\end{aligned}$$

(iv) $(u_1, u_0) = 0$ に注意して

$$\begin{aligned}
\mathcal{G} u_1 &= (\mathcal{G}_1 + \mu_0 P_0) u_1 = \mathcal{G}_1 u_1 + \mu_0 (u_1, u_0) u_0 \\
&= \mathcal{G}_1 u_1 = \mu_1 u_1
\end{aligned}$$

を得る。 ♠

以下この操作を繰り返して

$$\mathcal{G} u_i = \mu_i u_i \qquad (i = 0, 1, 2, \cdots)$$

$$|\mu_0| \geq |\mu_1| \geq \cdots$$

$$(u_i, u_j) = \delta_{ij} = \begin{cases} 1 & (i = j) \\ 0 & (i \neq j) \end{cases}$$

なる $\mathcal{G}$ の固有値 $\{\mu_i\}$ と正規直交固有関数 $\{u_i\}$ を得る。ただし, μ_i と u_i は

$$\mathcal{G}_{i+1} = \mathcal{G}_i - \mu_i P_i = \mathcal{G}_0 - \sum_{j=0}^{i} \mu_j P_j$$

$$P_i u = (u, u_i) u_i \qquad (u \in C[a, b])$$

により定義される作用素 $\mathcal{G}_i$ の固有値, 固有関数で

$$|\mu_i| = \|\mathcal{G}_i\| \qquad (i = 0, 1, 2, \cdots)$$

を満たす。

5.5 固有関数展開

前節において, Green 作用素 $\mathcal{G}$ は可算無限個の固有値 $\{\mu_i\}$ と対応する正規直交固有関数 $\{u_i\}$ をもつことを示した. この節では, $\mathcal{G}$ の固有値, 固有関数がこれらにより尽くされることを示す.

以下前節の記号を保持する.

補題 5.7

$u \in C[a,b]$ ならば
$$\sum_{j=0}^{\infty}(u, u_j)^2 \leq \|u\|^2 \qquad (\textbf{Bessel}\,(ベッセル)\,の不等式)$$

証明 $\alpha_j = (u, u_j)$ と置くと, 任意の自然数 m に対して

$$0 \leq \|u - \sum_{j=0}^{m} \alpha_j u_j\|^2 = \left(u - \sum_{j=0}^{m} \alpha_j u_j,\ u - \sum_{j=0}^{m} \alpha_j u_j\right)$$
$$= (u, u) - 2\sum_{j=0}^{m} \alpha_j (u, u_j) + \sum_{j=0}^{m} \alpha_j^2 (u_j, u_j)$$
$$= \|u\|^2 - \sum_{j=0}^{m} \alpha_j^2$$

よって
$$\sum_{j=0}^{m} \alpha_j^2 \leq \|u\|^2$$

$m \to \infty$ とすれば
$$\sum_{j=0}^{\infty} \alpha_j^2 \leq \|u\|^2$$

が得られる。 ♠

補題 5.8

$j \to \infty$ のとき $|\mu_j| \to 0$

証明 x を固定すれば, ξ の関数として $G(x, \xi) \in C[a, b]$ かつ

$$\alpha_j = (G(x, \xi), u_j(\xi)) = \int_a^b G(x, \xi) u_j(\xi) d\xi = \mathcal{G}u_j = \mu_j u_j(x)$$

よって補題 5.7 により, 任意の自然数 m に対して

$$\sum_{j=0}^{m} \mu_j^2 u_j(x)^2 = \sum_{j=0}^{m} \alpha_j^2 \leq \|G(x, \xi)\|^2 = \int_a^b |G(x, \xi)|^2 d\xi$$
$$\leq M^2(b-a) \qquad \left(ただし M = \max_{a \leq x,\ \xi \leq b} G(x, \xi)\right)$$

両辺を a から b まで x につき積分すれば

$$\sum_{j=0}^{m} \mu_j^2 \int_a^b u_j(x)^2 dx \leq M^2(b-a)^2$$

$\|u_j\| = 1$ であるから, $\displaystyle\sum_{j=0}^{m} \mu_j^2 \leq M^2(b-a)^2$

$$\therefore \quad \sum_{j=0}^{\infty} \mu_j^2 \leq M^2(b-a)^2$$

したがって, $j \to \infty$ のとき $|\mu_j| \to 0$ となる。 ♠

定理 5.4 (固有関数展開, $u \in \mathcal{D}$)

$u \in \mathcal{D}$ ならば

$$u = \sum_{j=0}^{\infty} (u, u_j) u_j \qquad ([a,b] \text{ 上一様収束})$$

これを u の **Fourier** (フーリエ) 展開または**固有関数展開** (eigenfunction expansion) という。

証明 $u \in \mathcal{D}$ ならば系 **4.3.2** によって $u = \mathcal{G}f$, $f \in C[a,b]$ と書ける。このとき, $\mathcal{G}_j$ の定義によって

$$\begin{aligned}
\mathcal{G}_j f &= \left(\mathcal{G} - \sum_{i=0}^{j-1} \mu_i P_i\right) f = u - \sum_{i=0}^{j-1} \mu_i (f, u_i) u_i \\
&= u - \sum_{i=0}^{j-1} (f, \mathcal{G} u_i) u_i = u - \sum_{i=0}^{j-1} (\mathcal{G}f, u_i) u_i \\
&= u - \sum_{i=0}^{j-1} (u, u_i) u_i
\end{aligned}$$

よって

$$\left\| u - \sum_{i=0}^{j-1} (u, u_i) u_i \right\| = \|\mathcal{G}_j f\|$$
$$\leq \|\mathcal{G}_j\| \cdot \|f\| = |\mu_j| \cdot \|f\| \to 0 \quad (j \to \infty) \qquad (5.12)$$

したがって

$$u = \sum_{i=0}^{\infty} (u, u_i) u_i \quad \text{(平均収束)}$$

また

$$(u, u_i)u_i = (\mathcal{G}f, u_i)u_i = (f, \mathcal{G}u_i)u_i = (f, \mu_i u_i)u_i$$
$$= (f, u_i)\mathcal{G}u_i$$

したがって
$$\sum_{i=0}^{j}(u, u_i)u_i = \mathcal{G}\left(\sum_{i=0}^{j}(f, u_i)u_i\right)$$

$j > k$ ならば
$$\left|\sum_{i=k}^{j}(u, u_i)u_i\right| = \left|\mathcal{G}\left(\sum_{i=k}^{j}(f, u_i)u_i\right)\right|$$
$$\leq M\sqrt{b-a}\left\|\sum_{i=k}^{j}(f, u_i)u_i\right\| \quad \text{(補題 5.3 の証明 (i) 参照)}$$
$$\leq M\sqrt{b-a}\sqrt{\sum_{i=k}^{j}(f, u_i)^2}$$

補題 **5.7** により
$$\sum_{i=0}^{\infty}(f, u_i)^2 \leq \|f\|^2 < +\infty$$

であるから, $j, k \to \infty$ のとき $\sum_{i=k}^{j}(f, u_i)^2 \to 0$ である。よって $\sum_{i=0}^{\infty}(u, u_i)u_i$ は $[a, b]$ 上一様収束する。ところが (5.12) によって $\sum_{i=0}^{\infty}(u, u_i)u_i$ は u に平均収束するのであるから, 一様収束先は u でなければならない。 ♠

つぎの補題は後述の定理 **5.5** を証明するために設けたものであるが, その内容は直観的には納得できるものであり, またその証明はやや煩雑であるから, 読み飛ばして差し支えない。完璧を好む読者のためにお守りとして記しておく。

補題 5.9

$C[a, b]$ 内の関数は
$$C_0 = \{u \in C^{\infty}[a, b] \mid u^{(j)}(a) = u^{(j)}(b) = 0,\ 0 \leq j \leq n-1\}$$
内の関数によっていくらでも精密に近似できる。すなわち, C_0 は $C[a, b]$ において稠密である。

5.5 固有関数展開

証明 $u \in C[a,b]$ と十分小なる正数 δ (後で適当に定める) に対し

$$\hat{u}_\delta(x) = \begin{cases} u(x) & (a+3\delta \le x \le b-3\delta) \\ 0 & (-\infty < x < a+2\delta, \ b-2\delta \le x < +\infty) \\ l_{\delta a}(x) & (a+2\delta \le x < a+3\delta) \\ l_{\delta b}(x) & (b-3\delta < x < b-2\delta) \end{cases}$$

$$\left(\begin{array}{l} \text{ただし, } l_{\delta a}(x) \text{ は } (x,u) \text{ 平面上の 2 点 } (a+2\delta, 0) \text{ と } (a+3\delta, u(a+3\delta)) \\ \text{を結ぶ直線, } l_{\delta b}(x) \text{ は 2 点 } (b-3\delta, u(b-3\delta)) \text{ と } (b-2\delta, 0) \text{ を結ぶ} \\ \text{直線をそれぞれ表す} \end{array} \right)$$

と定める (各自図を描いて, u と $\hat{u}_\delta$ との関係を理解されたい). 以下, 簡単のため $\hat{u}_\delta$ を $\hat{u}$ と記す. $\hat{u}$ の定義により

$$\|\hat{u}\|_\infty = \max_{a \le x \le b} |\hat{u}(x)| \le \|u\|_\infty \equiv M \tag{5.13}$$

である.

つぎに

$$\rho(x) = \begin{cases} ce^{-\frac{1}{1-x^2}} & (|x|<1) \\ 0 & (|x| \ge 1) \end{cases} \quad \left(c = \frac{1}{\int_{-1}^{1} e^{-\frac{1}{1-x^2}} dx} \right)$$

$$\rho_\delta(x) = \frac{1}{\delta} \rho\left(\frac{x}{\delta}\right)$$

と置く. $\rho_\delta(x)$ は非負値関数で, $|x| \ge \delta$ のとき $\rho_\delta(x) = 0$ かつ $\rho_\delta \in C^\infty(-\infty, \infty)$ で

$$\int_{-\infty}^{\infty} \rho_\delta(x) dx = \int_{-\delta}^{\delta} \rho_\delta(x) dx = 1 \tag{5.14}$$

である. さらに

$$(\rho_\delta * \hat{u})(x) = \int_{-\infty}^{\infty} \rho_\delta(x-t) \hat{u}(t) dt$$

と置く ($\rho_\delta * \hat{u}$ は ρ_δ と $\hat{u}$ のたたみ込み (convolution) と呼ばれる). ρ_δ と $\hat{u}$ の定義によって

$$(\rho_\delta * \hat{u})(x) = \int_{a+\delta}^{b-\delta} \rho_\delta(x-t) \hat{u}(t) dt$$

であり, つぎが成り立つ.

(i) $(\rho_\delta * \hat{u})(x) = \int_{-\infty}^{\infty} \rho_\delta(s) \hat{u}(x-s) ds = \int_{-\delta}^{\delta} \rho_\delta(t) \hat{u}(x-t) dt$

(ii) $\rho_\delta * \hat{u} \in C^\infty(-\infty, \infty)$

(iii) $x \in I = (-\infty, a+\delta] \cup [b-\delta, +\infty)$ のとき $(\rho_\delta * \hat{u})(x) = 0$

(i),(ii) は明らかである. (iii) は

$$t \in [a+2\delta, b-2\delta] \quad \text{かつ} \quad x \in I$$

のとき
$$|x-t| \geq \delta \quad \therefore \quad \rho_\delta(x-t) = 0$$
また
$$t \in (-\infty, a+2\delta] \cup [b-2\delta, +\infty)$$
のとき
$$\hat{u}(t) = 0 \quad \therefore \quad \rho_\delta(x-t)\hat{u}(t) = 0 \quad \forall x$$
したがって $x \in I$ ならば
$$(\rho_\delta * \hat{u})(x) = \int_{-\infty}^{\infty} \rho_\delta(x-t)\hat{u}(t)dt = 0$$
よりわかる。さて
$$(\rho_\delta * \hat{u})(x) - \hat{u}(x) = \int_{-\infty}^{\infty} \rho_\delta(x-t)\hat{u}(t)dt - \hat{u}(x)\int_{-\infty}^{\infty} \rho_\delta(t)dt \quad ((5.14) \text{ による})$$
$$= \int_{-\infty}^{\infty} \rho_\delta(t)(\hat{u}(x-t) - \hat{u}(x))dt \quad ((\text{i}) \text{ による})$$
であるから
$$|(\rho_\delta * \hat{u})(x) - \hat{u}(x)| \leq \int_{-\infty}^{\infty} \rho_\delta(t)|\hat{u}(x-t) - \hat{u}(x)|dt$$
$$= \int_{-\delta}^{\delta} \rho_\delta(t)|\hat{u}(x-t) - \hat{u}(x)|dt$$
$$\therefore |(\rho_\delta * \hat{u})(x) - \hat{u}(x)|^2 \leq \int_{-\delta}^{\delta} (\sqrt{\rho_\delta(t)})^2 dt \int_{-\delta}^{\delta} (\sqrt{\rho_\delta(t)})^2 |\hat{u}(x-t) - \hat{u}(x)|^2 dt$$
$$= \int_{-\delta}^{\delta} \rho_\delta(t)|\hat{u}(x-t) - \hat{u}(x)|^2 dt$$
$$\therefore \int_a^b |(\rho_\delta * \hat{u})(x) - \hat{u}(x)|^2 dx \leq \int_a^b \int_{-\delta}^{\delta} \rho_\delta(t)|\hat{u}(x-t) - \hat{u}(x)|^2 dt\, dx$$
$$= \int_{-\delta}^{\delta} \rho_\delta(t) \left(\int_a^b |\hat{u}(x-t) - \hat{u}(x)|^2 dx \right) dt$$
$$= \int_{-\delta}^{\delta} \rho_\delta(t) \left(\int_a^{a+3\delta} + \int_{a+3\delta}^{b-3\delta} + \int_{b-3\delta}^{b} |\hat{u}(x-t) - \hat{u}(x)|^2 dx \right) dt \quad (5.15)$$
ここで (5.13) により
$$\int_a^{a+3\delta} |\hat{u}(x-t) - \hat{u}(x)|^2 dx \leq 3\delta(2M)^2 = 12\|u\|_\infty^2 \delta \tag{5.16}$$
$$\int_{b-3\delta}^{b} |\hat{u}(x-t) - \hat{u}(x)|^2 dx \leq 12\|u\|_\infty^2 \delta \tag{5.17}$$
である。つぎに $\int_{a+3\delta}^{b-3\delta} |\hat{u}(x-t) - \hat{u}(x)|^2 dx$ を評価しよう。まず, $t \in [-\delta, \delta]$, $x \in [a+3\delta, b-3\delta]$ ならば $x-t \in [a+2\delta, b-2\delta]$ であること, および, $u(x)$ の $[a,b]$

における一様連続性により，任意に与えられた $\varepsilon > 0$ に対して $\delta = \delta(\varepsilon)$ を十分小さく定めて

$$x_1, x_2 \in [a,b],\ |x_1 - x_2| < \delta \Rightarrow |u(x_1) - u(x_2)| < \varepsilon$$

とできることに注意する．すると，$|t| < \delta$ のとき

$$\int_{a+3\delta}^{b-3\delta} |\hat{u}(x-t) - \hat{u}(x)|^2 dx$$
$$= \int_{a+3\delta}^{b-3\delta} \{(\hat{u}(x-t) - u(x-t)) + (u(x-t) - \hat{u}(x))\}^2 dx$$
$$\leq 2 \int_{a+3\delta}^{b-3\delta} \{|\hat{u}(x-t) - u(x-t)|^2 + |u(x-t) - \hat{u}(x)|^2\} dx, \qquad (5.18)$$

$$\int_{a+3\delta}^{b-3\delta} |\hat{u}(x-t) - u(x-t)|^2 dx$$
$$= \int_{a+3\delta-t}^{b-3\delta-t} |\hat{u}(s) - u(s)|^2 ds \leq \int_{a+2\delta}^{b-2\delta} |\hat{u}(s) - u(s)|^2 ds$$
$$= \int_{a+2\delta}^{a+3\delta} |\hat{u}(s) - u(s)|^2 ds + \int_{b-3\delta}^{b-2\delta} |\hat{u}(s) - u(s)|^2 ds$$
$$\leq 2\delta(\|\hat{u}\|_\infty + \|u\|_\infty)^2 = 8\|u\|_\infty^2 \delta, \qquad (5.19)$$

$$\int_{a+3\delta}^{b-3\delta} |u(x-t) - \hat{u}(x)|^2 dx = \int_{a+3\delta}^{b-3\delta} |u(x-t) - u(x)|^2 dx$$
$$< \varepsilon^2(b - a - 6\delta) \qquad (5.20)$$

したがって (5.18)～(5.20) より

$$\int_{a+3\delta}^{b-3\delta} |\hat{u}(x-t) - \hat{u}(x)|^2 dx \leq 2\left\{8\|u\|_\infty^2 \delta + \varepsilon^2(b - a - 6\delta)\right\} \qquad (5.21)$$

となる．よって，(5.15)～(5.17) および (5.21) によって

$$\|\rho_\delta * \hat{u} - \hat{u}\|^2 \leq \int_{-\delta}^{\delta} \rho_\delta(t) \cdot [24\|u\|_\infty^2 \delta + \{16\|u\|_\infty^2 \delta + 2\varepsilon^2(b-a-6\delta)\}] dt$$
$$= 40\|u\|_\infty^2 \delta + 2\varepsilon^2(b - a - 6\delta) \qquad (5.22)$$

また

$$\|u - \hat{u}\|^2 = \int_a^{a+2\delta} u^2 dx + \int_{a+2\delta}^{a+3\delta} |u - \hat{u}|^2 dx + \int_{b-3\delta}^{b-2\delta} |u - \hat{u}|^2 dx + \int_{b-2\delta}^{b} u^2 dx$$
$$\leq 2\delta\|u\|_\infty^2 + \delta(\|u\|_\infty + \|\hat{u}\|_\infty)^2 + \delta(\|u\|_\infty + \|\hat{u}\|_\infty)^2 + 2\delta\|u\|_\infty^2$$
$$\leq 12\|u\|_\infty^2 \delta \qquad (5.23)$$

結局 (5.22) と (5.23) より

$$\|u - \rho_\delta * \hat{u}\| \leq \|u - \hat{u}\| + \|\hat{u} - \rho_\delta * \hat{u}\|$$
$$\leq \sqrt{12}\|u\|_\infty \sqrt{\delta} + \sqrt{40\|u\|_\infty^2 \delta + 2\varepsilon^2(b - a - 6\delta)}$$

上式右辺は δ, ε を十分小さくとれば任意に小さくできる量であるから, $\bar{C}_0 = C[a,b]$ が示された。 ♠

定理 5.5 (固有関数展開, $u \in C[a,b]$)

$u \in C[a,b]$ ならば
$$\int_a^b \left| u(x) - \sum_{j=0}^{m} (u, u_j) u_j(x) \right|^2 dx \to 0 \quad (m \to \infty)$$
すなわち
$$u = \sum_{j=0}^{\infty} (u, u_j) u_j \quad \text{(平均収束)}$$

証明 $C[a,b] \supset \mathcal{D} \supset C_0$ であり, 補題 **5.9** によって $\bar{C}_0 = C[a,b]$ であるから $\bar{\mathcal{D}} = C[a,b]$ となり, $C[a,b]$ 内の元は $\mathcal{D}$ の元によりいくらでも精密にノルム近似できる。よって, $u \in C[a,b]$ と正数 ε を任意に与えるとき

$$\|u - v\| < \varepsilon$$

となる $v \in \mathcal{D}$ がある。このとき定理 **5.4** によって適当な自然数 $n(\varepsilon)$ を定めて, $m > n(\varepsilon)$ ならば

$$\left| v(x) - \sum_{j=0}^{m} (v, u_j) u_j(x) \right| < \varepsilon \quad \forall x \in [a,b]$$

$\alpha_j = (u, u_j), \ \beta_j = (v, u_j)$ として, $m > n(\varepsilon)$ のとき

$$\left\| u - \sum_{j=0}^{m} \alpha_j u_j \right\| \leq \|u - v\| + \left\| v - \sum_{j=0}^{m} \beta_j u_j \right\| + \left\| \sum_{j=0}^{m} (\beta_j - \alpha_j) u_j \right\|$$

$$< \varepsilon + \varepsilon + \sqrt{\sum_{j=0}^{m} (\beta_j - \alpha_j)^2}$$

$$= \varepsilon + \varepsilon + \sqrt{\sum_{j=0}^{m} (v - u, u_j)^2}$$

$$\leq 2\varepsilon + \|v - u\| \quad \text{(補題 5.7)}$$

$$< 3\varepsilon$$

となる。これは

$$u = \sum_{j=0}^{\infty} (u, u_j) u_j \qquad \text{(平均収束)}$$

を意味する。 ♠

定理 5.6

$\{\mu_j\}$ は $\mathcal{G}$ のすべての固有値を尽くす。したがって，$\left\{\lambda_j = \dfrac{1}{\mu_j}\right\}$ は $(\mathcal{L}, \mathcal{D})$ のすべての固有値を尽くす。

証明 $\mathcal{G}u = \mu u$ ($u \neq 0$, $u \in \mathcal{D}$) とするとき，次の二つの場合が考えられる。
(i) $\mu \neq \mu_j$ $\forall j$ または (ii) ある j_0 につき $\mu = \mu_{j_0}$

(i) の場合には定理 5.1(ii) によって $(u, u_j) = 0$ $\forall j$
$u \in \mathcal{D}$ であるから定理 5.4 により $\|u\|^2 = \sum_{j=0}^{\infty}(u, u_j)^2 = 0$
∴ $u = 0$
これは仮定 $u \neq 0$ に反するからこの場合は起こりえない。

(ii) の場合には
$$J = \{j \mid \mu_j = \mu\}, \quad v = u - \sum_{j \in J}(u, u_j)u_j \tag{5.24}$$

とするとき，定理 5.2 により J は有限集合で，$(v, u_j) = 0$ $\forall j \in J$ である。

また，$j \notin J$ ならば $\mu \neq \mu_j$ より $(u, u_j) = 0$ かつ $(u_k, u_j) = 0$ $\forall k \in J$ である。

∴ $(v, u_j) = (u, u_j) - \sum_{k \in J}(u, u_k)(u_k, u_j) = 0$

$v \in \mathcal{D}$ であるから定理 5.4 によって
$$\|v\|^2 = \sum_{j=0}^{\infty}(v, u_j)^2 = \sum_{j \in J}(v, u_j)^2 + \sum_{j \notin J}(v, u_j)^2 = 0$$
∴ $v = 0$

したがって (5.24) より
$$u = \sum_{j \in J}(u, u_j)u_j \in W_\lambda$$

ただし，W_λ は $(\mathcal{L}, \mathcal{D})$ の固有値 $\lambda = \frac{1}{\mu}$ に対応する固有空間である。ゆえに，u は $\{u_j\}$ ($j \in J$) と 1 次独立な固有関数ではない。 ♠

定理 5.7

$u \in C[a,b]$ ならばつぎが成り立つ。

$$\sum_{j=0}^{\infty}(u, u_j)^2 = \|u\|^2 \qquad (\textbf{Parseval} (パーセバル) の等式)$$

証明 $\alpha_j = (u, u_j)$ として $s_m = \sum_{j=0}^{m} \alpha_j u_j$ と置けば $u - s_m$ は $u_0, u_1, \cdots, u_m$ により張られる線形空間と直交する。実際

$$\begin{aligned}(u - s_m, u_j) &= (u, u_j) - \sum_{k=0}^{m} \alpha_k(u_k, u_j) \\ &= (u, u_j) - \alpha_j = 0 \qquad (0 \leq j \leq m)\end{aligned}$$

ゆえに

$$\|u\|^2 = \|(u - s_m) + s_m\|^2 = \|u - s_m\|^2 + \|s_m\|^2$$

であり, 定理 5.5 によって, $m \to \infty$ のとき $\|u - s_m\| \to 0$ であるから

$$\lim_{m \to \infty} \|s_m\|^2 = \|u\|^2$$

$\|s_m\|^2 = \sum_{j=0}^{m} \alpha_j^2$ であるから定理 5.7 の証明が完了する。 ♠

上記定理は

$$v \in C[a,b], \quad (v, u_j) = 0 \,\, \forall j \Rightarrow v = 0$$

を意味し, $\{u_j\}$ を真部分集合として含む正規直交系は存在しないことを示している。このような性質をもつ正規直交系は**完全** (complete) であると呼ばれる。したがって, 正規直交固有関数列 $\{u_j\}$ は $C[a,b]$ 内の**完全系** (complete system) をなす。

注意 5.2 「完備」(定義 1.5 参照) と「完全」はどちらも "complete" の和訳であるが, それらは明確に区別して使用される。混同しないこと。

例 5.2 $\mathcal{L}u = -u''$, $\mathcal{D} = \{u \in C^2[0,1] \mid u(0) = u(1) = 0\}$ に対する Green 関数は注意 4.3 で見たように

$$G(x,\xi) = \begin{cases} x(1-\xi) & (x \leq \xi) \\ \xi(1-x) & (x \geq \xi) \end{cases}$$

であり, $(\mathcal{L}, \mathcal{D})$ の固有値と長さ 1 の固有関数は例 **5.1** によって

$$\lambda_j = (j\pi)^2, \quad u_j(x) = \sqrt{2}\sin j\pi x \qquad (j=1,2,\cdots)$$

また確かめるまでもなく, 注意 **5.1** によって各 λ_j は単純である. ここで, $f=x$, $u = \mathcal{G}f$ とすれば簡単な計算によって

$$u = \int_0^x + \int_x^1 G(x,\xi)\xi d\xi = \frac{1}{6}x(1-x^2)$$

$$(u, u_j) = \frac{(-1)^{j-1}}{(j\pi)^3}\sqrt{2}$$

である. したがって定理 **5.4** により

$$\frac{1}{6}x(1-x^2) = \frac{2}{\pi^3}\left(\sin\pi x - \frac{1}{2^3}\sin 2\pi x + \frac{1}{3^3}\sin 3\pi x - \cdots\right)$$

右辺の級数は $[0,1]$ 上一様収束する. また上式において $x = \frac{1}{2}$ と置けば

$$\frac{1}{16} = \frac{2}{\pi^3}\left(1 + \frac{1}{3^3} + \frac{1}{5^3} + \cdots\right)$$

$$1 + \frac{1}{3^3} + \frac{1}{5^3} + \cdots = \frac{\pi^3}{32}$$

また $\|u\|^2 = \frac{2}{945}$ であるから, 定理 **5.7** によって

$$\sum_{j=1}^\infty \frac{2}{(j\pi)^6} = \frac{2}{945} \quad \therefore \quad \sum_{j=1}^\infty \frac{1}{j^6} = \frac{\pi^6}{945}$$

最後に $u = x$ のとき

$$\|u\|^2 = \frac{1}{3}, \quad (u, u_j) = \frac{(-1)^{j-1}}{j\pi}\sqrt{2}$$

であり, 定理 **5.7** によって

$$\sum_{j=1}^\infty \frac{2}{(j\pi)^2} = \frac{1}{3}, \quad \text{すなわち} \quad \sum_{j=1}^\infty \frac{1}{j^2} = \frac{\pi^2}{6}$$

これはよく知られた等式である. 余談ながら次式も成り立つ.

$$\sum_{j=1}^\infty \frac{1}{j^4} = \frac{\pi^4}{90}$$

6 非線形境界値問題

6.1 はじめに

4章と5章において, n 階線形方程式に対する境界値問題と固有値問題の理論を述べた. 本章では対象を 2 階非線形方程式の境界値問題

$$-\frac{d}{dx}\left(p(x)\frac{du}{dx}\right) + f\left(x, u, \frac{du}{dx}\right) = 0 \quad (a \leq x \leq b) \tag{6.1}$$

$$B_1(u) = \alpha_0 u(a) - \alpha_1 u'(a) = \alpha \tag{6.2}$$

$$B_2(u) = \beta_0 u(b) + \beta_1 u'(b) = \beta \tag{6.3}$$

$$\alpha_0, \alpha_1 \geq 0, \quad (\alpha_0, \alpha_1) \neq (0, 0) \tag{6.4}$$

$$\beta_0, \beta_1 \geq 0, \quad (\beta_0, \beta_1) \neq (0, 0) \tag{6.5}$$

$$\alpha_0 + \beta_0 > 0 \tag{6.6}$$

に限定し, 解の一意存在定理を導く. 以下

$$\mathcal{D} = \{u \in C^2[a,b] \mid B_1(u) = B_2(u) = 0\}$$

と置く.

ところで, たかだか 2 次の多項式 $\phi(x) = \lambda x^2 + \mu x + \nu$ が境界条件

$$B_1(\phi) = \alpha, \quad B_2(\phi) = \beta \tag{6.7}$$

を満たすように定数 λ, μ, ν を定めることは可能である. 実際, (6.7) は

$$(\alpha_0 a^2 - 2\alpha_1 a)\lambda + (\alpha_0 a - \alpha_1)\mu + \alpha_0 \nu = \alpha$$

$$(\beta_0 b^2 + 2\beta_1 b)\lambda + (\beta_0 b + \beta_1)\mu + \beta_0 \nu = \beta$$

と同値であり, 上式を満たす λ, μ, ν は確かに存在する. ここで $v = u - \phi(x)$

と置けば, v は $v \in \mathcal{D}$ かつ
$$-\frac{d}{dx}\left(p(x)\frac{d}{dx}(v+\phi)\right) + f\left(x, v+\phi, \frac{dv}{dx}+\frac{d\phi}{dx}\right) = 0 \qquad (6.8)$$
を満たす. ゆえに
$$\tilde{f}\left(x, v, \frac{dv}{dx}\right) = f\left(x, v+\phi, \frac{dv}{dx}+\frac{d\phi}{dx}\right) - \frac{d}{dx}\left(p\frac{d\phi}{dx}\right)$$
と置くとき, (6.8) は
$$-\frac{d}{dx}\left(p(x)\frac{dv}{dx}\right) + \tilde{f}\left(x, v, \frac{dv}{dx}\right) = 0$$
となって再び (6.1) の形である. したがって解の存在を論じる場合, (6.2), (6.3) において $\alpha = \beta = 0$ としても一般性を失わない. 以下, (6.1) を満たす解 $u \in \mathcal{D}$ の存在と一意性を示そう.

6.2　Green 関数の性質

解の存在定理を述べる前に, 2 階線形微分作用素に対する Green 関数につき若干の性質を補足しておく.

補題 6.1

$p \in C^1[a,b]$, $q, r \in C[a,b]$, $p > 0, r \geq 0$ とし
$$\mathcal{L}u = -p(x)\frac{d^2u}{dx^2} + q(x)\frac{du}{dx} + r(x)u$$
と置くとき, $(\mathcal{L}, \mathcal{D})$ に対する Green 関数は存在する.

証明　$(\mathcal{L}, \mathcal{D})$ が単射であることを示せばよい.
$$P(x) = e^{-\int_a^x \frac{q(t)}{p(t)}dt}, \quad R(x) = P(x)\frac{r(x)}{p(x)}u, \quad \tilde{\mathcal{L}} = \frac{P(x)}{p(x)}\mathcal{L}$$
と置けば, $P(x) > 0$, $R(x) \geq 0$ かつ
$$\tilde{\mathcal{L}}u = -\frac{d}{dx}\left(P(x)\frac{du}{dx}\right) + R(x)u$$
したがって $\mathcal{L}u = 0$, $u \in \mathcal{D}$ ならば $\tilde{\mathcal{L}}u = 0$ で

136　　6. 非線形境界値問題

$$0 = (\tilde{\mathcal{L}}u, u) = \int_a^b \left\{ -\frac{d}{dx}\left(P(x)\frac{du}{dx}\right)u + R(x)u^2 \right\} dx$$
$$= \left[-P(x)\frac{du}{dx}u \right]_a^b + \int_a^b \left\{ P(x)\left(\frac{du}{dx}\right)^2 + R(x)u^2 \right\} dx \quad (6.9)$$

ここで

$$\Phi = \left[-P(x)\frac{du}{dx}u \right]_a^b$$

と置くと

$$\begin{aligned}
\Phi &= P(a)u'(a)u(a) - P(b)u'(b)u(b) \\
&= \begin{cases}
\dfrac{\alpha_0}{\alpha_1}P(a)u(a)^2 + \dfrac{\beta_0}{\beta_1}P(b)u(b)^2 & (\alpha_1\beta_1 \neq 0) \\
\dfrac{\alpha_0}{\alpha_1}P(a)u(a)^2 & (\alpha_1 \neq 0,\ \beta_1 = 0) \\
\dfrac{\beta_0}{\beta_1}P(b)u(b)^2 & (\alpha_1 = 0,\ \beta_1 \neq 0) \\
0 & (\alpha_1 = \beta_1 = 0)
\end{cases} \\
&\geq 0
\end{aligned} \quad (6.10)$$

したがって (6.9) より

$$\mathcal{L}u = 0,\ u \in \mathcal{D} \Rightarrow \Phi = 0 \text{ かつ } \frac{du}{dx} = 0 \text{ したがって } u \text{ は定数}$$

仮定によって $\alpha_0 + \beta_0 > 0$ であるから, (6.10) より $u(a) = 0$ または $u(b) = 0$ である. したがって $u \equiv 0$ となって $(\mathcal{L}, \mathcal{D})$ は単射である. よって $(\mathcal{L}, \mathcal{D})$ に対する Green 関数は存在する. ♠

補題 6.2

$p \in C^1[a,b],\ p(x) > 0$ とし

$$\mathcal{L}u = -\frac{d}{dx}\left(p(x)\frac{du}{dx}\right) \qquad (u \in \mathcal{D})$$

と置く. このとき $(\mathcal{L}, \mathcal{D})$ に対する Green 関数 $G(x, \xi)$ は次式で与えられる.

$$G(x,\xi) = \begin{cases}
\dfrac{1}{\Delta_0}\left(\dfrac{\alpha_1}{p(a)} + \alpha_0 \int_a^x \dfrac{dt}{p(t)}\right)\left(\dfrac{\beta_1}{p(b)} + \beta_0 \int_\xi^b \dfrac{dt}{p(t)}\right) & (x \leq \xi) \\
\dfrac{1}{\Delta_0}\left(\dfrac{\alpha_1}{p(a)} + \alpha_0 \int_a^\xi \dfrac{dt}{p(t)}\right)\left(\dfrac{\beta_1}{p(b)} + \beta_0 \int_x^b \dfrac{dt}{p(t)}\right) & (x \geq \xi)
\end{cases}$$

ただし

$$\Delta_0 = \alpha_0 \left(\frac{\beta_1}{p(b)} + \beta_0 \int_a^b \frac{dt}{p(t)} \right) + \frac{\alpha_1 \beta_0}{p(a)}$$

と置いている ($\Delta_0 > 0$ である)。

証明 容易に検証できるように

$$\phi_1(x) = -\alpha_1 - \alpha_0 p(a) \int_a^x \frac{dt}{p(t)}$$

$$\phi_2(x) = \beta_1 + \beta_0 p(b) \int_x^b \frac{dt}{p(t)}$$

は $\mathcal{L}(\phi_i) = 0$, かつ $B_i(\phi_i) = 0$ $(i = 1, 2)$ を満たす。さらに ϕ_1, ϕ_2 のつくる Wronski 行列式 $W(\phi_1, \phi_2)(x)$ は

$$W(\phi_1, \phi_2)(a) = \begin{vmatrix} -\alpha_1 & \beta_1 + \beta_0 p(b) \int_a^b \frac{dt}{p(t)} \\ -\alpha_0 & -\beta_0 \frac{p(b)}{p(a)} \end{vmatrix}$$

$$= p(b) \Delta_0$$

を満たす。ゆえに, (4.30) より補題 **6.2** が従う。 ♠

補題 **6.3**

$p \in C^1[a, b]$, $r(x) \in C[a, b]$, $p > 0$, $r \geq 0$ とし

$$\mathcal{L}_r u = -\frac{d}{dx} \left(p(x) \frac{du}{dx} \right) + r(x) u$$

と置く。$(\mathcal{L}_r, \mathcal{D})$ に対する Green 関数を $G_r(x, \xi)$ とすれば

$$G_r(x, \xi) > 0 \quad \forall x, \xi \in (a, b)$$

証明 補題 **6.1** により $(\mathcal{L}_r, \mathcal{D})$ は単射であり, Green 関数は存在する。ϕ_1, ϕ_2 をそれぞれ初期値問題

$$\mathcal{L}_r u = 0, \quad u(a) = \alpha_1, \quad u'(a) = \alpha_0, \quad (\alpha_0, \alpha_1) \neq (0, 0)$$

$$\mathcal{L}_r u = 0, \quad u(b) = \beta_1, \quad u'(b) = -\beta_0, \quad (\beta_0, \beta_1) \neq (0, 0)$$

の解とすれば $B_1(\phi_1) = 0$ かつ $B_2(\phi_1) \neq 0$ ($\because B_2(\phi_1) = 0$ ならば $\phi_1(\neq 0) \in \mathcal{D}$ となって $(\mathcal{L}_r, \mathcal{D})$ は単射でない)。同様に $B_2(\phi_2) = 0$ かつ $B_1(\phi_2) \neq 0$ である。よって, ϕ_1, ϕ_2 は $[a, b]$ 上 1 次独立である ($c_1 \phi_1 + c_2 \phi_2 \equiv 0$ ならば $c_1 B_1(\phi_1) + c_2 B_1(\phi_2) = 0$ と $B_1(\phi_1) = 0$, $B_1(\phi_2) \neq 0$ より $c_2 = 0$. また

$c_1 B_2(\phi_1) + c_2 B_2(\phi_2) = 0$ より $c_1 = 0$)。さらに

$$p(x)\phi_1'(x) = p(a)\phi_1'(a) + \int_a^x r(t)\phi_1(t)dt \geq \int_a^x r(t)\phi_1(t)dt$$
$$(\because \quad \phi_1'(a) = \alpha_0 \geq 0) \qquad (6.11)$$

$$p(x)\phi_2'(x) = p(b)\phi_2'(b) + \int_b^x r(t)\phi_2(t)dt \leq \int_b^x r(t)\phi_2(t)dt$$
$$(\because \quad \phi_2'(b) = -\beta_0 \leq 0) \qquad (6.12)$$

(6.11) と (6.12) より開区間 (a,b) において

$$\phi_1(x) > 0, \quad \phi_1'(x) \geq 0 \, ; \, \phi_2(x) > 0, \quad \phi_2'(x) \leq 0$$

が成り立つ。ゆえに,任意の $\xi \in (a,b)$ に対し

$$-p(\xi)W(\phi_1,\phi_2)(\xi) = -p(\xi)(\phi_1(\xi)\phi_2'(\xi) - \phi_2(\xi)\phi_1'(\xi))$$
$$\geq 0$$

しかし, ϕ_1, ϕ_2 の 1 次独立性によって上式が零となることはない。よって,命題 **4.2** によって

$$-p(a)W(\phi_1,\phi_2)(a) > 0$$

かつ $x, \xi \in (a,b)$ のとき

$$G_r(x,\xi) = \begin{cases} \dfrac{\phi_1(x)\phi_2(\xi)}{-p(a)W(\phi_1,\phi_2)(a)} & (x \leq \xi) \\ \dfrac{\phi_1(\xi)\phi_2(x)}{-p(a)W(\phi_1,\phi_2)(a)} & (x \geq \xi) \end{cases}$$
$$> 0$$

である。 ♠

補題 6.4

補題 **6.3** と同じ記号と仮定の下で, $s(x) \in C[a,b]$, $r(x) \leq s(x)$, $a \leq x \leq b$ ならば

$$G_r(x,\xi) \geq G_s(x,\xi) \qquad (x, \xi \in [a,b])$$

証明 $\mathcal{L}_r$ に対応する Green 作用素を $\mathcal{G}_r$ により表す。系 **4.3.2** によって $\mathcal{G}_r = \mathcal{L}_r^{-1}$, $\mathcal{G}_s = \mathcal{L}_s^{-1}$ であるから, $f \in C[a,b]$ のとき

$$\mathcal{G}_r f - \mathcal{G}_s f = -\mathcal{G}_r(\mathcal{L}_r - \mathcal{L}_s)\mathcal{G}_s f$$

$$= -\mathcal{G}_r(r(x) - s(x))\mathcal{G}_s f$$
$$= -\int_a^b \left\{ G_r(x,\xi)(r(\xi) - s(\xi)) \int_a^b G_s(\xi,\eta)f(\eta)d\eta \right\} d\xi$$
$$= \int_a^b \left\{ G_r(x,\xi)(s(\xi) - r(\xi)) \int_a^b G_s(\xi,\eta)f(\eta)d\eta \right\} d\xi$$

したがって $f \geq 0$ ならば

$$\mathcal{G}_r f - \mathcal{G}_s f \geq 0$$

すなわち

$$\int_a^b \{G_r(x,\xi) - G_s(x,\xi)\}f(\xi)d\xi \geq 0 \quad \forall f \in C[a,b], \ f \geq 0$$

よって $G_r(x,\xi) - G_s(x,\xi) \geq 0, \ x, \xi \in [a,b]$ を得る。 ♠

6.3 解の存在定理

境界値問題 $(6.1)\sim(6.6)$ を考え,関数 $f(x,u,v)$ につぎの仮定を置く.

1. $f(x,u,v)$ は $\mathcal{R} = [a,b] \times \mathbf{R}^2$ において連続
2. $\dfrac{\partial f}{\partial u}, \dfrac{\partial f}{\partial v}$ は $\mathcal{R}$ において存在し連続かつある定数 K, M に対し

$$0 \leq \frac{\partial f}{\partial u} \leq K \tag{6.13}$$

$$\left| \frac{\partial f}{\partial v} \right| \leq M \tag{6.14}$$

このときつぎの定理が成り立つ.

定理 6.1 (解の一意存在定理)

$p(x) \in C^1[a,b], \ p(x) > 0$ かつ f は上記仮定 1, 2 を満たすと仮定する.
このとき境界値問題 $(6.1)\sim(6.6)$ はただ一つの解 $u \in C^2[a,b]$ をもつ.

証明 簡単のために $\alpha_0\alpha_1\beta_0\beta_1 \neq 0$ の場合に証明を与えるが,その他の場合も同様にできる.

(i)(解の存在) Schauder の不動点定理を用いる. $X = C^1[a,b]$ と置き, X 上のノルム $\|\cdot\|$ を

$$\|u\| = \|u\|_\infty + \|u'\|_\infty = \max_{a \leq x \leq b}|u(x)| + \max_{a \leq x \leq b}|u'(x)| \qquad (u \in X)$$

により定義する. このとき, 例 **1.4** で見たように $(X, \|\cdot\|)$ は Banach 空間であ

る。各 $u \in X$ に対して
$$q(x;u) = \int_0^1 \frac{\partial f}{\partial v}(x, \theta u(x), \theta u'(x))d\theta$$
$$r(x;u) = \int_0^1 \frac{\partial f}{\partial u}(x, \theta u(x), \theta u'(x))d\theta$$
$$f_0(x) = f(x, 0, 0)$$

と置けば

$$f(x, u, u') = f_0(x) + r(x;u)u + q(x;u)u'$$
$$|q(x;u)| \leq M$$
$$r(x;u) \geq 0$$

であり，補題 **6.1** によって w に関する線形境界値問題

$$-(p(x)w')' + q(x;u)w' + r(x;u)w = -f_0(x) \quad (a \leq x \leq b)$$
$$w \in \mathcal{D}$$

は一意解 $w = w(x;u) \in C^2[a,b]$ をもつ。$\|w\|$ を評価するために

$$P(x;u) = e^{\int_a^x \frac{p'(t) - q(t;u)}{p(t)} dt}$$
$$R(x;u) = \frac{P(x;u)}{p(x)} r(x;u)$$
$$g(x;u) = -\frac{P(x;u)}{p(x)} f_0(x)$$
$$P_* = \min_{a \leq x \leq b} e^{\int_a^x \frac{p'(t) - M}{p(t)} dt}$$
$$P^* = \max_{a \leq x \leq b} e^{\int_a^x \frac{p'(t) + M}{p(t)} dt}$$

と置けば

$$\hat{\mathcal{L}}_R w \equiv -\frac{d}{dx}\left(P(x;u)\frac{dw}{dx}\right) + R(x;u)w = g(x;u)$$
$$(P(x;u) > 0, \ R(x;u) \geq 0)$$

したがって，$(\hat{\mathcal{L}}_R, \mathcal{D})$ に対する Green 関数を $\hat{G}_R(x, \xi)$ で表すとき

$$\hat{\mathcal{L}}_R w = g \quad (w \in \mathcal{D})$$

の解 $w = w(x;u)$ は

$$w(x;u) = \int_a^b \hat{G}_R(x, \xi) g(\xi; u(\xi)) d\xi$$

と書ける。以下簡単のために $P(x;u), R(x;u), g(x;u), w(x;u)$ をそれぞれ $P(x), R(x), g(x), w(x)$ で表す。すると補題 **6.2**～**6.4** によって

$$0 < \hat{G}_R(x, \xi) \leq \hat{G}_0(x, \xi) \equiv \hat{G}(x, \xi) \leq \hat{G}(x, x) \quad (x, \xi \in (a, b))$$

かつ
$$|w(x)| \leq \int_a^b \hat{G}_R(x,\xi)|g(\xi)|d\xi \leq \hat{G}(x,x)\frac{P^*}{p_*}\|f_0\|_\infty (b-a)$$
ただし, $p_* = \min_{a \leq x \leq b} p(x)$ と置いた。明らかに $p_* > 0$ である。さらに補題 **6.2** によって
$$\hat{G}(x,x) = \frac{1}{P(a)P(b)\Delta}\left(\alpha_1 + \alpha_0 P(a)\int_a^x \frac{dt}{P(t)}\right)\left(\beta_1 + \beta_0 P(b)\int_x^b \frac{dt}{P(t)}\right)$$
である。ただし
$$\Delta = \alpha_0 \left(\frac{\beta_1}{P(b)} + \beta_0 \int_a^b \frac{dt}{P(t)}\right) + \frac{\alpha_1 \beta_0}{P(a)}$$
$$= \alpha_0 \left(\frac{\beta_1}{P(b)} + \beta_0 \int_a^b \frac{dt}{P(t)}\right) + \alpha_1 \beta_0 \quad (\because \ P(a)=1)$$
$$\geq \Delta_* = \frac{\alpha_0}{P^*}\{\beta_1 + \beta_0(b-a)\} + \alpha_1\beta_0 > 0$$
$$\therefore \quad \hat{G}(x,x) \leq \frac{1}{P_*\Delta}\left(\alpha_1 + \alpha_0 \int_a^x \frac{dt}{P(t)}\right)\left(\beta_1 + \beta_0 P^* \int_x^b \frac{dt}{P_*}\right)$$
$$\leq \frac{1}{P_*\Delta}\left(\alpha_1 + \alpha_0 \frac{b-a}{P_*}\right)\left\{\beta_1 + \beta_0 \frac{P^*}{P_*}(b-a)\right\}$$
$$= \frac{1}{P_*\Delta}\gamma \quad \left(\gamma = \left(\alpha_1 + \alpha_0 \frac{b-a}{P_*}\right)\left\{\beta_1 + \beta_0 \frac{P^*}{P_*}(b-a)\right\}\right)$$
$$\therefore \quad |w(x)| \leq \frac{1}{P_*\Delta}\gamma \frac{P^*}{p_*}\|f_0\|_\infty (b-a) (= \delta_0 と書く) \tag{6.15}$$
一方
$$-\frac{d}{dx}\left(P(x)\frac{dw}{dx}\right) = g(x) - R(x)w \quad (w \in \mathcal{D})$$
より
$$w(x) = \int_a^b \hat{G}(x,\xi)(g(\xi) - R(\xi)w(\xi))d\xi$$
定理 **4.3** の証明と同様にして
$$\frac{dw}{dx} = \frac{\partial}{\partial x}\left\{\int_a^x + \int_x^b \hat{G}(x,\xi)(g(\xi) - R(\xi)w(\xi))d\xi\right\}$$
$$= \int_a^x + \int_x^b \frac{\partial}{\partial x}\hat{G}(x,\xi)(g(\xi) - R(\xi)w(\xi))d\xi$$
$$= \int_a^x \frac{1}{\Delta}\left(-\frac{\beta_0}{P(x)}\right)\left(\alpha_1 + \alpha_0 \int_a^\xi \frac{dt}{P(t)}\right)(g(\xi) - R(\xi)w(\xi))d\xi$$
$$+ \int_x^b \frac{1}{\Delta}\left(\frac{\alpha_0}{P(x)}\right)\left(\frac{\beta_1}{P(b)} + \beta_0 \int_\xi^b \frac{dt}{P(t)}\right)(g(\xi) - R(\xi)w(\xi))d\xi$$
ここで

$$\Delta = \beta_0 \left(\alpha_1 + \alpha_0 \int_a^b \frac{dt}{P(t)} \right) + \frac{\alpha_0 \beta_1}{P(b)}$$
$$\geq \beta_0 \left(\alpha_1 + \alpha_0 \int_a^b \frac{dt}{P(t)} \right)$$

および

$$P(b)\Delta = \alpha_0 \left(\beta_0 P(b) \int_a^b \frac{dt}{P(t)} + \beta_1 \right) + \alpha_1 \beta_0 P(b)$$
$$\geq \alpha_0 \left(\beta_0 P(b) \int_\xi^b \frac{dt}{P(t)} + \beta_1 \right)$$

に注意すれば

$$\left| \frac{dw(x)}{dx} \right| \leq \int_a^x \frac{1}{P(x)} |g(\xi) - R(\xi)w(\xi)| d\xi$$
$$+ \int_x^b \frac{1}{P(x)} |g(\xi) - R(\xi)w(\xi)| d\xi$$
$$= \int_a^b \frac{1}{P(x)} |g(\xi) - R(\xi)w(\xi)| d\xi$$
$$\leq \frac{1}{P_*} (\|g\|_\infty + \|R\|_\infty \|w\|_\infty)(b-a)$$
$$\leq \frac{1}{P_*} \left(\frac{P^*}{p_*} \|f_0\|_\infty + \frac{P^*}{p_*} \|r\|_\infty \delta_0 \right)(b-a)$$
$$\leq \frac{P^*}{P_* p_*} (\|f_0\|_\infty + K\delta_0)(b-a) (\equiv \delta_1 \text{ と置く}) \tag{6.16}$$

よって $\delta = \delta_0 + \delta_1$ とし

$$S = \{u \in X \mid \|u\| \leq \delta,\ B_1(u) = B_2(u) = 0\}$$

と置けば, S は有界凸閉集合で

$$\|w\| = \|w\|_\infty + \|w'\|_\infty \leq \delta_0 + \delta_1 = \delta \quad \forall u \in S$$

ゆえに, $Tu = w$ と置いて連続写像 $T: S \to S \cap C^2[a,b] \subset S$ が定義される. 集合 $\mathcal{F} = T(S)$ は一様有界かつ $x_1, x_2 \in [a,b]$ に対し

$$|w(x_1) - w(x_2)| \leq \left| \int_{x_2}^{x_1} |w'(t)| dt \right| \leq \delta_1 |x_1 - x_2| \quad \forall w \in \mathcal{F}$$

が成り立つから同程度一様連続である. ゆえに, Ascoli-Arzela の定理によって $\mathcal{F}$ の任意無限列 $\{w_n\}$ は $[a,b]$ 上一様収束する部分列 $\{w_{n_j}\}$, $n_1 < n_2 < \cdots$ を含む. 収束先を $\tilde{w}$ とすれば $\tilde{w} \in C[a,b]$ である. このとき, $\{w'_{n_j}\}$ は

$$\|w'_{n_j}\|_\infty \leq \delta_1$$

によって一様有界であり

$$w'_{n_j}(x_1) - w'_{n_j}(x_2) = \int_{x_2}^{x_1} w''_{n_j}(t) dt$$

$$= \int_{x_2}^{x_1} \frac{1}{p}(-p'w'_{n_j} + qw'_{n_j} + rw_{n_j} + f_0)dt$$

$$\therefore |w'_{n_j}(x_1) - w_{n_j}(x_2)'| \leq \frac{1}{p_*}\{(\|p'\|_\infty + M)\delta_1 + K\delta_0 + \|f_0\|_\infty\}|x_1 - x_2|$$

によって同程度一様連続である．ゆえに，再び Ascoli-Arzela の定理によって $\{w'_{n_j}\}$ は $[a,b]$ 上一様収束する部分列 $\{w'_{n_{j_k}}\}$, $n_{j_1} < n_{j_2} < \cdots$ を含む．収束先を v とすれば, 等式

$$w_{n_{j_k}}(x) - w_{n_{j_k}}(a) = \int_a^x w'_{n_{j_k}}(t)dt$$

において $k \to \infty$ とすることにより

$$\tilde{w}(x) - \tilde{w}(a) = \int_a^x v(t)dt$$

右辺は x につき微分可能であるから

$$\tilde{w}(x) = \tilde{w}(a) + \int_a^x v(t)dt$$

も微分可能で

$$\frac{d\tilde{w}(x)}{dx} = v(x)$$

結局

$$\|w_{n_{j_k}} - \tilde{w}\| = \|w_{n_{j_k}} - \tilde{w}\|_\infty + \|w'_{n_{j_k}} - \tilde{w}'\|_\infty$$
$$= \|w_{n_{j_k}} - \tilde{w}\|_\infty + \|w'_{n_{j_k}} - v\|_\infty \to 0 \quad (k \to \infty)$$

となって $\{w_{n_{j_k}}\}$ は Banach 空間 $(X, \|\cdot\|)$ 内の収束列である．これは $\mathcal{F} = T(S)$ が相対コンパクトであることを示しているから，Schauder の定理第 3 型 (定理 **2.6**) により T は S 内に不動点 u をもつ． T の定義によって $Tu \in C^2[a,b]$ であるから $u(= Tu) \in C^2[a,b]$ である．明らかに不動点 u は $\mathcal{D}$ に属し，6.1 節の議論によって境界値問題 (6.1)〜(6.6) の解の存在が従う．

(ii)(一意性) $u, v \in C^2[a,b]$ を境界値問題の解とし，$w = u - v$ と置くと

$$f(x, u, u') - f(x, v, v') = r(x)w + q(x)w'$$

ただし

$$r(x) = r(x; u, v) = \int_0^1 f_u(x, v(x) + \theta w(x), v'(x) + \theta w'(x))d\theta$$

$$q(x) = q(x; u, v) = \int_0^1 f_{u'}(x, v(x) + \theta w(x), v'(x) + \theta w'(x))d\theta$$

である．したがって

$$-(pw')' + qw' + rw = 0 \quad (a \leq x \leq b) \tag{6.17}$$

$$w \in \mathcal{D}$$

を得る. ここで再び
$$P(x) = e^{\int_a^x \frac{p'(t)-q(t)}{p(t)}dt}, \quad R(x) = P(x)\frac{r(x)}{p(x)}$$
と置いて (6.17) を
$$-\frac{d}{dx}\left(P(x)\frac{dw}{dx}\right) + R(x)w = 0$$
と書き直す. 上式の両辺に w を乗じて a から b まで積分すれば
$$\left[-P(x)\frac{dw}{dx}w\right]_a^b + \int_a^b\left\{P(x)\left(\frac{dw}{dx}\right)^2 + R(x)w^2\right\}dx = 0 \tag{6.18}$$
補題 **6.1** の証明と同様にして (6.18) より $w = 0$ を得る. ♠

系 6.1.1 $f = f(x, u)$ の場合には, f の仮定 1, 2 を次の $1'$, $2'$ で置き換える.

$1'$. $f(x, u)$ は $\mathcal{R}' = [a, b] \times \boldsymbol{R}$ において連続

$2'$. $\dfrac{\partial f}{\partial u}$ は $\mathcal{R}'$ において存在し連続かつ $\dfrac{\partial f}{\partial u} \geq 0$

このとき境界値問題 (6.1)〜(6.6) はただ一つの解 $u \in C^2[a, b]$ をもつ.

証明 (6.16) における K を
$$\sup_{[a,b]\times[-\delta_0,\delta_0]} f_u(x, u)$$
で置き換え, S の代わりに
$$S = \{u \in X \mid \|u\|_\infty \leq \delta_0, \ \|u\| \leq \delta, \ B_1(u) = B_2(u) = 0\}$$
を考えれば, 定理 **6.1** の証明がそのまま通用する. ♠

6.4 Lees の定理

$f = f(x, u)$ で境界条件が Dirichlet 型 ($\alpha_0 = \beta_0 = 1$, $\alpha_1 = \beta_1 = 0$) の場合, 系 **6.1.1** の f に関する仮定 $2'$ はさらに弱められる. 実際つぎの結果が知られている.

定理 6.2 (Lees 24))

境界値問題
$$u'' = f(x, u) \qquad (0 \leq x \leq 1)$$
$$u(0) = \alpha, \quad u(1) = \beta$$

は
$$\inf_{[0,1]\times \mathbf{R}} f_u = -\eta > -\pi^2 \tag{6.19}$$
のとき,区間 $[0,1]$ 上ただ一つの解 $u \in C^2[0,1]$ をもつ.

ここでは,この定理をやや一般化し
$$\frac{d}{dx}\left(p(x)\frac{du}{dx}\right) = f(x,u) \qquad (a \leq x \leq b)$$
$$u(a) = \alpha, \quad u(b) = \beta$$
$$p \in C^1[a,b], \quad p > 0$$
に対して証明を与える.

補題 6.5

$\mathcal{L}u = -\dfrac{d}{dx}\left(p(x)\dfrac{du}{dx}\right)$, $\mathcal{D} = \{u \in C^2[a,b] \mid u(a) = u(b) = 0\}$ とする. $(\mathcal{L}, \mathcal{D})$ の最小固有値を λ_1 とすれば $\lambda_1 > 0$ で

$$(\mathcal{L}u, u) \geq \lambda_1 \|u\|^2 \qquad (u \in \mathcal{D}) \tag{6.20}$$

証明 $(\mathcal{L}, \mathcal{D})$ は正値対称作用素であるから $\lambda_1 > 0$ であり,注意 **5.1** によりすべての固有値を $0 < \lambda_1 < \lambda_2 < \cdots$ と並べることができる.対応する正規直交固有関数を $u_1, u_2, \cdots$ とすれば,定理 **5.5** によって

$$\mathcal{L}u = \sum_{j=1}^{\infty}(\mathcal{L}u, u_j)u_j = \sum_{j=1}^{\infty}(u, \mathcal{L}u_j)u_j = \sum_{j=1}^{\infty}\lambda_j(u, u_j)u_j$$

$$(\mathcal{L}u, u) = \sum_{j=1}^{\infty}\lambda_j(u, u_j)(u_j, u) = \sum_{j=1}^{\infty}\lambda_j(u, u_j)^2$$

$$\geq \lambda_1 \sum_{j=1}^{\infty}(u, u_j)^2 = \lambda_1 \|u\|^2 \qquad (\text{定理 } \mathbf{5.7} \text{ による})$$

♠

補題 6.6

$r(x), g(x) \in C[a,b]$ とする。境界値問題

$$\mathcal{L}u + r(x)u = g(x) \quad (a \leq x \leq b), \qquad u \in \mathcal{D} \tag{6.21}$$

の解 u は

$$\min_{a \leq x \leq b} r(x) = -\eta > -\lambda_1 \tag{6.22}$$

のときただ一つ存在して

$$|u(x)| \leq \frac{1}{2}\sqrt{\lambda_1(b-a)\int_a^b \frac{dt}{p(t)}}\frac{1}{\lambda_1 - \eta}\|g\|_\infty \quad (a \leq x \leq b) \tag{6.23}$$

を満たす。

証明 $\tilde{\mathcal{L}}u \equiv \mathcal{L}u + r(x)u = 0 \ (u \in \mathcal{D})$ とすると, (6.20) と (6.22) により

$$0 = (\tilde{\mathcal{L}}u, u) = (\mathcal{L}u, u) + (ru, u) \geq (\lambda_1 - \eta)(u, u)$$

$\lambda_1 - \eta > 0$ であるから $u = 0$, よって $(\tilde{\mathcal{L}}, \mathcal{D})$ は単射であり, (6.21) の解はただ一つ存在する。u を (6.21) の解とすれば

$$\begin{aligned}
(\mathcal{L}u, u) &= \int_a^b (\mathcal{L}u)u\,dx = \int_a^b (g(x) - r(x)u)u\,dx \\
&\leq \int_a^b |g \cdot u|\,dx + \eta \int_a^b u^2\,dx \\
&\leq \|g\|_\infty \int_a^b |u|\,dx + \eta\|u\|^2 \\
&\leq \|g\|_\infty \sqrt{b-a}\|u\| + \eta\|u\|^2
\end{aligned} \tag{6.24}$$

(6.20) より

$$\|u\|^2 \leq \frac{1}{\lambda_1}(\mathcal{L}u, u), \quad \|u\| \leq \sqrt{\frac{1}{\lambda_1}(\mathcal{L}u, u)}$$

これを (6.24) に代入して

$$(\mathcal{L}u, u) \leq \|g\|_\infty \sqrt{b-a}\sqrt{\frac{1}{\lambda_1}(\mathcal{L}u, u)} + \frac{\eta}{\lambda_1}(\mathcal{L}u, u)$$

$$\therefore \quad \left(1 - \frac{\eta}{\lambda_1}\right)(\mathcal{L}u, u) \leq \frac{\|g\|_\infty}{\sqrt{\lambda_1}}\sqrt{b-a}\sqrt{(\mathcal{L}u, u)}$$

$u \neq 0$ のとき $(\mathcal{L}u, u) > 0$ であるから、両辺を $\sqrt{(\mathcal{L}u, u)}$ で割れば

$$\left(1 - \frac{\eta}{\lambda_1}\right)\sqrt{(\mathcal{L}u, u)} \leq \sqrt{\frac{b-a}{\lambda_1}}\|g\|_\infty$$

この不等式は $u = 0$ のときも成り立ち

$$\sqrt{(\mathcal{L}u, u)} \leq \frac{\sqrt{\lambda_1(b-a)}}{\lambda_1 - \eta}\|g\|_\infty \quad \forall u \in \mathcal{D} \tag{6.25}$$

結局 (6.20) と併せて

$$\|u\| \leq \sqrt{\frac{1}{\lambda_1}(\mathcal{L}u, u)} \leq \frac{\sqrt{b-a}}{\lambda_1 - \eta}\|g\|_\infty$$

一方

$$\begin{aligned} 2u(x) &= \int_a^x u'(t)dt - \int_x^b u'(t)dt \quad \forall u \in \mathcal{D} \\ &= \int_a^x \frac{1}{\sqrt{p(t)}} \cdot \sqrt{p(t)}u'(t)dt - \int_x^b \frac{1}{\sqrt{p(t)}} \cdot \sqrt{p(t)}u'(t)dt \end{aligned}$$

として、Cauchy-Schwarz の不等式を使えば

$$\begin{aligned} 2|u(x)| &\leq \sqrt{\int_a^x \frac{dt}{p(t)} \cdot \int_a^x p(t)u'(t)^2 dt} + \sqrt{\int_x^b \frac{dt}{p(t)} \int_x^b p(t)u'(t)^2 dt} \\ &\leq \sqrt{\left(\int_a^x \frac{dt}{p(t)} + \int_x^b \frac{dt}{p(t)}\right)\left(\int_a^x p(t)u'(t)^2 dt + \int_x^b p(t)u'(t)^2 dt\right)} \\ &= \sqrt{\int_a^b \frac{dt}{p(t)}}\sqrt{\int_a^b p(t)u'(t)^2 dt} \\ &= \sqrt{\int_a^b \frac{dt}{p(t)}}\sqrt{(\mathcal{L}u, u)} \end{aligned} \tag{6.26}$$

(6.25) と (6.26) によって

$$|u(x)| \leq \frac{1}{2}\sqrt{\int_a^b \frac{dt}{p(t)}}\frac{\sqrt{\lambda_1(b-a)}}{\lambda_1 - \eta}\|g\|_\infty \quad (x \in [a, b])$$

を得る。 ♠

定理 6.3

境界値問題

$$\frac{d}{dx}\left(p(x)\frac{du}{dx}\right) = f(x, u) \quad (a \leq x \leq b)$$
$$u(a) = \alpha, \quad u(b) = \beta$$

は
$$\inf_{[a,b]\times \boldsymbol{R}} f_u = -\eta > -\lambda_1$$
のとき $[a,b]$ 上ただ一つの解 $u \in C^2[a,b]$ をもつ。ただし，$p \in C^1[a,b]$, $p > 0$, f_u は $[a,b] \times \boldsymbol{R}$ 上存在して連続とする。また，λ_1 は補題 **6.5** で定義された $(\mathcal{L}, \mathcal{D})$ の最小固有値を表す。

証明 (i)(解の存在) $\alpha = \beta = 0$ としてよい。まず
$$f(x,u) = f(x,0) + \int_0^1 f_u(x,\theta u) u d\theta$$
$$= f_0(x) + r(x;u)u$$

$$f_0(x) = f(x,0)$$
$$r(x;u) = \int_0^1 f_u(x,\theta u) d\theta$$

と表し，$u \in C[0,1]$ に対して境界値問題
$$-\frac{d}{dx}\left(p(x)\frac{dw}{dx}\right) + r(x;u)w = -f_0(x) \qquad (w \in \mathcal{D})$$
の一意解 $w \in C^2[a,b]$ を対応させる。ここで
$$\delta = \frac{1}{2}\sqrt{\lambda_1(b-a)\int_a^b \frac{dt}{p(t)}}\frac{\|f_0\|_\infty}{\lambda_1 - \eta}$$
$$S = \{u \in C[0,1] \mid \|u\|_\infty \leq \delta,\ u(a) = u(b) = 0\}$$

と置き，$Tu = w$ として写像 T を定義すれば，補題 **6.6** によって T は S を S の中へ写す連続写像である。以下定理 **6.1** と同様な証明により T は S 内に不動点をもつことがわかり，この不動点が求める解となる。

(ii)(解の一意性) $u, v \in C^2[a,b]$ を二つの解として $w = u - v$ と置けば
$$f(x,u) - f(x,v) = r(x;u,v)w$$
ただし
$$r(x;u,v) = \int_0^1 f_u(x;v + \theta w) d\theta \geq -\eta > -\lambda_1$$
このとき，w は
$$-(pw')' + r(x;u,v)w = 0 \quad (a \leq x \leq b), \qquad w \in \mathcal{D}$$
を満たすから，(6.23) によって $w = 0$ を得る。 ♠

注意 6.1 定理 **6.3** の境界条件を $(6.2) \sim (6.6)$ に一般化することもできる。

7 有限差分法

7.1 差分近似

2点境界値問題の数値解法として最もよく知られた方法は次節以降に述べる有限差分法である．本節では，その準備として，1階および2階導関数を離散点で近似する中心差分近似と Shortley-Weller 近似について述べる．

関数 $u = u(x)$ が有限閉区間 $[a, b]$ において 3 回連続的微分可能 ($u \in C^3[a,b]$) ならば，$h > 0$ として

$$u(x+h) = u(x) + hu'(x) + \frac{1}{2}h^2 u''(x) + \frac{1}{6}h^3 u'''(\xi_+)$$
$$(x < \xi_+ < x+h) \qquad (7.1)$$

$$u(x-h) = u(x) - hu'(x) + \frac{1}{2}h^2 u''(x) - \frac{1}{6}h^3 u'''(\xi_-)$$
$$(x-h < \xi_- < x) \qquad (7.2)$$

したがって

$$\begin{aligned}
u(x+h) - u(x-h) &= 2hu'(x) + \frac{h^3}{6}(u^{(3)}(\xi_+) + u^{(3)}(\xi_-)), \\
\frac{u(x+h) - u(x-h)}{2h} &= u'(x) + \frac{h^2}{6} \cdot \frac{u^{(3)}(\xi_+) + u^{(3)}(\xi_-)}{2} \\
&= u'(x) + \frac{h^2}{6} u^{(3)}(\xi) \qquad (\xi_- < \xi < \xi_+) \quad (7.3)
\end{aligned}$$

同様に，$u \in C^4[a, b]$ ならば

$$u(x+h) = u(x) + hu'(x) + \frac{1}{2}h^2 u''(x)$$
$$+ \frac{1}{6}h^3 u'''(x) + \frac{1}{24}h^4 u^{(4)}(\eta_+) \qquad (x < \eta_+ < x+h)$$

$$u(x-h) = u(x) - hu'(x) + \frac{1}{2}h^2 u''(x)$$
$$-\frac{1}{6}h^3 u'''(x) + \frac{1}{24}h^4 u^{(4)}(\eta_-) \qquad (x-h < \eta_- < x)$$
$$\therefore \quad \frac{u(x+h)+u(x-h)-2u(x)}{h^2} = u''(x) + \frac{h^2}{24}(u^{(4)}(\eta_+) + u^{(4)}(\eta_-))$$
$$= u''(x) + \frac{h^2}{12}u^{(4)}(\eta)$$
$$(\eta_- < \eta < \eta_+) \qquad (7.4)$$

(7.3), (7.4) によって, $u \in C^3[a,b]$ ならば
$$\frac{u(x+h)-u(x-h)}{2h} = u'(x) + O(h^2) \qquad (7.5)$$
また, $u \in C^4[a,b]$ ならば
$$\frac{u(x+h)-2u(x)+u(x-h)}{h^2} = u''(x) + O(h^2) \qquad (7.6)$$

(7.5), (7.6) の左辺をそれぞれ $u'(x), u''(x)$ の**中心差分近似** (centered difference approximations) という.

区間 $[a,b]$ において m 次導関数が Lipschitz 連続であるような関数の全体を $C^{m,1}[a,b]$ で表すとき, (7.5), (7.6) はそれぞれ $u \in C^{2,1}[a,b]$, $u \in C^{3,1}[a,b]$ に対しても成り立つ. 例えば, $u \in C^{2,1}[a,b]$ のとき
$$u(x+h) = u(x) + hu'(x) + \frac{1}{2}h^2 u''(x) + \frac{1}{2}h^2(u''(\tilde{\xi}_+) - u''(x))$$
$$(x < \tilde{\xi}_+ < x+h)$$
$$u(x-h) = u(x) - hu'(x) + \frac{1}{2}h^2 u''(x) + \frac{1}{2}h^2(u''(\tilde{\xi}_-) - u''(x))$$
$$(x-h < \tilde{\xi}_- < x)$$
$$|u''(\tilde{\xi}_+) - u''(x)| = O(|\tilde{\xi}_+ - x|) = O(h)$$
$$|u''(\tilde{\xi}_-) - u''(x)| = O(|\tilde{\xi}_- - x|) = O(h)$$
であるから
$$\frac{u(x+h)-u(x-h)}{2h} = u'(x) + \frac{h}{4} \cdot O(h) = u'(x) + O(h^2)$$
などとなる. さらに (7.2) の h を k で置き換えて (7.1)~(7.2) をつくれば,

$u \in C^3[a,b]$ のとき

$$\frac{u(x+h) - u(x-k)}{h+k} = u'(x) + \frac{1}{2}(h-k)u''(x)$$
$$+ \frac{1}{6}\frac{h^3 u'''(\xi_+) + k^3 u'''(\xi_-)}{h+k}$$
$$= u'(x) + O(h-k) + O(h^2) + O(k^2) \quad (7.7)$$

同様に $u \in C^4[a,b]$ のとき

$$\frac{ku(x+h) - (h+k)u(x) + hu(x-k)}{\frac{1}{2}hk(h+k)}$$
$$= u''(x) + O(h-k) + O(h^2) + O(k^2) \quad (7.8)$$

(7.8) の左辺は

$$\frac{\dfrac{u(x+h) - u(x)}{h} - \dfrac{u(x) - u(x-k)}{k}}{\dfrac{h+k}{2}}$$

と書くことができる。これを **Shortley-Weller 近似**という (1938 年, Shortley-Weller 29) は Laplacian(ラプラシアン)Δu の近似にこの近似を用いた)。

7.2 有限差分方程式

境界値問題 (6.1)〜(6.6) を数値的に解く**有限差分法** (finite difference method) は, つぎのような方法である。まず, 適当な離散点 (分点)

$$a = x_0 < x_1 < \cdots < x_n < x_{n+1} = b, \quad h_i = x_i - x_{i-1}, \quad h = \max_i h_i$$

において, $u'(x_i), u''(x_i)$ を $u(x_{i-1}), u(x_i), u(x_{i+1})$ などの 1 次結合により近似する。つぎに, $u_i = u(x_i)$ を U_i で置き換えて $\{U_i\}$ に関する連立方程式をつくる (この方程式は f が線形ならば連立 1 次方程式であるが, f が非線形ならば連立非線形方程式となる)。最後にこの方程式を解いて解 U_i を u_i の近似値とするのである。

例 7.1 (Dirichlet 条件をもつ線形境界値問題)　簡単な 2 点境界値問題

$$-u'' + r(x)u = g(x) \quad (a \le x \le b) \quad (7.9)$$

$$u(a) = \alpha, \quad u(b) = \beta \tag{7.10}$$

を等分点 $x_i = a + ih \left(i = 0, 1, 2, \cdots, n+1, \ h = \dfrac{b-a}{n+1}\right)$ において中心差分近似すれば, $r_i = r(x_i)$, $g_i = g(x_i)$ として

$$-\frac{U_{i+1} - 2U_i + U_{i-1}}{h^2} + r_i U_i = g_i \quad (1 \leq i \leq n) \tag{7.11}$$

$$U_0 = \alpha, \quad U_{n+1} = \beta \tag{7.12}$$

これを行列・ベクトル表示すれば

$$\frac{1}{h^2} \begin{bmatrix} 2+r_1 h^2 & -1 & & & \\ -1 & 2+r_2 h^2 & -1 & & \\ & \ddots & \ddots & \ddots & \\ & & -1 & 2+r_{n+1} h^2 & -1 \\ & & & -1 & 2+r_n h^2 \end{bmatrix} \begin{bmatrix} U_1 \\ U_2 \\ \vdots \\ U_{n-1} \\ U_n \end{bmatrix}$$

$$= \begin{bmatrix} g_1 + \dfrac{\alpha}{h^2} \\ g_2 \\ \vdots \\ g_{n-1} \\ g_n + \dfrac{\beta}{h^2} \end{bmatrix} \tag{7.13}$$

これを**有限差分方程式** (finite difference equations) という。境界条件 (7.10) は (6.2), (6.3) における $\alpha_0 = \beta_0 = 1$, $\alpha_1 = \beta_1 = 0$ の場合に相当する。定理 **6.3** により, $r, g \in C[a,b]$ かつ

$$r(x) > -\left(\frac{\pi}{b-a}\right)^2 \quad (a \leq x \leq b)$$

のとき, (7.9), (7.10) は一意解 $u \in C^2[a,b]$ をもつ。

なお, $r(x) \geq 0$ ならば上記連立 1 次方程式の係数行列は既約優対角な L 行列であるから正則であり (山本 7) 参照), 差分解 $\{U_i\}$ は一意に確定する。

上の例は f が線形の場合であった。f が非線形の場合には, 有限差分方程式は連立非線形方程式となる。

例 7.2 (片側 Dirichlet, 片側 Neumann 条件)　境界条件 (7.10) が

$$u(a) = \alpha, \quad u'(b) = \beta \tag{7.14}$$

の場合には, 仮の分点 $x_{n+2} = x_{n+1} + h$ とその点における近似解 U_{n+2} を導入して x_{n+1} における離散近似

$$-\frac{U_{n+2} - 2U_{n+1} + U_n}{h^2} + r_{n+1}U_{n+1} = g_{n+1}$$

$$\frac{U_{n+2} - U_n}{2h} = \beta$$

をつくる (これを**仮想分点法** (fictitious node method) という)。この二つの式から U_{n+2} を消去すれば

$$\frac{1}{h^2}\{-2U_n + (2 + r_{n+1}h^2)U_{n+1}\} = g_{n+1} + \frac{2\beta}{h}$$

を得る。これと (7.11) および $U_0 = \alpha$ とを組み合わせて有限差分方程式は $n+1$ 元連立 1 次方程式

$$\frac{1}{h^2}\begin{bmatrix} 2+r_1h^2 & -1 & & & \\ -1 & 2+r_2h^2 & -1 & & \\ & \ddots & \ddots & \ddots & \\ & & -1 & 2+r_nh^2 & -1 \\ & & & -2 & 2+r_{n+1}h^2 \end{bmatrix}\begin{bmatrix} U_1 \\ U_2 \\ \vdots \\ U_n \\ U_{n+1} \end{bmatrix}$$

$$= \begin{bmatrix} g_1 + \frac{\alpha}{h^2} \\ g_2 \\ \vdots \\ g_n \\ g_{n+1} + \frac{2\beta}{h} \end{bmatrix} \tag{7.15}$$

となる。$r(x) \geq 0$ ならば係数行列は再び既約優対角 L 行列で正則である。

なお, **Neumann** 条件 $u'(b) = \beta$ の近似法としては, 上記仮想分点法の他に, **Pearson** (1968) による近似公式

$$\frac{1}{h}\left(\frac{1}{2}U_{n-1} - 2U_n + \frac{3}{2}U_{n+1}\right) = \beta$$

もある。両者の数値的比較については藤田 5) を参照されたい。

さて，このようにして得られた有限差分解 $\{U_i\}$ は真値 $\{u_i\}$ をどの程度精密に近似するであろうか．また，f が非線形ならば対応する離散化方程式が解をもつか否かは自明ではない．したがって，必ずしも一様でない分点を用いる差分法において，有限差分方程式の解の存在と一意性，得られる数値解の精度等についてなんらかの数学的保証を与えることは重要なことである．

本章では境界値問題 (6.1)〜(6.6) に対する新しい有限差分理論を述べる．

7.3 等分点を用いる有限差分法

読者の理解を容易にするために，この節では境界条件を Dirichlet 条件に限定し，$f = f(x, u)$, $f_u \geq 0$ の場合を取り扱う．すなわち

$$-\frac{d}{dx}\left(p(x)\frac{du}{dx}\right) + f(x, u) = 0 \quad (a \leq x \leq b) \tag{7.16}$$

$$u(a) = \alpha, \quad u(b) = \beta \tag{7.17}$$

$$f_u \geq 0$$

このとき，系 **6.1.1** によって (7.16), (7.17) は一意解 $u \in C^2[a, b]$ をもつ．この問題を等分点を用いる古典的差分法を用いて解くため，分点を

$$x_i = a + ih \quad \left(i = 0, 1, 2, \cdots, n+1, \quad h = \frac{b-a}{n+1}\right)$$

$$x_{i+\frac{1}{2}} = x_i + \frac{h}{2}, \quad p_{i+\frac{1}{2}} = p(x_{i+\frac{1}{2}})$$

等とおく．つぎに (7.16) を

$$-pu'' - p'u' + f(x, u) = 0$$

と書き直し，u'', u' を中心差分近似すれば

$$-p_i\frac{U_{i+1} - 2U_i + U_{i-1}}{h^2} - p_i'\frac{U_{i+1} - U_{i-1}}{2h} + f(x_i, U_i) = 0$$

$$(1 \leq i \leq n)$$

$$U_0 = \alpha, \quad U_{n+1} = \beta$$

となる．ただし，$p_i = p(x_i)$, $p_i' = p(x_i)$ と置いている．これを行列・ベクトル表示すれば

7.3 等分点を用いる有限差分法

$$\frac{1}{h^2}\begin{bmatrix} 2p_1 & -\left(p_1+\frac{p_1'}{2}h\right) & & \\ -\left(p_2-\frac{p_2'}{2}h\right) & 2p_2 & -\left(p_2+\frac{p_2'}{2}h\right) & \\ \ddots & \ddots & \ddots & \\ & & -\left(p_n-\frac{p_n'}{2}h\right) & 2p_n \end{bmatrix}\begin{bmatrix} U_1 \\ U_2 \\ \vdots \\ U_n \end{bmatrix}$$

$$+\begin{bmatrix} f(x_1,U_1) \\ \vdots \\ f(x_n,U_n) \end{bmatrix} = \frac{1}{h^2}\begin{bmatrix} \left(p_1-\frac{p_1'}{2}h\right)\alpha \\ 0 \\ \vdots \\ \left(p_n+\frac{p_n'}{2}h\right)\beta \end{bmatrix} \qquad (7.18)$$

上式における係数行列は $p_i'=0\ \forall i$ の場合以外は一般に非対称である.対称性を保つ差分近似として

$$\frac{1}{h^2}\left\{p\left(x+\frac{h}{2}\right)(u(x+h)-u(x))-p\left(x-\frac{h}{2}\right)(u(x)-u(x-h))\right\}$$
$$=p(x)u''(x)+p'(x)u'(x)+O(h^2) \qquad (7.19)$$

が知られている.実際 (7.19) を $x=x_i$ に適用すれば

$$\frac{1}{h^2}\begin{bmatrix} p_{\frac{1}{2}}+p_{\frac{3}{2}} & -p_{\frac{3}{2}} & & & \\ -p_{\frac{3}{2}} & p_{\frac{3}{2}}+p_{\frac{5}{2}} & -p_{\frac{5}{2}} & & \\ & \ddots & \ddots & \ddots & \\ & & & & -p_{n-\frac{1}{2}} \\ & & & -p_{n-\frac{1}{2}} & p_{n-\frac{1}{2}}+p_{n+\frac{1}{2}} \end{bmatrix}\begin{bmatrix} U_1 \\ U_2 \\ \vdots \\ U_{n-1} \\ U_n \end{bmatrix}$$

$$+\begin{bmatrix} f(x_1,U_1) \\ \vdots \\ f(x_n,U_n) \end{bmatrix} = \frac{1}{h^2}\begin{bmatrix} p_{\frac{1}{2}}\alpha \\ 0 \\ \vdots \\ 0 \\ p_{n+\frac{1}{2}}\beta \end{bmatrix} \qquad (7.20)$$

となって係数行列は対称な既約優対角 L 行列である.f が非線形の場合 (7.20) は $U_1,\cdots,U_n$ に関する n 元連立非線形方程式であり,Newton 法その他を用

いて解くことになる。なお, (7.20) が一意解をもつことは Ortega-Rheinboldt 27) に示されているが, さらに一般な $f = f(x, u, v)$ に対する一意存在定理を 7.5 節において与える。

定義 7.1 (離散化誤差または打切り誤差)　(7.20) を

$$\frac{1}{h^2}AU + f(x, U) = b \tag{7.21}$$

$$\left(U = \begin{bmatrix} U_1 \\ \vdots \\ U_n \end{bmatrix}, \quad f(x, U) = \begin{bmatrix} f(x_1, U_1) \\ \vdots \\ f(x_n, U_n) \end{bmatrix}, \quad x = (x_1, \cdots, x_n) \right)$$

と書くとき

$$\tau = \frac{1}{h^2}Au + f(x, u) - b = \begin{bmatrix} \tau_1 \\ \vdots \\ \tau_n \end{bmatrix} \tag{7.22}$$

を差分近似 (7.20) の **離散化誤差** (または**打切り誤差** (truncation error)) という。ただし, $u_i = u(x_i)$, $u = (u_1, \cdots, u_n)^t$ である。

$u = u(x)$ は (7.16) を満たすから

$$f(x_i, u_i) = \frac{d}{dx}\left(p(x)\frac{du}{dx}\right)_{x=x_i}$$

であり, (7.20) と (7.22) から次式を得る。

$$\tau = \frac{1}{h^2}Au - b - \begin{bmatrix} -\frac{d}{dx}\left(p(x)\frac{du}{dx}\right)_{x=x_1} \\ \vdots \\ -\frac{d}{dx}\left(p(x)\frac{du}{dx}\right)_{x=x_n} \end{bmatrix} = \begin{bmatrix} O(h^2) \\ \vdots \\ O(h^2) \end{bmatrix} = O(h^2)$$

(7.21) と (7.22) から

$$\tau = \frac{1}{h^2}A(u - U) + \begin{bmatrix} f(x_1, u_1) - f(x_1, U_1) \\ \vdots \\ f(x_n, u_n) - f(x_n, U_n) \end{bmatrix} \tag{7.23}$$

ここで

7.3 等分点を用いる有限差分法

$$d_i = \int_0^1 \frac{\partial f}{\partial u}(x_i, \theta(u_i - U_i))d\theta \quad (i=1,2,\cdots,n)$$

$$D = \begin{bmatrix} d_1 & & \\ & \ddots & \\ & & d_n \end{bmatrix}$$

と置けば $d_i \geq 0\ \forall i$ かつ

$$f(x_i, u_i) - f(x_i, U_i) = d_i(u_i - U_i)$$

より

$$\left(\frac{1}{h^2}A + D\right)(\boldsymbol{u} - \boldsymbol{U}) = \boldsymbol{\tau} \tag{7.24}$$

となる。A は既約優対角 L 行列であるから M 行列 (山本 7) 参照) であり，A は正則かつ A^{-1} の要素はすべて正である。さらに D も非負対角行列 (要素がすべて非負な対角行列) であるから $\frac{1}{h^2}A + D$ も M 行列で

$$O < \left(\frac{1}{h^2}A + D\right)^{-1} \leq \left(\frac{1}{h^2}A\right)^{-1} = h^2 A^{-1} \tag{7.25}$$

ただし，行列 $B = (b_{ij})$ と $C = (c_{ij})$ に対して $b_{ij} \geq c_{ij}\ \forall i,j$ のとき $B \geq C$ と書く。また $b_{ij} > 0\ \forall i,j$ のとき $B > O$ と書く。またベクトル $\boldsymbol{v} = (v_1, \cdots, v_n)^t$ に対し $|\boldsymbol{v}| = (|v_1|, \cdots, |v_n|)^t$ と書くことにすれば，(7.24) と (7.25) より

$$|\boldsymbol{u} - \boldsymbol{U}| = \left|\left(\frac{1}{h^2}A + D\right)^{-1}\boldsymbol{\tau}\right| \leq h^2 A^{-1}|\boldsymbol{\tau}| \tag{7.26}$$

つぎに A^{-1} を評価しよう。いま境界値問題

$$-\frac{d}{dx}\left(p(x)\frac{du}{dx}\right) = 1, \quad u(a) = u(b) = 0$$

の解を $\phi(x)$ とすれば補題 **6.2** によって

$$\phi(x) = \int_a^b G(x, \xi)d\xi$$

$$G(x, \xi) = \begin{cases} \dfrac{1}{\Delta_0}\displaystyle\int_a^x \dfrac{dt}{p(t)}\int_\xi^b \dfrac{dt}{p(t)} & (x \leq \xi) \\[2mm] \dfrac{1}{\Delta_0}\displaystyle\int_a^\xi \dfrac{dt}{p(t)}\int_x^b \dfrac{dt}{p(t)} & (x \geq \xi) \end{cases}$$

$$\varDelta_0 = \int_a^b \frac{dt}{p(t)}$$

と書けて, $p \in C^1[a,b]$, $\phi \in C^2[a,b]$ である。したがって, p と ϕ を x を中心として Taylor 展開すれば

$$\frac{1}{h^2}\left\{p\left(x+\frac{h}{2}\right)(\phi(x+h)-\phi(x))-p\left(x-\frac{h}{2}\right)(\phi(x)-\phi(x-h))\right\}$$
$$= \frac{1}{h^2}\left\{\left(p(x)+\frac{h}{2}p'(x)+O(h)\right)\left(h\phi'(x)+\frac{h^2}{2}\phi''(x)+O(h^2)\right)\right.$$
$$\left.-\left(p(x)-\frac{h}{2}p'(x)+O(h)\right)\left(h\phi'(x)-\frac{h^2}{2}\phi''(x)+O(h^2)\right)\right\}$$
$$= p(x)\phi''(x)+p'(x)\phi'(x)+o(1)$$

よって, $\boldsymbol{\phi}=(\phi(x_1),\cdots,\phi(x_n))^t$, $\boldsymbol{e}=(1,\cdots,1)^t$ と置けば, $h\to 0$ のとき

$$\boldsymbol{\sigma} = \frac{1}{h^2}A\boldsymbol{\phi}-\boldsymbol{e} = \frac{1}{h^2}A\boldsymbol{\phi} - \begin{bmatrix} -(p_1\phi_1''+p_1'\phi_1') \\ \vdots \\ -(p_n\phi_n''+p_n'\phi_n') \end{bmatrix} \to \boldsymbol{0}$$

よって, h を十分小さくとれば

$$\frac{1}{h^2}A\boldsymbol{\phi} \geq \frac{1}{2}\boldsymbol{e}$$

両辺に $h^2 A^{-1}(>O)$ を左から掛けて

$$\boldsymbol{\phi} \geq \frac{h^2}{2}A^{-1}\boldsymbol{e} \tag{7.27}$$

よって (7.26) と併せて

$$|\boldsymbol{u}-\boldsymbol{U}| \leq h^2 A^{-1}|\boldsymbol{\tau}| \leq \|\boldsymbol{\tau}\|_\infty (h^2 A^{-1}\boldsymbol{e}) \leq 2\|\boldsymbol{\tau}\|_\infty \boldsymbol{\phi}$$
$$= O(h^2)\boldsymbol{\phi} \qquad (\because \ \boldsymbol{\tau}=\boldsymbol{O}(h^2))$$

これは

$$|u_i-U_i| \leq O(h^2) \ \ \forall i \tag{7.28}$$

を意味する。すなわち h と i に無関係な定数 $C>0$ が存在して

$$|u_i-U_i| \leq Ch^2 \ \ \forall i \tag{7.29}$$

同じ論法により差分近似 (7.18) に対しても (7.29) を得る。

7.4 任意分点を用いる有限差分法

前節で述べた差分法をさらに一般な境界値問題 (6.1)〜(6.6) に適用しよう。ただし,関数 p, f は定理 **6.1** の仮定を満たすものとする。したがって,このとき境界値問題は一意解 $u \in C^2[a,b]$ をもつ。

なるべく一般な議論を展開するために,分点は必ずしも等間隔でなくてもよく

$$a = x_0 < x_1 < \cdots < x_n < x_{n+1} = b$$
$$h_i = x_i - x_{i-1}, \quad i = 1, 2, \cdots, n+1, \quad h = \max_i h_i$$
$$x_{i+\frac{1}{2}} = \frac{1}{2}(x_i + x_{i+1}) = x_i + \frac{1}{2}h_{i+1}$$

と置く。ただし,境界条件に関しては一般性を失うことなく $\alpha_0 \alpha_1 \beta_0 \beta_1 \neq 0$ としよう (その他の場合も議論は同様である)。このとき (7.19) の一般化として, $p \in C^{2,1}[a,b]$, $u \in C^{3,1}[a,b]$ のとき

$$\frac{p_{i+\frac{1}{2}}\dfrac{u_{i+1}-u_i}{h_{i+1}} - p_{i-\frac{1}{2}}\dfrac{u_i-u_{i-1}}{h_i}}{\dfrac{h_{i+1}+h_i}{2}}$$
$$= p_i u_i'' + p_i' u_i' + \frac{1}{12}(h_{i+1}-h_i)(3p_i'' u_i' + 6p_i' u_i'' + 4p_i u_i''') + O(h^2)$$
$$= \frac{d}{dx}\left(p(x)\frac{du}{dx}\right)_{x=x_i} + O(h_{i+1}-h_i) + O(h^2) \qquad (7.30)$$

が成り立つ。ただし $u_i = u(x_i)$ である。また (7.7) によって

$$\frac{u_{i+1}-u_{i-1}}{h_{i+1}+h_i} = u_i' + O(h_{i+1}-h_i) + O(h^2) \qquad (7.31)$$

であるから, (7.30), (7.31) を用いて (6.1)〜(6.3) を近似するとき,離散化誤差 τ は $h_i = h \ \forall i$ となる場合を除いて $\|\tau\|_\infty = O(h)$ である。しかし,不思議なことに, f が十分滑らかならば,この場合でも (7.28) が成り立つのである。ただし,われわれは直接この証明を試みることをやめて,その代わりに解析の容易な新しい差分近似を導入し,離散化方程式 (有限差分方程式) の解の一意存在性と数値解の 2 次精度性を示そう。公式 (7.30), (7.31) による差分解の 2 次精

度性はその系として得られる。

さて
$$\mathcal{L}u = -\frac{d}{dx}\left(p(x)\frac{du}{dx}\right), \quad \mathcal{D} = \{u \in C^2[a,b] \mid B_1(u) = B_2(u) = 0\}$$
と置き, $(\mathcal{L}, \mathcal{D})$ に対する Green 関数を $G(x, \xi)$ で表す。

補題 7.1

$$a_i = \begin{cases} \dfrac{\alpha_0}{\alpha_1} p(a) & (i = 0) \\ \dfrac{1}{\displaystyle\int_{x_{i-1}}^{x_i} \dfrac{dt}{p(t)}} & (1 \leq i \leq n+1) \\ \dfrac{\beta_0}{\beta_1} p(b) & (i = n+2) \end{cases} \quad (7.32)$$

とし, 対称な $n+2$ 次 3 重対角行列 A を次で定義する。

$$A = \begin{bmatrix} a_0 + a_1 & -a_1 & & & \\ -a_1 & a_1 + a_2 & -a_2 & & \\ & \ddots & \ddots & \ddots & \\ & & -a_n & a_n + a_{n+1} & -a_{n+1} \\ & & & -a_{n+1} & a_{n+1} + a_{n+2} \end{bmatrix} \quad (7.33)$$

このとき A は正則で $A^{-1} = (G(x_i, x_j))$ $(0 \leq i, j \leq n+1)$ である。

証明 $n+2$ 次行列 A は既約優対角な L 行列であるから A は正則である (山本 7))。さらに

$$z_i = \sum_{j=0}^{i} \frac{1}{a_j} \quad (7.34)$$

とおくとき A^{-1} の第 (i, j) 要素 α_{ij} は

$$\alpha_{ij} = \begin{cases} \dfrac{1}{z_{n+2}} z_i (z_{n+2} - z_j) & (i \leq j) \\ \dfrac{1}{z_{n+2}} z_j (z_{n+2} - z_i) & (i \geq j) \end{cases} \quad (7.35)$$

で与えられる (山本 33) 参照。あるいは上記要素を用いて直接計算により $AA^{-1} = I$ を確かめることもできる)。

7.4 任意分点を用いる有限差分法

(7.32) と (7.34) より

$$z_i = \begin{cases} \dfrac{\alpha_1}{\alpha_0 p(a)} & (i = 0) \\ \dfrac{\alpha_1}{\alpha_0 p(a)} + \displaystyle\int_a^{x_i} \dfrac{dt}{p(t)} & (1 \leq i \leq n+1) \\ \dfrac{\alpha_1}{\alpha_0 p(a)} + \dfrac{\beta_1}{\beta_0 p(b)} + \displaystyle\int_a^b \dfrac{dt}{p(t)} & (i = n+2) \end{cases} \quad (7.36)$$

$$z_{n+2} - z_j = \sum_{k=j+1}^{n+2} \frac{1}{a_k} = \frac{\beta_1}{\beta_0 p(b)} + \int_{x_j}^b \frac{dt}{p(t)} \tag{7.37}$$

$(7.35) \sim (7.37)$ と補題 **6.2** によって

$$\alpha_{ij} = G(x_i, x_j) \quad (0 \leq i, j \leq n+1)$$

を得る。 ♠

ところで, $(6.1) \sim (6.3)$ の解 $u = u(x)$ は積分方程式

$$u(x) + \int_a^b G(x, \xi) f(\xi, u(\xi), u'(\xi)) d\xi = 0 \tag{7.38}$$

を満たす。積分区間 $[a, b]$ を小区間 $[a, x_1], [x_1, x_2], \cdots, [x_n, b]$ に分けて各小区間に台形則を適用すれば

$$\int_{x_j}^{x_{j+1}} G(x, \xi) f(\xi, u(\xi), u'(\xi)) d\xi$$
$$\doteqdot \frac{h_{j+1}}{2} \left[G(x, x_j) f(x_j, u_j, u'_j) + G(x, x_{j+1}) f(x_{j+1}, u_{j+1}, u'_{j+1}) \right]$$

ただし $\doteqdot$ は近似式を表す記号である。

よって

$$w_j = \begin{cases} \dfrac{1}{2} h_1 & (j = 0) \\ \dfrac{1}{2}(h_j + h_{j+1}) & (1 \leq j \leq n) \\ \dfrac{1}{2} h_{n+1} & (j = n+1) \end{cases}$$

$$f_j = f(x_j, u_j, u'_j)$$

と置けば (7.38) より

$$u_i + \sum_{j=0}^{n+1} G(x_i, x_j) f_j w_j \doteqdot 0 \quad (0 \leq i \leq n+1)$$

162   7. 有限差分法

以上の考察に基づいて (6.1)〜(6.3) をつぎのように離散化する。
$$HA\boldsymbol{U} + \tilde{\boldsymbol{f}}(\boldsymbol{U}) = \boldsymbol{0} \tag{7.39}$$
ここに A は (7.33) により定義される行列であり, $H, \boldsymbol{U}, \tilde{\boldsymbol{f}}$ はつぎにより定義される。

$$H = \begin{bmatrix} w_0^{-1} & & & \\ & w_1^{-1} & & \\ & & \ddots & \\ & & & w_{n+1}^{-1} \end{bmatrix}, \quad \boldsymbol{U} = \begin{bmatrix} U_0 \\ U_1 \\ \vdots \\ U_{n+1} \end{bmatrix}$$

$$\boldsymbol{f}(\boldsymbol{U}) = \begin{bmatrix} f\left(x_0, U_0, \frac{\alpha_0 U_0 - \alpha}{\alpha_1}\right) \\ f\left(x_1, U_1, \frac{U_2 - U_0}{h_2 + h_1}\right) \\ \vdots \\ f\left(x_n, U_n, \frac{U_{n+1} - U_{n-1}}{h_{n+1} + h_n}\right) \\ f\left(x_{n+1}, U_{n+1}, \frac{\beta - \beta_0 U_{n+1}}{\beta_1}\right) \end{bmatrix}$$

$$\tilde{\boldsymbol{f}}(\boldsymbol{U}) = \boldsymbol{f}(\boldsymbol{U}) - \begin{bmatrix} \frac{2}{h_1}\frac{\alpha}{\alpha_1}p_0 \\ 0 \\ \vdots \\ 0 \\ \frac{2}{h_{n+1}}\frac{\beta}{\beta_1}p_{n+1} \end{bmatrix}$$

次節において, (7.39) は h が十分小さいとき一意解をもつことを示す。

7.5 有限差分方程式の解の存在と一意性

方程式 (7.39) における $\tilde{\boldsymbol{f}}(\boldsymbol{U})$ を $\boldsymbol{U} = \boldsymbol{0}$ で Taylor 展開すれば
$$\tilde{\boldsymbol{f}}(\boldsymbol{U}) = \tilde{\boldsymbol{f}}(\boldsymbol{0}) + \left(\int_0^1 \tilde{\boldsymbol{f}}'(\theta \boldsymbol{U}) d\theta\right) \boldsymbol{U}$$
ただし, $\tilde{\boldsymbol{f}}'$ は $\tilde{\boldsymbol{f}}$ の Jacobi (ヤコビ) 行列である。いま

7.5 有限差分方程式の解の存在と一意性

$$d_i = \begin{cases} \int_0^1 f_u\left(x_0, \theta U_0, \dfrac{-\alpha + \theta\alpha_0 U_0}{\alpha_1}\right) d\theta & (i=0) \\ \int_0^1 f_u\left(x_i, \theta U_i, \theta\dfrac{U_{i+1} - U_{i-1}}{h_{i+1} + h_i}\right) d\theta & (1 \le i \le n) \\ \int_0^1 f_u\left(x_i, \theta U_i, \dfrac{\beta - \theta\beta_0 U_{n+1}}{\beta_1}\right) d\theta & (i = n+1) \end{cases}$$

$$\sigma_i = \begin{cases} \dfrac{\alpha_0}{\alpha_1} w_0 \int_0^1 f_{u'}\left(x_0, \theta U_0, \dfrac{-\alpha + \theta\alpha_0 U_0}{\alpha_1}\right) d\theta & (i = 0) \\ \dfrac{1}{2}\int_0^1 f_{u'}\left(x_i, \theta U_i, \theta\dfrac{U_{i+1} - U_{i-1}}{h_{i+1} + h_i}\right) d\theta & (1 \le i \le n) \\ -\dfrac{\beta_0}{\beta_1} w_{n+1} \int_0^1 f_{u'}\left(x_{n+1}, \theta U_{n+1}, \dfrac{\beta - \theta\beta_0 U_{n+1}}{\beta_1}\right) d\theta & (i = n+1) \end{cases}$$

$$D = \begin{bmatrix} d_0 & & & \\ & d_1 & & \\ & & \ddots & \\ & & & d_{n+1} \end{bmatrix}, \quad E = \begin{bmatrix} \sigma_0 & 0 & & & \\ -\sigma_1 & 0 & \sigma_1 & & \\ & \ddots & \ddots & \ddots & \\ & & -\sigma_n & 0 & \sigma_n \\ & & & 0 & \sigma_{n+1} \end{bmatrix}$$

とおき, (7.39) を

$$H(A + E + H^{-1}D)\boldsymbol{U} = -\tilde{\boldsymbol{f}}(\boldsymbol{0})$$

と書く。ただし

$$\tilde{\boldsymbol{f}}(\boldsymbol{0}) = \begin{bmatrix} f\left(x_0, 0, -\dfrac{\alpha}{\alpha_1}\right) - \dfrac{2}{h_1}\dfrac{\alpha}{\alpha_1} p_0 \\ f(x_1, 0, 0) \\ \vdots \\ f(x_n, 0, 0) \\ f\left(x_{n+1}, 0, \dfrac{\beta}{\beta_1}\right) - \dfrac{2}{h_{n+1}}\dfrac{\beta}{\beta_1} p_{n+1} \end{bmatrix}$$

である。ここで $Z = A + E + H^{-1}D$ は既約優対角 L 行列であるから正則である。したがって、与えられた $\boldsymbol{U} \in \boldsymbol{R}^{n+2}$ に対して、$\boldsymbol{W}$ に関する $n+2$ 元連立1次方程式

$$HZ\boldsymbol{W} = -\tilde{\boldsymbol{f}}(\boldsymbol{0}) \tag{7.40}$$

はただ一つの解 $\boldsymbol{W} = -Z^{-1}H^{-1}\tilde{\boldsymbol{f}}(\boldsymbol{0})$ をもつ。ここで $\|\boldsymbol{W}\|_\infty$ を評価するために対角行列

$$Q = \begin{bmatrix} 1 & & & \\ & \rho_1 & & \\ & & \ddots & \\ & & & \rho_{n+1} \end{bmatrix} \quad (\rho_i > 0,\ 1 \leq i \leq n+1)$$

を $B = Q(A+E) = (b_{ij})$ が対称行列となるように定める。B は3重対角行列で

$$\hat{a}_0 = a_0 + \sigma_0, \quad \hat{a}_{n+2} = a_{n+2} + \sigma_{n+1}$$

と置くとき

$$B = \begin{bmatrix} \hat{a}_0 + a_1 & -a_1 & & & \\ -\rho_1(a_1+\sigma_1) & \rho_1(a_1+a_2) & -\rho_1(a_2-\sigma_1) & & \\ \ddots & \ddots & \ddots & & \\ & -\rho_n(a_n+\sigma_n) & \rho_n(a_n+a_{n+1}) & -\rho_n(a_{n+1}-\sigma_n) \\ & & -\rho_{n+1}a_{n+1} & \rho_{n+1}(a_{n+1}+\hat{a}_{n+2}) \end{bmatrix}$$

と表される。仮定 $|f_{u'}| \leq M$ より $|\sigma_i| \leq \dfrac{M}{2}$ $(1 \leq i \leq n)$、かつ $\sigma_0 = O(h_1)$, $\sigma_{n+1} = O(h_{n+1})$ であることに注意する。

補題 7.2

h を十分小さく選んで

$$M \int_{x_{i-1}}^{x_i} \frac{dt}{p(t)} \leq 1 \quad (1 \leq i \leq n+1)$$

とすれば

$$e^{-\frac{3}{2}M \int_a^{x_i} \frac{dt}{p(t)}} \leq \rho_i \leq e^{\frac{3}{2}M \int_a^{x_i} \frac{dt}{p(t)}} \quad (1 \leq i \leq n+1)$$

<u>証明</u>　B は対称であるから

7.5 有限差分方程式の解の存在と一意性　165

$$\rho_1 = \frac{a_1}{a_1 + \sigma_1}, \quad \rho_i = \frac{a_i - \sigma_{i-1}}{a_i + \sigma_i}\rho_{i-1} \ (2 \leq i \leq n), \quad \rho_{n+1} = \frac{a_{n+1} - \sigma_n}{a_{n+1}}\rho_n$$

であるが,仮定 $M \int_{x_{i-1}}^{x_i} \frac{dt}{p(t)} \leq 1 \ \forall i$ より $\rho_i > 0 \ (1 \leq i \leq n+1)$ である。ここで $0 \leq \theta \leq \frac{1}{2}$ のとき

$$1 - \theta \geq \frac{1}{1 + 2\theta} \geq e^{-2\theta} \ \text{かつ} \ e^{2\theta} \geq \frac{1}{1 - \theta} \geq e^{\theta}$$

であるから

$$0 < \rho_1 \leq \frac{1}{1 - \frac{M}{2a_1}} \leq e^{\frac{M}{a_1}} < e^{\frac{3M}{2a_1}}$$

また i に関する帰納法によって

$$0 < \rho_i \leq \frac{1 + \frac{M}{2a_i}}{1 - \frac{M}{2a_i}}\rho_{i-1} < e^{\frac{M}{2a_i}} \cdot e^{\frac{M}{a_i}} e^{\frac{3M}{2}\int_a^{x_{i-1}} \frac{dt}{p(t)}} = e^{\frac{3M}{2}\int_a^{x_i} \frac{dt}{p(t)}} \quad (2 \leq i \leq n)$$

さらに $|\sigma_n| \leq \frac{M}{2}$ に注意して

$$0 < \rho_{n+1} = \left(1 - \frac{\sigma_n}{a_{n+1}}\right)\rho_n \leq \left(1 + \frac{M}{2a_{n+1}}\right)\rho_n$$
$$< e^{\frac{M}{2a_{n+1}}} \cdot e^{\frac{3M}{2}\int_a^{x_n} \frac{dt}{p(t)}} < e^{\frac{3M}{2}\int_a^{x_{n+1}} \frac{dt}{p(t)}}$$

同様に

$$\rho_1 \geq \frac{1}{1 + \frac{M}{2a_1}} \geq e^{-\frac{M}{2a_1}} > e^{-\frac{3M}{2}\int_a^{x_1} \frac{dt}{p(t)}}$$

$$\rho_i \geq \frac{1 - \frac{M}{2a_i}}{1 + \frac{M}{2a_i}}\rho_{i-1} > \frac{e^{-\frac{M}{a_i}}}{e^{\frac{M}{2a_i}}}e^{-\frac{3}{2}M\int_a^{x_{i-1}} \frac{dt}{p(t)}} = e^{-\frac{3M}{2}\int_a^{x_i} \frac{dt}{p(t)}} \quad (2 \leq i \leq n)$$

$$\rho_{n+1} \geq \left(1 - \frac{M}{2a_{n+1}}\right)\rho_n > e^{-\frac{M}{a_{n+1}}}e^{-\frac{3M}{2}\int_a^{x_n} \frac{dt}{p(t)}} > e^{-\frac{3M}{2}\int_a^{x_{n+1}} \frac{dt}{p(t)}}$$

が成り立つ。 ♠

補題 7.3

h が十分小さいとき

$$B^{-1} \leq e^{7M \int_a^b \frac{dt}{p(t)}} A^{-1} \tag{7.41}$$

166   7. 有限差分法

証明　$B^{-1} = (\beta_{ij})$ と置けば補題 **7.1** の証明と同様にして

$$\beta_{ij} = \begin{cases} \dfrac{1}{z_{n+2}} z_i (z_{n+2} - z_j) & (i \leq j) \\ \dfrac{1}{z_{n+2}} z_j (z_{n+2} - z_i) & (i \geq j) \end{cases}$$

を得る。ただし

$$z_i = \begin{cases} \dfrac{1}{\hat{a}_0} & (i = 0) \\ z_{i-1} + \dfrac{1}{\rho_i(a_i + \sigma_i)} & (1 \leq i \leq n) \\ z_{i-1} + \dfrac{1}{\rho_{n+1} a_{n+1}} & (i = n+1) \\ z_{n+1} + \dfrac{1}{\rho_{n+1} \hat{a}_{n+2}} & (i = n+2) \end{cases}$$

以下前補題と同様な議論を繰り返して，数学的帰納法により

$$M h_1 \leq p(a) \quad \text{かつ} \quad h_1 \leq \frac{5}{2} p(a) \int_a^b \frac{dt}{p(t)}$$

のとき

$$z_i \leq \left(\frac{1}{a_0} + \cdots + \frac{1}{a_i} \right) e^{\frac{5M}{2} \int_a^b \frac{dt}{p(t)}} \quad (0 \leq i \leq n+1)$$

を得る。例えば

$$z_0 = \frac{1}{\hat{a}_0} = \frac{1}{a_0 + \sigma_0} \leq \frac{1}{a_0 \left(1 - \frac{M h_1}{2 p(a)}\right)} \leq \frac{1}{a_0} e^{\frac{M h_1}{p(a)}} \leq \frac{1}{a_0} e^{\frac{5M}{2} \int_a^b \frac{dt}{p(t)}}$$

$$z_1 = z_0 + \frac{1}{a_1} < \left(\frac{1}{a_0} + \frac{1}{a_1} \right) e^{\frac{5M}{2} \int_a^b \frac{dt}{p(t)}} \quad (\because \quad \rho_1(a_1 + \sigma_1) = a_1)$$

等々。

一方

$$z_{n+2} - z_j = \begin{cases} \displaystyle\sum_{k=j+1}^n \dfrac{1}{\rho_k(a_k + \sigma_k)} + \dfrac{1}{\rho_{n+1} a_{n+1}} + \dfrac{1}{\rho_{n+1} \hat{a}_{n+2}} \\ \hspace{5cm} (0 \leq j \leq n-1) \\ \dfrac{1}{\rho_{n+1} a_{n+1}} + \dfrac{1}{\rho_{n+1} \hat{a}_{n+2}} \quad (j = n) \\ \dfrac{1}{\rho_{n+1} \hat{a}_{n+2}} \quad (j = n+1) \end{cases}$$

であるから, $0 \leq j \leq n-1$ のとき仮定

$$M h_{n+1} \leq p(b) \quad \text{かつ} \quad h_{n+1} \leq p(b) \int_a^b \frac{dt}{p(t)}$$

の下で

$$z_{n+2} - z_j \leq \sum_{k=j+1}^n \frac{1}{a_k} e^{\frac{3M}{2} \int_a^{x_k} \frac{dt}{p(t)}} \cdot e^{M \int_{x_{k-1}}^{x_k} \frac{dt}{p(t)}}$$

7.5 有限差分方程式の解の存在と一意性

$$+ \frac{1}{a_{n+1}} e^{\frac{3M}{2} \int_a^{x_{n+1}} \frac{dt}{p(t)}} + \frac{1}{a_{n+2}} e^{\frac{3M}{2} \int_a^{x_{n+1}} \frac{dt}{p(t)}} \cdot e^{M \int_a^{x_{n+1}} \frac{dt}{p(t)}}$$

$$< \left(\sum_{k=j+1}^{n+2} \frac{1}{a_k} \right) e^{\frac{5M}{2} \int_a^b \frac{dt}{p(t)}}$$

また

$$z_{n+2} - z_n = \frac{1}{\rho_{n+1} a_{n+1}} + \frac{1}{\rho_{n+1} \hat{a}_{n+2}} < \left(\frac{1}{a_{n+1}} + \frac{1}{a_{n+2}} \right) e^{\frac{5M}{2} \int_a^b \frac{dt}{p(t)}}$$

$$z_{n+2} - z_{n+1} = \frac{1}{\rho_{n+1} \hat{a}_{n+2}} < \frac{1}{a_{n+2}} e^{\frac{5M}{2} \int_a^b \frac{dt}{p(t)}}$$

さらに

$$\frac{1}{\rho_i(a_i + \sigma_i)} \geq \frac{1}{a_i} e^{-\frac{3M}{2} \int_a^{x_i} \frac{dt}{p(t)}} \cdot e^{-\frac{M}{2} \int_{x_{i-1}}^{x_i} \frac{dt}{p(t)}}$$

$$\geq \frac{1}{a_i} e^{-2M \int_a^{x_i} \frac{dt}{p(t)}} \qquad (1 \leq i \leq n)$$

などにより

$$z_{n+2} > \left(\frac{1}{a_0} + \cdots + \frac{1}{a_{n+2}} \right) e^{-2M \int_a^b \frac{dt}{p(t)}}$$

よって

$$\beta_{ij} \leq \frac{\left(\sum_{k=0}^{i} \frac{1}{a_k} \right) e^{\frac{5M}{2} \int_a^b \frac{dt}{p(t)}} \left(\sum_{k=j+1}^{n+2} \frac{1}{a_k} \right) e^{\frac{5M}{2} \int_a^b \frac{dt}{p(t)}}}{\left(\sum_{k=0}^{n+2} a_k \right) e^{-2M \int_a^b \frac{dt}{p(t)}}}$$

$$= \alpha_{ij} e^{7M \int_a^b \frac{dt}{p(t)}} = G(x_i, x_j) e^{7M \int_a^b \frac{dt}{p(t)}}$$

を得る。 ♠

以上の結果を用いて, つぎの定理を証明しよう。

定理 7.1

$p \in C^1[a,b]$, $f(x,u,v)$ は $\mathcal{R} = [a,b] \times \boldsymbol{R} \times \boldsymbol{R}$ で連続かつ連続な偏導関数 f_u, f_v をもち

$$f_u \geq 0, \qquad |f_v| \leq M \quad (M \text{ は定数})$$

とする。h が十分小ならば (7.39) は一意解をもつ。

証明 (i)(一意性) 仮に $\boldsymbol{U} = (U_0, U_1, \cdots, U_{n+1})^t$ と $\boldsymbol{V} = (V_0, V_1, \cdots, V_{n+1})^t$ を (7.39) の二つの解として $\boldsymbol{W} = \boldsymbol{U} - \boldsymbol{V}$ と置けば

$$HA\boldsymbol{W} + \tilde{\boldsymbol{f}}(\boldsymbol{U}) - \tilde{\boldsymbol{f}}(\boldsymbol{V}) = \boldsymbol{0} \tag{7.42}$$

ここで

$$J = \int_0^1 \tilde{\boldsymbol{f}}'(\boldsymbol{V} + \theta(\boldsymbol{U} - \boldsymbol{V}))d\theta$$
$$= \int_0^1 \boldsymbol{f}'(\boldsymbol{V} + \theta(\boldsymbol{U} - \boldsymbol{V}))d\theta$$

と置けば, (7.42) は

$$(HA + J)\boldsymbol{W} = \boldsymbol{0}$$

と書ける。係数行列 $HA + J$ は既約優対角 L 行列, したがって正則であるから上式は $\boldsymbol{W} = \boldsymbol{0}$ を意味する。

(ii)(存在性) 与えられた $\boldsymbol{U} \in \boldsymbol{R}^{n+2}$ に対し, 連立 1 次方程式 (7.40) を考えると, M 行列の性質によって

$$O < Z^{-1} \leq (A+E)^{-1} = (Q^{-1}B)^{-1} = B^{-1}Q$$

したがって

$$|\boldsymbol{W}| = (|W_0|, |W_1|, \cdots, |W_{n+1}|)^t$$
$$= |-Z^{-1}H^{-1}\tilde{\boldsymbol{f}}(\boldsymbol{0})| \leq Z^{-1}H^{-1}|\tilde{\boldsymbol{f}}(\boldsymbol{0})| \leq B^{-1}QH^{-1}|\tilde{\boldsymbol{f}}(\boldsymbol{0})|$$
$$\leq cA^{-1}H^{-1}\boldsymbol{e}$$

ただし

$$c = \|\tilde{\boldsymbol{f}}(\boldsymbol{0})\|_\infty e^{7M\int_a^b \frac{dt}{p(t)}} e^{\frac{3M}{2}\int_a^b \frac{dt}{p(t)}} = \|\tilde{\boldsymbol{f}}(\boldsymbol{0})\|_\infty e^{\frac{17}{2}M\int_a^b \frac{dt}{p(t)}}$$
$$\boldsymbol{e} = (1, 1, \cdots, 1)^t \in \boldsymbol{R}^{n+2}$$

これより

$$|W_i| \leq c\sum_{j=0}^{n+1} G(x_i, x_j)w_j \leq cG(x_i, x_i)\sum_{j=0}^{n+1} w_j = cG(x_i, x_i)(b-a)$$

を得るから, $\delta = c\max_{a \leq x \leq b} G(x,x)(b-a)$ と置けば $\|\boldsymbol{W}\|_\infty \leq \delta$ となる。ゆえに

$$\mathcal{B} = \{\boldsymbol{U} \in \boldsymbol{R}^{n+2} \mid \|\boldsymbol{U}\|_\infty \leq \delta\}$$

$$T\boldsymbol{U} = \boldsymbol{W} \quad (\boldsymbol{U} \in \mathcal{B},\ \boldsymbol{W} \text{は (7.40) の一意解})$$

と置けば, 写像 $T: \boldsymbol{U} \to \boldsymbol{W}$ は有界凸閉集合 $\mathcal{B}$ を $\mathcal{B}$ の中へ写す連続写像である。ゆえに, Brouwer の定理第 2 型 (定理 **2.3**) によって T は $\mathcal{B}$ 内に不動点 $\boldsymbol{U}$ をもつ。この $\boldsymbol{U}$ が (7.39) の解である。 ♠

注意 7.1 定理 **6.1** で必要とした仮定 $f_u \leq K$ は定理 **7.1** では不要である。

7.6 誤差評価

$u = u(x)$ を $(6.1)\sim(6.6)$ の厳密解, $\boldsymbol{U} = (U_0, U_1, \cdots, U_{n+1})^t$ を離散化方程式 (7.39) の解とする。このとき (7.39) の離散化誤差 $\boldsymbol{\tau} = (\tau_0, \tau_1, \cdots, \tau_{n+1})^t$ は $\boldsymbol{u} = (u_0, u_1, \cdots, u_{n+1})^t$, $u_i = u(x_i)$ として

$$\boldsymbol{\tau} = H A \boldsymbol{u} + \tilde{\boldsymbol{f}}(\boldsymbol{u}) \tag{7.43}$$

により定義される。

$$H A \boldsymbol{U} + \tilde{\boldsymbol{f}}(\boldsymbol{U}) = \boldsymbol{0} \tag{7.44}$$

であるから, (7.43) と (7.44) より $\boldsymbol{W} = \boldsymbol{u} - \boldsymbol{U}$ は次式を満たす。

$$H(A + \tilde{E} + H^{-1}\tilde{D})\boldsymbol{W} = \boldsymbol{\tau} \tag{7.45}$$

ただし

$$\tilde{E} = \begin{bmatrix} \tilde{\sigma}_0 & 0 & & & & \\ -\tilde{\sigma}_1 & 0 & \tilde{\sigma}_1 & & & \\ & \ddots & \ddots & \ddots & & \\ & & -\tilde{\sigma}_n & 0 & \tilde{\sigma}_n & \\ & & & 0 & \tilde{\sigma}_{n+1} \end{bmatrix}, \quad \tilde{D} = \begin{bmatrix} \tilde{d}_0 & & & \\ & \tilde{d}_1 & & \\ & & \ddots & \\ & & & \tilde{d}_{n+1} \end{bmatrix}$$

$$\tilde{\sigma}_i = \begin{cases} w_0 \dfrac{\alpha_0}{\alpha_1} \displaystyle\int_0^1 f_{u'}\left(x_0, U_0 + \theta W_0, \dfrac{\alpha_0(U_0 + \theta W_0) - \alpha}{\alpha_1}\right) d\theta & (i = 0) \\[2ex] \dfrac{1}{2}\displaystyle\int_0^1 f_{u'}\Big(x_i, U_i + \theta W_i, \\ \qquad\qquad \dfrac{1}{h_{i+1} + h_i}(U_{i+1} - U_{i-1} + \theta(W_{i+1} - W_{i-1}))\Big) d\theta \\ \hfill (1 \leq i \leq n) \\[2ex] -w_{n+1} \dfrac{\beta_0}{\beta_1} \displaystyle\int_0^1 f_{u'}\Big(x_{n+1}, U_{n+1} + \theta W_{n+1}, \\ \qquad\qquad \dfrac{\beta - \beta_0(U_{n+1} + \theta W_{n+1})}{\beta_1}\Big) d\theta & (i = n+1) \end{cases}$$

$$\tilde{d}_i = \begin{cases} \displaystyle\int_0^1 f_u\left(x_0, U_0 + \theta W_0, \frac{\alpha_0(U_0 + \theta W_0) - \alpha}{\alpha_1}\right) d\theta & (i = 0) \\[2ex] \displaystyle\int_0^1 f_u\Big(x_i, U_i + \theta W_i, \\ \qquad \frac{1}{h_{i+1} + h_i}(U_{i+1} - U_{i-1} + \theta(W_{i+1} - W_{i-1}))\Big) d\theta \\ \hfill (1 \leq i \leq n) \\[2ex] \displaystyle\int_0^1 f_u\Big(x_{n+1}, U_{n+1} + \theta W_{n+1}, \\ \qquad \frac{\beta - \beta_0(U_{n+1} + \theta W_{n+1})}{\beta_1}\Big) d\theta & (i = n+1) \end{cases}$$

と置いている。(7.45) において $\tilde{A} = A + \tilde{E}$ と置き, $n + 2$ 次対角行列

$$\tilde{Q} = \begin{bmatrix} \tilde{\rho}_0 & & & \\ & \tilde{\rho}_1 & & \\ & & \ddots & \\ & & & \tilde{\rho}_{n+1} \end{bmatrix}, \quad \tilde{\rho}_0 = 1$$

を $\tilde{B} = \tilde{Q}\tilde{A}$ が対称となるように選べば, $\tilde{A} + H^{-1}\tilde{D}$ は正則で

$$\begin{aligned} \boldsymbol{W} &= (\tilde{A} + H^{-1}\tilde{D})^{-1} H^{-1} \boldsymbol{\tau} \\ &= \{\tilde{A}^{-1} - (\tilde{A} + H^{-1}\tilde{D})^{-1} H^{-1} \tilde{D} \tilde{A}^{-1}\} H^{-1} \boldsymbol{\tau} \\ &= \tilde{A}^{-1} H^{-1} \boldsymbol{\tau} - (\tilde{A} + H^{-1}\tilde{D})^{-1} H^{-1} \tilde{D} (\tilde{A}^{-1} H^{-1} \boldsymbol{\tau}) \end{aligned} \tag{7.46}$$

ただし上の式変形において, $X = \tilde{A} + H^{-1}\tilde{D}$ と $Y = \tilde{A}$ の間に成り立つ関係式 $X^{-1} - Y^{-1} = -X^{-1}(X - Y)Y^{-1}$ を用いた。

(7.46) において $p \in C^1[a,b]$, $u \in C^2[a,b]$ のとき $\boldsymbol{\tau} \to 0\ (h \to 0)$ が成り立ち差分解の収束性は示されるが, それ以上のことはいえないので, p と u にさらに強い条件 $p \in C^{2,1}[a,b]$, $u \in C^{3,1}[a,b]$ を置く。

補題 7.4

$p \in C^{2,1}[a,b]$, $p(x) > 0$ かつ $f = f(x,u,v)$ は定理 **6.1** の仮定の他に, f_x が $\tilde{\mathcal{R}} = [a,b] \times [-\delta_0, \delta_0] \times [-\delta_1, \delta_1]$ で存在し, そこで f, f_x, f_u, f_v は x, u, v につき Lipschitz 条件を満たすものとする。ただし, δ_0 と δ_1 は

(6.15) と (6.16) により定義される定数である．このとき $u \in C^{3,1}[a,b]$ である．

証明 $p(x) \geq p_* = \min_{a \leq x \leq b} p(x) > 0$ であり，定理 **6.1** の証明より
$$u(x) \in [-\delta_0, \delta_0], \quad u'(x) \in [-\delta_1, \delta_1] \qquad (a \leq x \leq b)$$
かつ
$$u''(x) = \frac{1}{p(x)}(f(x, u(x), u'(x)) - p'(x)u'(x)) \tag{7.47}$$
したがって，補題 **7.4** の仮定の下で (7.47) の右辺は $C^{1,1}[a,b]$ に属するから，$u \in C^{3,1}[a,b]$ となる． ♠

補題 7.5

$p(x) \in C^{2,1}[a,b]$, $u \in C^{3,1}[a,b]$ とし，関数 $s(x), \kappa(x)$ と実数 q_i ($1 \leq i \leq n$) をつぎにより定義する．
$$s(x) = \frac{1}{24}\left(\frac{1}{p}\right)'' p^2, \quad \kappa(x) = \frac{1}{12}(3p''u' + 6p'u'' + 4pu'''),$$
$$q_i = \int_0^1 f_{u'}\left(x_i, u_i, u_i' + \theta\left(\frac{u_{i+1} - u_{i-1}}{h_{i+1} + h_i} - u_i'\right)\right) d\theta$$
このとき
$$\tau_i = \begin{cases} O(h_i) & (i = 0, \ n+1) \\ \dfrac{2}{h_{i+1} + h_i}(s_{i+\frac{1}{2}}h_{i+1}^2 - s_{i-\frac{1}{2}}h_i^2)u_i' - (h_{i+1} - h_i)\kappa_i + O(h^2) \\ \quad + \left\{\dfrac{1}{2}(h_{i+1} - h_i)u_i'' + O(h^2)\right\} q_i & (1 \leq i \leq n) \end{cases}$$

証明 離散化誤差 τ_i の定義によって
$$\tau_0 = \frac{1}{w_0}\{(a_0 + a_1)u_0 - a_1 u_1\} + f\left(x_0, u_0, \frac{\alpha_0 u_0 - \alpha}{\alpha_1}\right) - \frac{2}{h_1}\frac{\alpha}{\alpha_1}p_0,$$
$$\tau_{n+1} = \frac{1}{w_{n+1}}\{-a_{n+1}u_n + (a_{n+1} + a_{n+2})u_{n+1}\}$$
$$\qquad + f\left(x_{n+1}, u_{n+1}, \frac{\beta - \beta_0 u_{n+1}}{\beta_1}\right) - \frac{2}{h_{n+1}}\frac{\beta}{\beta_1}p_{n+1}$$

$$\tau_i = \frac{2}{h_{i+1}+h_i}\{-a_{i+1}(u_{i+1}-u_i) - a_i(u_{i-1}-u_i)\}$$
$$+ f\left(x_i, u_i, \frac{u_{i+1}-u_{i-1}}{h_{i+1}+h_i}\right) \qquad (1 \leq i \leq n)$$

である. 補題 **7.5** の仮定の下で上式右辺をそれぞれ Taylor 展開すればよい. 計算の詳細は山本・大石 38) を参照されたい. ここでは紙数の関係上省略する. ♠

さて, 再び (7.46) に戻り, 右辺を評価しよう. $\tilde{B} = \tilde{Q}\tilde{A}$ であったから

$$\tilde{A}^{-1}H^{-1}\boldsymbol{\tau} = \tilde{B}^{-1}\tilde{Q}H^{-1}\boldsymbol{\tau} \tag{7.48}$$

であるが, $\tilde{B}$ と $\tilde{Q}$ はつぎにより評価される.

補題 **7.6**

h が十分小ならば

$$e^{-\frac{3}{2}M\int_a^b \frac{dt}{p(t)}} < \tilde{\rho}_i < e^{\frac{3}{2}M\int_a^b \frac{dt}{p(t)}}$$

かつ

$$\tilde{B}^{-1} < e^{7M\int_a^b \frac{dt}{p(t)}} A^{-1}$$

である.

証明 補題 **7.2**, **7.3** とほとんど同じである. ♠

定理 **7.2**

ε を任意に与えられた正数とする. 補題 **7.4** の仮定に加えて, $f_v(x, u, v)$ が $\hat{\mathcal{R}} \equiv [a,b] \times [-\delta_0, \delta_0] \times [-(1+\varepsilon)\delta_1, (1+\varepsilon)\delta_1]$ 上 x, u, v につき Lipschitz 条件を満たすと仮定する. このとき

$$u_i - U_i = O(h^2) \qquad (0 \leq i \leq n+1)$$

証明 補題 **7.4** により $u \in C^{3,1}[a,b]$ である. $\tilde{B}^{-1} = (\tilde{\beta}_{ij})$ とすれば, $\tilde{B}^{-1}\tilde{Q}H^{-1}\boldsymbol{\tau}$ の第 i 行は, $\tilde{\rho}_0 = 1$ に注意して, 補題 **7.5** より

$$\sum_{j=0}^{n+1} \tilde{\beta}_{ij}\tilde{\rho}_j w_j \tau_j = \tilde{\beta}_{i0}\frac{h_1}{2}O(h_1) + \tilde{\beta}_{in+1}\frac{h_{n+1}}{2}O(h_{n+1})$$

$$+ \sum_{j=1}^{n} \tilde{\beta}_{ij}\tilde{\rho}_j \left\{ (s_{j+\frac{1}{2}}h_{j+1}^2 - s_{j-\frac{1}{2}}h_j^2)u_j' \right.$$

$$\left. - \frac{1}{2}(h_{j+1}^2 - h_j^2)\left(\kappa_j - \frac{1}{2}u_j''q_j\right) + O(h^3) \right\}$$

$$= \sum_{j=1}^{n} (\phi_{ij+1}h_{j+1}^2 - \psi_{ij}h_j^2) + O(h^2)$$

$$= \sum_{j=2}^{n} (\phi_{ij} - \psi_{ij})h_j^2 + \phi_{in+1}h_{n+1}^2 - \psi_{i1}h_1^2 + O(h^2)$$

$$= \sum_{j=2}^{n} (\phi_{ij} - \psi_{ij})h_j^2 + O(h^2) \qquad (7.49)$$

$$\begin{pmatrix} \text{ただし} \\ \phi_{ij} = \tilde{\beta}_{ij-1}\tilde{\rho}_{j-1}\left\{s_{j-\frac{1}{2}}u'_{j-1} - \frac{1}{2}(\kappa_{j-1} - \frac{1}{2}u''_{j-1}q_{j-1})\right\} \\ \psi_{ij} = \tilde{\beta}_{ij}\tilde{\rho}_j\left\{s_{j-\frac{1}{2}}u'_j - \frac{1}{2}(\kappa_j - \frac{1}{2}u''_j q_j)\right\} \\ \text{と置いた} \end{pmatrix}$$

$\tilde{\beta}_{ij}$ は補題 **7.3** の証明の冒頭における β_{ij} と同様な表現をもつから

$$\tilde{\beta}_{ij} - \tilde{\beta}_{ij-1} = O(h) \quad \forall i,j$$

である。また, $\tilde{\rho}_j - \tilde{\rho}_{j-1} = O(h)$ $(2 \leq j \leq n)$ も示すことができる。さらに $p \in C^{2,1}[a,b]$, $u \in C^{3,1}[a,b]$ より

$$\kappa_j - \kappa_{j-1} = O(h)$$

も成り立つ。また

$$\frac{u_{j+1} - u_{j-1}}{h_{j+1} + h_j} - u_j' = O(h) \quad \forall j, \ u_j' \in [-\delta_1, \delta_1]$$

であるから, 与えられた $\varepsilon > 0$ に対して, h を十分小さくとれば

$$u_j' + \theta\left(\frac{u_{j+1} - u_{j-1}}{h_{j+1} + h_j} - u_j'\right) \in [-(1+\varepsilon)\delta_1, (1+\varepsilon_1)\delta_1] \quad \forall j$$

とできて

$$q_j - q_{j-1} = O(h)$$

したがって $\phi_{ij} - \psi_{ij} = O(h)$ $\forall i,j$ となって, (7.49) より

$$\sum_{j=2}^{n} (\phi_{ij} - \psi_{ij})h_j^2 = O(h^2)$$

が導かれる。ゆえに $\|\tilde{A}^{-1}H^{-1}\boldsymbol{\tau}\|_\infty = O(h^2)$ である。また (7.46) より

$$|\boldsymbol{W}| = (|W_0|, |W_1|, \cdots, |W_{n+1}|)^t$$
$$\leq |\tilde{A}^{-1}H^{-1}\boldsymbol{\tau}| + (\tilde{A} + H^{-1}\tilde{D})^{-1}H^{-1}\tilde{D}|\tilde{A}^{-1}H^{-1}\boldsymbol{\tau}|$$
$$\leq |\tilde{A}^{-1}H^{-1}\boldsymbol{\tau}| + \tilde{A}^{-1}H^{-1}\tilde{D}|\tilde{A}^{-1}H^{-1}\boldsymbol{\tau}|$$

であり，補題 **7.6** によって

$$\tilde{A}^{-1} = \tilde{B}^{-1}\tilde{Q} < e^{\frac{17}{2}M\int_a^b \frac{dt}{p(t)}}(G(x_i, x_j))$$

かつ仮定 $0 \leq f_u \leq K$ によって

$$\tilde{D} \leq KI \quad (I \text{ は } n+2 \text{ 次単位行列})$$

であるから，$\|\tilde{A}^{-1}H^{-1}\tilde{D}\|_\infty$ は有界であり

$$\|\boldsymbol{W}\|_\infty \leq O(h^2) + O(h^2) = O(h^2)$$

が結論される。 ♠

注意 7.2 $f = f(x, u)$ の場合には系 **6.1.1** に従い，f の仮定を緩めることができる。

つぎに (7.33) における行列 A の要素 $\displaystyle\int_{x_{i-1}}^{x_i} \frac{dt}{p(t)}$ を中点則 $\dfrac{h_i}{p_{i-\frac{1}{2}}}$ で近似すれば，(7.39) は $x = x_i$ $(1 \leq i \leq n)$ において

$$-\frac{2}{h_{i+1}+h_i}\left\{\frac{p_{i+\frac{1}{2}}(U_{i+1}-U_i)}{h_{i+1}} - \frac{p_{i-\frac{1}{2}}(U_i-U_{i-1})}{h_i}\right\}$$
$$+f\left(x_i, U_i, \frac{U_{i+1}-U_{i-1}}{h_{i+1}+h_i}\right) = 0 \tag{7.50}$$

となる。また x_0 と x_{n+1} における近似は例 **7.2** で述べた仮想分点法を用いる。すなわち，$(pu')' = pu'' + p'u'$ と展開して，仮想分点 x_{-1} における近似値 U_{-1} を用い，$x = x_0$ において

$$-p_0\frac{U_1 - 2U_0 + U_{-1}}{h_1^2} - p_0'\frac{\alpha_0 U_0 - \alpha}{\alpha_1} + f\left(x_0, U_0, \frac{\alpha_0 U_0 - \alpha}{\alpha_1}\right) = 0$$
$$\frac{U_1 - U_{-1}}{2h_1} = \frac{\alpha_0 U_0 - \alpha}{\alpha_1}$$

と置く。この二つの式より U_{-1} を消去して

$$\frac{2}{h_1}\left\{\left(\frac{\alpha_0}{\alpha_1}p_0 - \frac{\alpha_0}{2\alpha_1}p_0'h_1 + \frac{p_0}{h_1}\right)U_0 - \frac{p_0}{h_1}U_1\right\}$$
$$+f\left(x_0, U_0, \frac{\alpha_0 U_0 - \alpha}{\alpha_1}\right) + \frac{\alpha}{\alpha_1}\left(p_0' - \frac{2}{h_1}p_0\right) = 0 \tag{7.51}$$

$x = x_{n+1}$ においても同様に

$$\frac{2}{h_{n+1}}\left\{-\frac{p_{n+1}}{h_{n+1}}U_n + \left(\frac{p_{n+1}}{h_{n+1}} + \frac{\beta_0}{\beta_1}p_{n+1} + \frac{\beta_0}{2\beta_1}p'_{n+1}h_{n+1}\right)U_{n+1}\right\}$$
$$+ f\left(x_{n+1}, U_{n+1}, \frac{\beta - \beta_0 U_{n+1}}{\beta_1}\right) - \frac{\beta}{\beta_1}\left(p'_{n+1} + \frac{2}{h_{n+1}}p_{n+1}\right) = 0$$
(7.52)

(7.50), (7.51), (7.52) をまとめて

$$H\hat{A}\boldsymbol{U} + \hat{\boldsymbol{f}}(\boldsymbol{U}) = \boldsymbol{0} \tag{7.53}$$

ただし

$$\hat{A} = \begin{bmatrix} \hat{a}_0 + \hat{a}_1 & -\hat{a}_1 & & & \\ -\bar{a}_1 & \bar{a}_1 + \bar{a}_2 & -\bar{a}_2 & & \\ & \ddots & \ddots & \ddots & \\ & & & -\hat{a}_{n+1} & \hat{a}_{n+1} + \hat{a}_{n+2} \end{bmatrix}$$

$$\hat{a}_0 = a_0 - \frac{\alpha_0}{2\alpha_1}p'_0 h_1$$

$$\hat{a}_1 = \frac{p_0}{h_1} = a_1 + O(h)$$

$$\bar{a}_i = \frac{p_{i-\frac{1}{2}}}{h_i} = a_i + \left(\frac{p_{i-\frac{1}{2}}}{h_i} - \frac{1}{\int_{x_{i-1}}^{x_i}\frac{dt}{p(t)}}\right) = a_i + O(h_i^2)$$
$$(1 \le i \le n+1)$$

$$\hat{a}_{n+1} = \frac{p_{n+1}}{h_{n+1}} = a_{n+1} + \left(\frac{p_{n+1}}{h_{n+1}} - \frac{1}{\int_{x_n}^{x_{n+1}}\frac{dt}{p(t)}}\right) = a_{n+1} + O(1)$$

$$\hat{a}_{n+2} = \frac{\beta_0}{\beta_1}p_{n+1} + \frac{\beta_0}{2\beta_1}p'_{n+1}h_{n+1} = a_{n+2} + O(h_{n+1})$$

$$\hat{\boldsymbol{f}}(\boldsymbol{U}) = \tilde{\boldsymbol{f}}(\boldsymbol{U}) + \begin{bmatrix} \frac{\alpha}{\alpha_1}p'_0 \\ 0 \\ \vdots \\ 0 \\ -\frac{\beta}{\beta_1}p'_{n+1} \end{bmatrix}$$

以下, (7.53) に定理 **7.2** と同じ論法を適用し, 任意分点に対する数値解の 2 次精度性 $\|\boldsymbol{u}-\boldsymbol{U}\|_\infty = O(h^2)$ を証明することができる。なお, $n+2$ 次対角行列

$$\hat{Q} = \begin{bmatrix} \hat{\rho}_0 & & & & \\ & 1 & & & \\ & & \ddots & & \\ & & & 1 & \\ & & & & \hat{\rho}_{n+1} \end{bmatrix}$$

を $\hat{B} = \hat{Q}\hat{A}$ が対称となるように選べば

$$\hat{\rho}_0 = \frac{\bar{a}_1}{\hat{a}_1} = \frac{p_{\frac{1}{2}}}{p_0} = 1 + \frac{h_1}{2}\frac{p_0'}{p_0} + O(h_1^2)$$

$$\hat{\rho_{n+1}} = \frac{\bar{a}_{n+1}}{\hat{a}_{n+1}} = \frac{p_{n+\frac{1}{2}}}{p_{n+1}} = 1 - \frac{h_{n+1}}{2}\frac{p_{n+1}'}{p_{n+1}} + O(h_{n+1}^2)$$

このとき $\hat{B}^{-1} = (\hat{\beta}_{ij})$, $A^{-1} = (\alpha_{ij})$ として, 逆転公式 (7.35) を $\hat{B}$ に適用すれば

$$\hat{\beta}_{ij} - \alpha_{ij} = O(h^2) \quad \forall i,j$$

であることも確かめられる。すなわち, A と $\hat{A}$ は見かけは若干異なっているように見えるが, $\hat{A}^{-1} = \hat{B}^{-1}\hat{Q}$ の第 (i,j) 要素は最初と最後の列を除いてすべて Green 関数 $G(x_i, x_j)$ を $O(h^2)$ で近似しているのである。

7.7 伸長変換

有限差分方程式 (7.39) の離散化誤差 $\boldsymbol{\tau}$ は (7.43) により定義され, その成分は補題 **7.5** で与えられる。特に $1 \le i \le n$ のとき

$$\tau_i = O(h_{i+1} - h_i) + O(h^2) \tag{7.54}$$

である。したがって $h_{i+1} \ne h_i$ ならば $\tau_i = O(h)$ であるが, 分点 $\{x_i\}$ を適当な単調関数 $\phi(t)$ $(0 \le t \le 1)$ により

$$x_i = \phi(t_i), \quad t_i = i\Delta t \quad (0 \le i \le n+1)$$

として構成すれば $\phi \in C^4[0,1]$ のとき

$$h_{i+1} - h_i = (\phi(t_{i+1}) - \phi(t_i)) - (\phi(t_i) - \phi(t_{i-1}))$$
$$= \phi(t_{i+1}) - 2\phi(t_i) + \phi(t_{i-1})$$
$$= (\Delta t)^2 (\phi''(t_i) + O((\Delta t)^2))$$
$$= O((\Delta t)^2)$$

よって (7.54) より

$$\tau_i = O((\Delta t)^2) + O(h^2) = O((\Delta t)^2)$$

となる。ゆえに，いままでの議論によって

$$\|\boldsymbol{u} - \boldsymbol{U}\|_\infty \leq O(\|\boldsymbol{\tau}\|_\infty) = O((\Delta t)^2)$$

が成り立つ。変換 $x = \phi(t)$ を**伸長変換**または**伸長関数** (stretching function) という。

関数 $\phi(t)$ の選び方はいろいろある。以下一般性を失うことなく区間を $[0,1]$, 境界条件を Dirichlet 条件 $u(0) = u(1) = 0$ に限定し，若干の例を与える。

例 7.3 $\phi(t) = c_p \displaystyle\int_0^t \{s(1-s)\}^p ds, \quad c_p = \dfrac{1}{\displaystyle\int_0^1 \{s(1-s)\}^p ds} \qquad (p \geq 0)$

この関数は $\phi(0) = 0$, $\phi(1) = 1$ を満たし，ϕ により生成される分点 $\{x_i\}$ は $x = 0$ の右近傍と $x = 1$ の左近傍に密集する。

例 7.4 $\phi(t) = \dfrac{e^{ct} - 1}{e^c - 1} \qquad$ (c は正の定数)

この場合 $\phi(0) = 0$, $\phi(1) = 1$ であり，分点 $\{x_i\}$ は c が大きいとき $x = 0$ の右近傍に密集する。この関数は極座標系 (r, θ) で表示された 2 次元の境界値問題に対し，原点 $r = 0$ の附近を細分する場合にもよく用いられる。

例 7.5 $\phi(t) = t^{p+1} \qquad$ (p は非負の定数)

この場合，分点 $\{x_i\}$ は $x = 0$ の右近傍に密集する。

例 7.6 ϕ を例 **7.4**, **7.5** の関数とするとき，$\psi(t) = 1 - \phi(1-t)$ は $x = 1$ に左側から集積する点列 $\{x_i\}$ をつくり出す。

2001 年前後, 当時の愛媛大学大学院生, 松原達生 (M2), 生源寺亨浩 (D2) 両君による数値実験によれば, 上掲の関数の間に顕著な優劣はないようである.

7.8 非整合スキームの収束

境界値問題 (6.1)~(6.6) を適当に離散近似して $n+2$ 元連立方程式

$$\mathcal{L}_h \boldsymbol{U} + F(\boldsymbol{U}) = \boldsymbol{O} \tag{7.55}$$

をつくるとき, 離散化誤差

$$\boldsymbol{\tau} = \mathcal{L}_h \boldsymbol{u} + F(\boldsymbol{u}) \tag{7.56}$$

が $h = \max_i h_i \to 0$ のとき $\|\boldsymbol{\tau}\|_\infty \to 0$ となるならば, (7.55) は境界値問題 (6.1)~(6.6) と**整合** (consistent) しているという. また, そうでないとき**非整合** (inconsistent) であるという. (7.55) によって

$$\begin{aligned}\boldsymbol{\tau} &= \mathcal{L}_h + F(\boldsymbol{u}) - (\mathcal{L}_h \boldsymbol{U} + F(\boldsymbol{U})) \\ &= \mathcal{L}_h(\boldsymbol{u} - \boldsymbol{U}) + \int_0^1 F'(\boldsymbol{U} + \theta(\boldsymbol{u} - \boldsymbol{U})) d\theta (\boldsymbol{u} - \boldsymbol{U})\end{aligned}$$

であるから

$$\left\| \left[\mathcal{L}_h + \int_0^1 F'(\boldsymbol{U} + \theta(\boldsymbol{u} - \boldsymbol{U})) d\theta \right]^{-1} \right\|_\infty \leq M_1 \tag{7.57}$$

となるような正定数 M_1 が存在するならば, $h \to 0$ のとき

$$\|\boldsymbol{u} - \boldsymbol{U}\|_\infty \leq M_1 \|\boldsymbol{\tau}\|_\infty \to 0$$

となって各数値解 U_i は厳密解 u_i に収束する. しかも定理 **7.2** によって $f(x, u, v)$ が x, u, v につき十分滑らかならば, $\|\boldsymbol{\tau}\|_\infty = O(h)$ でも $\|\boldsymbol{u} - \boldsymbol{U}\|_\infty = O(h^2)$ となるのであった.

一方, つぎの例が示すように, 非整合スキームでも $\|\boldsymbol{u} - \boldsymbol{U}\|_\infty \to 0$ $(h \to 0)$ となる場合がある.

例 7.7 2 点境界値問題

$$-u'' = f(x) \qquad (0 < x < 1)$$

7.8 非整合スキームの収束

$$u(0) = 0, \quad u(1) = 1$$

は $f(x) = -\dfrac{1}{4}x^{-\frac{3}{2}}$ のとき一意解 $u = \sqrt{x}$ をもつ。これを中心差分近似し n 元連立 1 次方程式

$$\frac{1}{h^2}\begin{bmatrix} 2 & -1 & & & \\ -1 & 2 & -1 & & \\ & \ddots & \ddots & \ddots & \\ & & -1 & 2 & -1 \\ & & & -1 & 2 \end{bmatrix}\begin{bmatrix} U_1 \\ \vdots \\ U_n \end{bmatrix} = \begin{bmatrix} f_1 \\ \vdots \\ f_n \end{bmatrix} + \frac{1}{h^2}\begin{bmatrix} 0 \\ \vdots \\ 0 \\ 1 \end{bmatrix} \quad (7.58)$$

をつくる。ただし $h = \dfrac{1}{n+1}$, $x_i = ih\ (0 \le i \le n+1)$, $f_i = f(x_i)\ (1 \le i \le n)$ である。このとき x_i における離散化誤差は

$$\tau_i = -\frac{1}{12}h^2 u^{(4)}(x_i + \theta_i h) \qquad (-1 < \theta_i < 1)$$
$$= \frac{5}{64}h^2 (x_i + \theta_i h)^{-\frac{7}{2}}$$

であり, $h \to 0$ のとき

$$\tau_1 = \frac{5}{64}\frac{1}{(1+\theta_1)^{\frac{7}{2}} \cdot h^{\frac{3}{2}}} \to \infty$$

したがって (7.58) は非整合スキームであるが, $h \to 0$ のとき

$$u_i - U_i = O(\sqrt{h}) \to 0$$

であることが示される (山本・方・陳 37))。2 次元問題に対する非整合スキームの収束について, さらに一般な結果は方・松原・生源寺・山本 17), 山本 34), 方・生源寺・山本 18),19) などを参照されたい。

以上のことから, 有限差分法においては, 離散化誤差のオーダー $\|\boldsymbol{\tau}\|$ は, 差分解の精度をはかる真の尺度ではないことがわかる。この事実は, 連立 1 次方程式 $Ax = b$ の解と条件数 $\|A^{-1}\| \cdot \|A\|$ との関係に類似している。実際, 方程式が悪条件 (係数の変化に解が敏感) ならば $\|A^{-1}\| \cdot \|A\|$ は大であるが, 逆は一般に正しくないのである。

7.9 離散化原理

線形 2 点境界値問題

$$\mathcal{L}u = -\frac{d}{dx}\left(p(x)\frac{du}{dx}\right) + q(x)\frac{du}{dx} + r(x)u = f(x) \qquad (a \leq x \leq b) \quad (7.59)$$

$$u(a) = u(b) = 0, \qquad (7.60)$$

$$p \in C^1[a,b], \quad p > 0, \quad q, r, f \in C[a,b]$$

を任意分点 $a = x_0 < x_1 < \cdots < x_n < x_{n+1} = b$ において，つぎのように有限差分近似する (7.4 節参照)．

$$-\frac{2}{h_i + h_{i+1}}\left[p_{i+\frac{1}{2}}\frac{U_{i+1}-U_i}{h_{i+1}} - p_{i-\frac{1}{2}}\frac{U_i-U_{i-1}}{h_i}\right] + q_i\frac{U_{i+1}-U_{i-1}}{h_i+h_{i+1}} + r_i U_i = f_i$$

$$(1 \leq i \leq n)$$

$$U_0 = U_{n+1} = 0$$

ただし，$h_i = x_i - x_{i-1}$ であり，$h = \max h_i$ と置く．上式を行列・ベクトル表示すれば

$$H A \boldsymbol{U} = \boldsymbol{f} \qquad (7.61)$$

ここで

$$H = \begin{bmatrix} \omega_1^{-1} & & \\ & \ddots & \\ & & \omega_n^{-1} \end{bmatrix} \qquad \left(\omega_i = \frac{h_i + h_{i+1}}{2}, \quad 1 \leq i \leq n\right)$$

$$A = \begin{bmatrix} \beta_1 & \gamma_1 & & & \\ \alpha_2 & \beta_2 & \gamma_2 & & \\ & \ddots & \ddots & \ddots & \\ & & & \alpha_n & \beta_n \end{bmatrix}$$

$$\alpha_i = -\frac{1}{h_i}p_{i-\frac{1}{2}} - \frac{1}{2}q_i \qquad (2 \leq i \leq n)$$

$$\beta_i = \frac{1}{h_i}p_{i-\frac{1}{2}} + \frac{1}{h_{i+1}}p_{i+\frac{1}{2}} + r_i\omega_i \qquad (1 \leq i \leq n)$$

$$\gamma_i = -\frac{1}{h_{i+1}}p_{i+\frac{1}{2}} + \frac{1}{2}q_i \qquad (1 \leq i \leq n-1)$$

$$U = (U_1, \cdots, U_n)^t$$
$$f = (f_1, \cdots, f_n)^t$$

である.このときつぎの定理が成り立つ (山本 40))。

定理 7.3 (有限差分法に対する離散化原理)

境界値問題 (7.59), (7.60) が一意解 $u \in C^2[a,b]$ をもつとき,つぎが成り立つ.

(i) 十分小さい h に対して (すなわち,ある適当な正定数 h_0 を定めて, $0 < h \leq h_0$ のとき), 差分方程式 (7.61) は一意解 U をもつ。

(ii) $h \leq h_0$ かつ $A^{-1} = (G_{ij}^h)$ とするとき h に無関係な正定数 M が存在して

$$|G_{ij}^h| \leq M$$
$$|G_{i+1\ j}^h - G_{ij}^h| \leq Mh_{i+1}, \quad |G_{i\ j+1}^h - G_{ij}^h| \leq Mh_{j+1} \ \forall i,j$$

かつ (7.59), (7.60) に対する Green 関数を $G(x,\xi)$ として

$$\max_{i,j} |G_{ij}^h - G(x_i, x_j)| \to 0 \ (h \to 0)$$

(iii) 誤差評価

$$\max_i |u_i - U_i| = \begin{cases} o(1) & (u \in C^2[a,b]) \\ O(h) & (u \in C^{2,1}[a,b]) \\ O(h^2) & (u \in C^{3,1}[a,b]) \end{cases}$$

が成り立つ.

したがって,なんらかの理由により一意解の存在が保証されている境界値問題 (7.59), (7.60) は,最大きざみ幅を十分小さくして (7.61) を解けばよいのである.(定理 **7.3** は次章で述べる有限要素法でも成立する.) また条件 (i) の下で境界値問題は一意解をもつ.詳細は文献 40)〜42) 参照.

8 Ritz 法と有限要素法

8.1 は じ め に

　前章で述べた有限差分法は微分方程式を解く基本的な手法であって，2, 3 次元問題にも適用される．また解の存在証明に用いられることもある．しかしながら，2, 3 次元境界値問題を複雑な形をした領域において解こうとすれば，領域分割が長方形格子や直方体格子に限られ，やや柔軟性に欠ける．現在 2, 3 次元問題に対する最有力解法として知られる有限要素法は，例えば 2 次元問題の場合，領域を適当な小 3 角形に分割して解をスプライン関数の 1 次結合により近似する．したがって，有限要素法は有限差分法より柔軟な解法とみなされる．ただし，関数の Taylor 展開に基づく差分法に比べて，有限要素法はその数学的基礎を変分問題に置き，若干の関数解析的知識を必要としかつ計算量も多い．

　本章では，Dirichlet 境界条件をもつ 2 階線形 2 点境界値問題を対象とし，その変分的解法として知られる Ritz 法をまず解説する．つぎに，その特別な場合として有限要素法の基礎的性質を述べる．

　なお，最近では，計算の簡便さの点で有限差分法と有限要素法の中間に位置する有限体積法も提案され，実用化されていることを注意しておきたい．この方法は，スプライン関数の代わりに階段関数を基底に用いるのである．

8.2 変　分　問　題

$u \in C^2[a,b]$ かつ $f(x,u,v)$ は $\boldsymbol{R}^3$ のある領域 D で連続として

$$F[u] = \int_a^b f(x, u, u') dx$$

と置けば, F は $C^2[a,b]$ から $\boldsymbol{R}$ の中への写像である。このような関数空間から $\boldsymbol{R}$ への写像を**汎関数** (functional, 名詞) という。

汎関数 F の定義域をある制限条件を満たす関数 u の集合 $\mathcal{F}$ に限定したとき, $\mathcal{F}$ の中で $F[u]$ の極値を与える関数 u を求める問題を**変分問題** (variational problem) といい, 極値を与える関数を**停留関数** (stationary function) という。つぎに代表的な変分問題を二つ掲げる。

例 8.1 (最速降下曲線を求める問題 (brachistrome problem)) これは, 平面上の点 $P_0(0,0)$ から $P_1(x_1,u_1)$ へ, 質量 m の物体が u 軸方向の重力のみの力を受けてある曲線 C に沿い, 自然落下するときの最短時間を与える曲線 $C : u = u(x)$ を決定する問題である (図 **8.1**)。

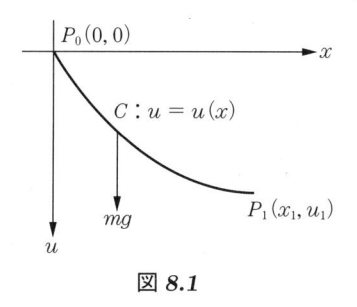

図 **8.1**

運動の力学によれば, v を速度として

$$\frac{1}{2}mv^2 - mgu = c \quad (一定)$$

であるが, $v(0) = 0$, $u(0) = 0$ より $c = 0$ であり

$$v = \sqrt{2gu} = \frac{ds}{dt} \quad (s \text{ は弧長})$$

ゆえに, 物体が P_0 を出発して P_1 に到達する時間 T は

$$T = \int_C dt = \int_C \frac{ds}{v} = \int_0^{x_1} \frac{\sqrt{1 + \left(\frac{du}{dx}\right)^2}}{\sqrt{2gu}} dx$$

で与えられる。よって

184   8. Ritz 法と有限要素法

$$\mathcal{D} = \{u \in C^1[0, x_1] \mid u(0) = 0,\ u(x_1) = u_1\}$$

と置き T を $T[u]$ と書けば, 問題は

$$\min_{u \in \mathcal{D}} T[u]$$

を与える $u \in \mathcal{D}$ を求めることになる。これを

$$T = \int_0^{x_1} \sqrt{\frac{1 + \left(\dfrac{du}{dx}\right)^2}{2gu}}\, dx \to \min \quad (u \in \mathcal{D})$$

と書く。

例 8.2 (最小回転面を求める問題)　これは 2 点 $(x_0, u_0), (x_1, u_1)$ を与えて回転体の表面積

$$S = 2\pi \int_C u\, ds = 2\pi \int_{x_0}^{x_1} u\sqrt{1 + \left(\frac{du}{dx}\right)^2}\, dx$$

を最小にする $u \in C^1[x_0, x_1]$, $u(x_i) = u_i\,(i = 0, 1)$ を求める問題である (図 **8.2**)。

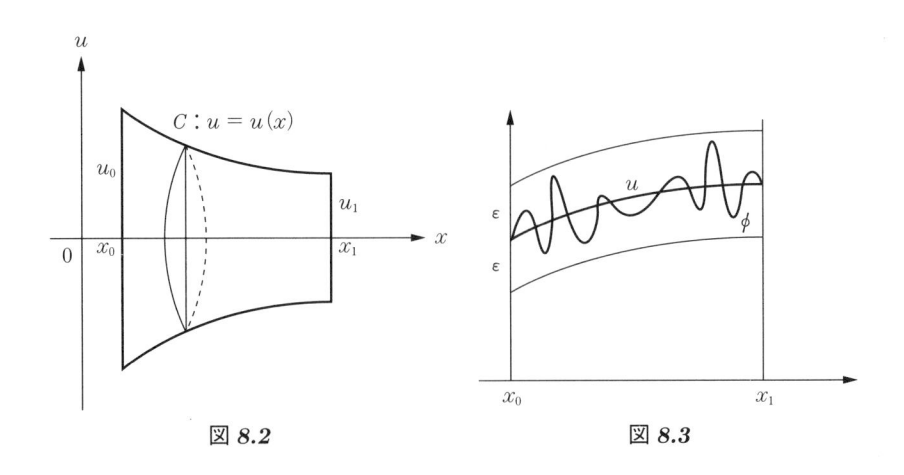

図 **8.2**　　　　　　　図 **8.3**

定義 8.1 (k 位の ε 近傍)　$\phi(x) \in C^k[x_0, x_1]$ が $u(x)$ の **k 位の ε 近傍** (ε-neighborhood of k-th order) に属するとは, 区間 $[x_0, x_1]$ 上

$$|u^{(i)}(x) - \phi^{(i)}(x)| < \varepsilon \qquad (i = 0, 1, \cdots, k)$$

を満たすときをいう。

図 8.3 の場合, $\phi(x)$ は $u(x)$ の 0 位の ε 近傍に属するが 1 位の ε 近傍には属さない。

8.3 Euler の方程式

$u \in C^2[x_0, x_1]$, $f(x, u(x), u'(x)) \in C^2[x_0, x_1]$ とし

$$F[u] = \int_{x_0}^{x_1} f(x, u, u') dx \tag{8.1}$$

$u(x_0) = u_0, \quad u(x_1) = u_1 \qquad$ (境界条件)

$$\mathcal{D} = \{u \in C^2[x_0, x_1] \mid u(x_0) = u_0, \ u(x_1) = u_1\} \tag{8.2}$$

と置く。いま $u(x)$ を変分問題

$$F[u] = \int_{x_0}^{x_1} f(x, u, u') dx \to \min \qquad (u \in \mathcal{D})$$

の停留関数とするとき, 関数

$$u_\alpha = u(x) + \alpha \eta(x) \tag{8.3}$$

$$\begin{pmatrix} \alpha : \text{パラメータ} \\ \eta \in C^2[x_0, x_1], \ \eta(x_0) = \eta(x_1) = 0 \end{pmatrix}$$

を比較関数 (comparison function) という。明らかにつぎの命題が成り立つ。

命題 8.1

u_α を比較関数とするとき

$|\eta^{(i)}(x)| \leq M \qquad (i = 0, 1, 2)$

$|\alpha| < \dfrac{\varepsilon}{M} \qquad$ (ε, M は正の定数)

ならば, $u \in \mathcal{D}$ かつ $u_\alpha(x)$ は $u(x)$ の 2 位の ε 近傍に属する。

さて, $u(x) \in \mathcal{D}$ が $F[u]$ の極大値を与えるならば

$$F[u] \geq F[v] \qquad (v \in \mathcal{D})$$

特に $F[u] \geq F[u_\alpha]$ である。いま

$$\Phi(\alpha) = F[u_\alpha] = \int_{x_0}^{x_1} f(x, u_\alpha(x), u'_\alpha(x))dx \tag{8.4}$$

と置くと

$$\Phi(0) \geq \Phi(\alpha)$$

となって $\Phi(\alpha)$ は $\alpha = 0$ で極大値をとる。したがって

$$\Phi'(\alpha)\big|_{\alpha=0} = 0 \tag{8.5}$$

である。$u(x)$ が $F[u]$ の極小値を与えるときも同様に (8.5) が成り立つから, (8.5) は $u(x)$ が $F[u]$ の停留関数であるための必要条件である。

$$\Phi'(\alpha) = \int_{x_0}^{x_1} (f_u(x, u_\alpha, u'_\alpha)\eta + f_{u'}(x, u_\alpha, u'_\alpha)\eta')dx$$

より

$$\begin{aligned}\Phi'(0) &= \int_{x_0}^{x_1} (f_u(x, u, u')\eta + f_{u'}(x, u, u')\eta')dx \\ &= \int_{x_0}^{x_1} f_u(x, u, u')\eta dx + [f_{u'} \cdot \eta]_{x_0}^{x_1} - \int_{x_0}^{x} \frac{d}{dx}(f_{u'})\eta dx\end{aligned}$$

ゆえに

$$\mathcal{D}_0 = \{u \in C^2[x_0, x_1] \mid u(x_0) = u(x_1) = 0\}$$

と置くとき

$$\Phi'(0) = 0 \Leftrightarrow \int_{x_0}^{x_1} \left(f_u - \frac{d}{dx}(f_{u'})\right)\eta dx = 0 \;\; \forall \eta \in \mathcal{D}_0 \tag{8.6}$$

$$\Leftrightarrow f_u - \frac{d}{dx}(f_{u'}) = 0 \tag{8.7}$$

(8.6) と (8.7) の同値性はつぎの補題から従う (この論法はすでに定理 **4.5** の証明にも用いた)。

補題 8.1 (変分学の基本補題)

$\phi(x)$ は $[x_0, x_1]$ 上連続とするとき

$$\int_{x_0}^{x} \phi(x)\eta dx = 0 \quad \forall \eta \in \mathcal{D}_0$$

ならば $\phi(x) = 0, \ x \in [x_0, x_1]$ である。

証明 仮に $\phi(a) \neq 0$ となる $a \in [x_0, x_1]$ が存在したとすれば, ϕ の連続性によって a の適当な近傍において $\phi \neq 0$ であり, 一般性を失うことなく $a \in (x_0, x_1)$ かつ $\phi(a) > 0$ としてよい。このとき再び ϕ の連続性によって, 適当な $a_1 > a_0$ を選んで

$$a_0 \leq x \leq a_1 \text{ のとき } \phi(x) > 0 \qquad ([a_0, a_1] \subset (x_0, x_1))$$

としてよい。ここで

$$\eta(x) = \begin{cases} \{(x-a_0)(a_1-x)\}^3 & (a_0 \leq x \leq a_1) \\ 0 & (x_0 \leq x < a_0, \ a_1 < x \leq x_1) \end{cases}$$

と置けば, $\eta \in C^2[x_0, x_1]$ かつ

$$\int_{x_0}^{x_1} \phi \eta dx = \int_{a_0}^{a_1} \phi \eta dx > 0$$

となって矛盾が生じる。 ♠

結局, つぎの定理が得られた。

定理 8.1

$u = u(x)$ が $F[u]$ の極値を与える (すなわち停留関数) ならば, u は微分方程式 (8.7) を満たす。これを **Euler** (オイラー) **の微分方程式**という。

なお

$$\frac{d}{dx}(f_{u'}) = f_{u'x} + f_{u'u}u' + f_{u'u'}u''$$

であるから, Euler の微分方程式 (8.7) は

$$f_{u'x} + f_{u'u}u' + f_{u'u'}u'' - f_u = 0 \tag{8.8}$$

となる。$f_{u'u'} \neq 0$ のとき上式は 2 階常微分方程式である。特に $f = f(u, u')$ ならば Euler の微分方程式は

$$f_u - f_{uu'}u' - f_{u'u'}u'' = 0 \tag{8.9}$$

となるが, このとき

$$\frac{d}{dx}(f - u'f_{u'}) = f_u u' + f_{u'}u'' - u''f_{u'} - u'(f_{u'u}u' + f_{u'u'}u'')$$
$$= u'(f_u - f_{u'u}u' - f_{u'u'}u'') = 0$$

であるから (8.9) を解く代わりに

$$f - u'f_{u'} = c \quad (\text{一定}) \tag{8.10}$$

を解けばよい。この結果を用いて例 **8.1**, 例 **8.2** を解いてみよう。

例 8.3 $F[u] = \int_0^{x_1} \sqrt{\frac{1+(u')^2}{u}}dx \to \min\ (u \in \mathcal{D})$
ただし

$$\mathcal{D} = \{u \in C^1[0, x_1] \mid u(0) = 0, u(x_1) = u_1\}$$

この場合, $f = \sqrt{\frac{1+(u')^2}{u}} = f(u, u')$ であるから, (8.10) より

$$\sqrt{\frac{1+(u')^2}{u}} - u'\frac{u'}{\sqrt{u(1+(u')^2)}} = c \quad (\text{一定})$$
$$\frac{1}{\sqrt{u(1+(u')^2)}} = c$$
$$u\{1+(u')^2\} = \frac{1}{c^2}$$
$$(u')^2 = \frac{1-c^2 u}{c^2 u}$$

ゆえに, $u' > 0$ として

$$\frac{du}{dx} = \sqrt{\frac{1-c^2 u}{c^2 u}}, \quad u(0) = 0$$

これは変数分離形であり

$$\int_0^u \sqrt{\frac{c^2 u}{1-c^2 u}}du = \int_0^x dx = x$$

ここで, $c^2 u = \sin^2 \theta \left(\text{すなわち } u = \frac{1}{c^2}\sin^2 \theta\right)$ と置けば

$$\int_0^\theta \frac{\sin\theta}{\cos\theta}\frac{2\sin\theta\cos\theta}{c^2}d\theta = x \tag{8.11}$$

(8.11) の左辺は

$$\frac{2}{c^2}\int_0^\theta \sin^2\theta\, d\theta = \frac{1}{c^2}\int_0^\theta (1-\cos 2\theta)d\theta = \frac{1}{c^2}\left(\theta - \frac{1}{2}\sin 2\theta\right)$$

に等しい。結局 (8.11) より

$$\left.\begin{array}{l} x = \dfrac{1}{c^2}\left(\theta - \dfrac{1}{2}\sin 2\theta\right) \\[2mm] u = \dfrac{1}{c^2}\sin^2\theta = \dfrac{1}{2c^2}(1-\cos 2\theta) \qquad (0\le \theta\le \theta_1) \end{array}\right\} \qquad (8.12)$$

を得る。ただし、θ_1 は $x(\theta_1) = x_1$, かつ $u(\theta_1) = u_1$ を満たすように選ぶ。
(8.12) はサイクロイドの一般形

$$x = a(\theta - \sin\theta), \quad u = a(1-\cos\theta)$$

において $a = \dfrac{1}{2c^2}$ とし、θ を 2θ で置き換えたものであるから、やはりサイクロイドである。

例 8.4 $F[u] = \displaystyle\int_{x_0}^{x_1} u\sqrt{1+(u')^2}\,dx \to \min \qquad (u\in \mathcal{D})$
ただし

$$\mathcal{D} = \{u\in C^1[x_0, x_1] \mid u(x_0) = u_0,\ u(x_1) = u_1\}$$

この場合も $f = u\sqrt{1+(u')^2} = f(u, u')$ の形であるから, (8.10) は

$$u\sqrt{1+(u')^2} - \frac{u(u')^2}{\sqrt{1+(u')^2}} = c_1 \qquad (\text{一定})$$

$$\frac{u}{\sqrt{1+(u')^2}} = c_1$$

$$(u')^2 = \frac{u^2 - c_1^2}{c_1^2}$$

題意により u は x 軸に関して対称であるから、正符号をとって

$$u' = \sqrt{\frac{u^2-c_1^2}{c_1^2}}$$

$$\int_{u_0}^u \sqrt{\frac{c_1^2}{u^2-c_1^2}}\,du = \int_{x_0}^x dx = x - x_0$$

ここで $u = c_1\cosh\theta$ と置けば

$$\int_{\theta_0}^\theta \frac{1}{\sinh\theta}c_1\sinh\theta\, d\theta = x - x_0$$

ただし、θ_0 は $u_0 = c_1\cosh\theta_0$ を満たすものとする。

$$\therefore \quad c_1(\theta - \theta_0) = x - x_0$$

$$x = c_1 \theta + c_2 \quad (c_2 = x_0 - c_1 \theta_0)$$

$$u = c_1 \cosh \theta = c_1 \cosh\left(\frac{x - c_2}{c_1}\right)$$

これは懸垂線 (3.7 節参照) であり，これを x 軸のまわりに回転させた図形はカテノイド (catenoid) と呼ばれる。

注意 8.1 Euler の微分方程式 (8.7) は，u が停留関数であるための必要条件であるが十分条件ではない。極値の判定を行うために

$$\begin{aligned}
\Phi(\alpha) - \Phi(0) &= \int_{x_0}^{x_1} (f(x, u + \alpha\eta, u' + \alpha\eta') - f(x, u, u'))dx \\
&= \int_{x_0}^{x_1} \{f_u(x, u, u')\alpha\eta + f_{u'}(x, u, u')(\alpha\eta') \\
&\quad + \frac{1}{2}(f_{uu}(x, u, u')(\alpha\eta)^2 + 2f_{uu'}(x, u, u')(\alpha\eta)(\alpha\eta') \\
&\quad + f_{u'u'}(x, u, u')(\alpha\eta')^2) + \cdots\}dx \\
&= \alpha\delta\Phi + \frac{1}{2}\alpha^2 \delta^2 \Phi + \cdots
\end{aligned}$$

と書き表す。ただし

$$\begin{aligned}
\delta\Phi &= \int_{x_0}^{x_1} (f_u \eta + f_{u'} \eta')dx \\
&= \int_{x_0}^{x_1} \left(f_u - \frac{d}{dx}(f_{u'})\right)\eta dx + [f_{u'} \cdot \eta]_{x_0}^{x_1} \\
&= \int_{x_0}^{x_1} \left(f_u - \frac{d}{dx}(f_{u'})\right)\eta dx \\
\delta^2 \Phi &= \int_{x_0}^{x_1} (f_{uu}\eta^2 + 2f_{uu'}\eta\eta' + f_{u'u'}(\eta')^2)dx \\
&= \int_{x_0}^{x_1} (\eta, \eta') \begin{bmatrix} f_{uu} & f_{uu'} \\ f_{uu'} & f_{u'u'} \end{bmatrix} \begin{bmatrix} \eta \\ \eta' \end{bmatrix} dx \quad (8.13)
\end{aligned}$$

と置く。$\delta\Phi$ は Φ の**第 1 積分** (first integral)，$\delta^2 \Phi$ は Φ の**第 2 積分** (second integral) と呼ばれる。

(8.13) によって，2 次対称行列

$$\begin{bmatrix} f_{uu} & f_{uu'} \\ f_{uu'} & f_{u'u'} \end{bmatrix}$$

が正定値ならば $\delta^2 \Phi > 0$ であり，$\delta\Phi = 0$ と併せて $\Phi(0)$ は極小値である。また (8.13) が負定値ならば極大値となる。

定理 8.2

$F[u]$ と $\mathcal{D}$ を (8.1), (8.2) によって定義する。このとき

$$\mathcal{D}^* = \{u \in C^1[x_0, x_1] \mid u(x_0) = u_0,\ u(x_1) = u_1\}$$

と置けば, $\mathcal{D} \subset \mathcal{D}^*$ かつ

$$\min_{u \in \mathcal{D}^*} F[u] = \min_{u \in \mathcal{D}} F[u]$$

証明 $\mathcal{D} \subset \mathcal{D}^*$ であるから

$$\min_{u \in \mathcal{D}} F[u] \geq \min_{u \in \mathcal{D}^*} F[u] \tag{8.14}$$

である。いま $\min_{u \in \mathcal{D}^*} F[u] = F[u^*]$ $(u^* \in \mathcal{D}^*)$ とする。Weierstrass の近似定理 (定理 **1.21**) によって, 任意に与えられた $\varepsilon > 0$ に対し, 適当な多項式 $p(x)$ を選んで

$$|p^{(i)}(x) - u^{*(i)}(x)| < \varepsilon \qquad (x \in [x_0, x_1],\ i = 0, 1) \tag{8.15}$$

とできる。ここで $p \in \mathcal{D}$ としてよい。なぜならば

$$\delta_0 = u_0 - p(x_0),\quad \delta_1 = u_1 - p(x_1),\quad l(x) = \frac{\delta_1 - \delta_0}{x_1 - x_0}(x - x_0) + \delta_0$$

$$\tilde{p}(x) = p(x) + l(x)$$

とすれば, $\tilde{p} \in \mathcal{D}$ かつ $|\delta_0| < \varepsilon$, $|\delta_1| < \varepsilon$ である。このとき

$$|\tilde{p}(x) - u^*(x)| \leq |\tilde{p}(x) - p(x)| + |p(x) - u^*(x)| < |l(x)| + \varepsilon$$
$$\leq \max(|\delta_0|, |\delta_1|) + \varepsilon < 2\varepsilon$$

かつ

$$|\tilde{p}'(x) - u^{*\prime}(x)| \leq |\tilde{p}'(x) - p'(x)| + |p'(x) - u^{*\prime}(x)| < |l'(x)| + \varepsilon$$
$$= \frac{|\delta_1 - \delta_0|}{x_1 - x_0} + \varepsilon < \frac{|\delta_1| + |\delta_0|}{x_1 - x_0} + \varepsilon \qquad (x \in [x_0, x_1])$$

$$\therefore\quad |\tilde{p}^{(i)}(x) - u^{*(i)}(x)| \leq \max\left(2\varepsilon, \left(\frac{2}{x_1 - x_0} + 1\right)\varepsilon\right)$$
$$(x \in [x_0, x_1],\ i = 0, 1)$$

ε は任意であったから, 上式は $\tilde{p} \in \mathcal{D}$ とその導関数 $\tilde{p}'(x)$ は $u^*(x)$ と $u^{*\prime}(x)$ を任意に精密に近似できることを意味する。

よって $p \in \mathcal{D}$ とし, さらに

$$d_0 = \|u^*\|_\infty = \max_{x_0 \le x \le x_1} |u^*(x)|, \quad d_1 = \|u^{*\prime}\|_\infty = \max_{x_0 \le x \le x_1} |u^{*\prime}(x)|$$

と置けば, $f(x, u, u')$ は有界閉集合 $[x_0, x_1] \times [-d_0, d_0] \times [-d_1, d_1]$ で連続, したがって一様連続であり, 任意に正数 ε_1 を与えるとき (8.15) の ε を十分小さくとれば

$$|f(x, u^*(x), u^{*\prime}(x)) - f(x, p(x), p'(x))| < \varepsilon_1 \quad (x \in [x_0, x_1])$$

とできる。よって

$$|F[u^*] - F[p]| \le \int_{x_0}^{x_1} |f(x, u^*(x), u^{*\prime}(x)) - f(x, p(x), p'(x))| dx$$
$$< \varepsilon_1(x_1 - x_0) = \varepsilon_2$$

$$\therefore \quad F[u^*] > F[p] - \varepsilon_2 \ge \min_{u \in \mathcal{D}} F[u] - \varepsilon_2 \quad (\because \ p \in \mathcal{D})$$

ε_2 は任意に小さくできるから

$$F[u^*] \ge \min_{u \in \mathcal{D}} F[u] \tag{8.16}$$

(8.14) によって $F[u^*] = \min_{u \in \mathcal{D}^*} F[u] \le \min_{u \in \mathcal{D}} F[u]$ であったから, (8.16) と併せて

$$F[u^*] = \min_{u \in \mathcal{D}} F[u]$$

を得る。 ♠

8.4 境界値問題の変分的取扱い

$$p \in C^1[a,b], \quad r, f \in C[a,b], \quad p > 0, r \ge 0$$
$$F(x, u, v) = pv^2 + ru^2 - 2fu$$
$$\mathcal{D} = \{u \in C^2[a,b] \mid u(a) = \alpha, \ u(b) = \beta\}$$

として変分問題

$$(\text{VP}) \quad I[u] = \int_a^b F(x, u, u') dx \to \min \quad (u \in \mathcal{D})$$

を考える。このとき Euler の方程式は

$$F_u - \frac{d}{dx}(F_{u'}) = 2ru - 2f - \frac{d}{dx}(2pu') = 0$$

すなわち

$$-(pu')' + ru = f$$

となる。したがって (VP) の解 u は, **Sturm-Liouville** (スツルム・リュウビ

ル) 型境界値問題

$$(\text{BVP}) \begin{cases} -\dfrac{d}{dx}\left(p(x)\dfrac{du}{dx}\right) + r(x)u = f(x) & (a \leq x \leq b) \\ u(a) = \alpha, \ u(b) = \beta \end{cases}$$

の解である。逆に $u = u(x)$ が (BVP) の解ならば, 任意の $\bar{u} \in \mathcal{D}$ に対して

$$I[\bar{u}] \geq I[u] \tag{8.17}$$

であり, (8.17) において等号が成り立つのは $\bar{u} = u$ のときに限る。これを示すために $\bar{u} - u = \eta$ と置く。$\eta(a) = \eta(b) = 0$ に注意すれば

$$\begin{aligned}
\Delta I &= I[\bar{u}] - I[u] \\
&= \int_a^b (F(x, u+\eta, u'+\eta') - F(x, u, u'))dx \\
&= \int_a^b (F_u\eta + F_{u'}\eta')dx + \frac{1}{2}\int_a^b \{F_{uu}\eta^2 + 2F_{uu'}\eta\eta' + F_{u'u'}(\eta')^2\}dx \\
&= \int_a^b \left\{F_u\eta - \frac{d}{dx}(F_{u'})\eta\right\}dx + [F_{u'}\cdot\eta]_a^b \\
&\quad + \frac{1}{2}\int_a^b \{F_{uu}\eta^2 + 2F_{uu'}\eta\eta' + F_{u'u'}(\eta')^2\}dx \\
&= \int_a^b \left\{(2ru - 2f)\eta - \frac{d}{dx}(2pu')\eta\right\}dx + \frac{1}{2}\int_a^b \{2r\eta^2 + 2p(\eta')^2\}dx \\
&= 2\int_a^b \{-(pu')' + ru - f\}\eta dx + \int_a^b \{r\eta^2 + p(\eta')^2\}dx \\
&= \int_a^b \{p(\eta')^2 + r\eta^2\}dx \geq 0 \tag{8.18}
\end{aligned}$$

(8.18) で等号が成り立つのは $p(\eta')^2 = r\eta^2 = 0$ のときであり, $p > 0$ であるから $\eta' \equiv 0$ である。これは η が区間 $[a, b]$ 上定数であることを意味するが, $\eta(a) = \eta(b) = 0$ であったから, $\eta \equiv 0$ となる。したがって, (8.17) で等号が成り立つのは $\bar{u} = u$ のときに限る。ゆえに, 変分問題 (VP) を解くことと境界値問題 (BVP) を解くこととは同値であり

$$I[\bar{u}] - I[u] = \int_a^b \{p(\bar{u}' - u')^2 + r(\bar{u} - u)^2\}dx > 0 \quad (\bar{u} \neq u)$$

も示された。われわれは, すでに 6 章において (BVP) はただ一つの解 $u \in C^2[a, b]$ をもつことを知っているから, (VP) はただ一つの解をもつ。

以上をまとめてつぎの定理を得る。

定理 8.3

変分問題 (VP) はただ一つの解 $u^* \in C^2[a,b]$ をもち, それは (BVP) の一意解でもある。さらに任意の $u \in \mathcal{D}$ に対して

$$I[u] - I[u^*] = \int_a^b \{p(x)(u' - u^{*\prime})^2 + r(x)(u - u^*)^2\}dx$$

が成り立つ。

8.5 Ritz 法

Sturm-Liouville 型境界値問題

$$\mathcal{L}u \equiv -(p(x)u')' + r(x)u = f(x) \quad (a \leq x \leq b)$$

$$u(a) = \alpha, \quad u(b) = \beta$$

が与えられたとき

$$l(x) = \frac{\beta - \alpha}{b - a}(x - a) + \alpha, \quad \tilde{u} = u - l(x)$$

と置けば $\tilde{u}$ は

$$\mathcal{L}\tilde{u} = \tilde{f}(x), \quad \tilde{f} = f - \mathcal{L}l$$

$$\tilde{u}(a) = \tilde{u}(b) = 0$$

の解である。よって最初から境界条件を単純化し

$$\text{(BVP)} \quad \mathcal{L}u = -(pu')' + ru = f \quad (a \leq x \leq b)$$

$$u \in \mathcal{D} = \{u \in C^2[a,b] \mid u(a) = u(b) = 0\}$$

あるいは変分問題

$$\text{(VP)} \quad I[u] = \int_a^b \{p(u')^2 + ru^2 - 2fu\}dx \to \min \quad (u \in \mathcal{D})$$

を考える。定理 8.3 により (BVP) と (VP) は同値な問題であり、解はただ一つ存在する。

8.5 Ritz 法

いま 1 次独立な n 個の関数 $\phi_1(x), \cdots, \phi_n(x) \in \mathcal{D}$ を選び

$$u_n = \sum_{i=1}^{n} c_i \phi_i(x) \qquad (c_1, \cdots, c_n \text{は定数})$$

と置くと

$$\begin{aligned}
I[u_n] &= \int_a^b \left\{ p \left(\sum_{i=1}^n c_i \phi_i' \right)^2 + r \left(\sum_{i=1}^n c_i \phi_i \right)^2 - 2f \sum_{i=1}^n c_i \phi_i \right\} dx \\
&= \int_a^b \left(p \sum_{i,j=1}^n \phi_i' \phi_j' c_i c_j + r \sum_{i,j=1}^n \phi_i \phi_j c_i c_j - 2f \sum_{i=1}^n c_i \phi_i \right) dx \\
&= \sum_{i,j=1}^n \int_a^b (p\phi_i' \phi_j' + r\phi_i \phi_j) dx \, c_i c_j - 2 \sum_{i=1}^n \left(\int_a^b f \phi_i dx \right) c_i \\
&= \sum_{i,j=1}^n a_{ij} c_i c_j - 2 \sum_{i=1}^n b_i c_i \qquad (8.19)
\end{aligned}$$

ただし

$$\begin{aligned}
a_{ij} &= \int_a^b (p\phi_i' \phi_j' + r\phi_i \phi_j) dx \\
&= [p\phi_i' \phi_j]_a^b - \int_a^b (p\phi_i')' \phi_j dx + \int_a^b r\phi_i \phi_j dx \\
&= \int_a^b (\mathcal{L}\phi_i) \phi_j dx = (\mathcal{L}\phi_i, \phi_j) \qquad (8.20)
\end{aligned}$$

$$b_i = \int_a^b f \phi_i dx = (f, \phi_i) \qquad (8.21)$$

と置く。ここで

$$A = (a_{ij}), \quad \boldsymbol{b} = (b_1, \cdots, b_n)^t, \quad \boldsymbol{c} = (c_1, \cdots, c_n)^t \qquad (8.22)$$

と置いて (8.19) を行列・ベクトル表示すれば

$$I[u_n] = (A\boldsymbol{c}, \boldsymbol{c}) - 2(\boldsymbol{b}, \boldsymbol{c}) \qquad (8.23)$$

となる。

補題 8.2

n 次行列 A は正定値対称行列である。

196   8. Ritz 法と有限要素法

|証明| $(\mathcal{L}, \mathcal{D})$ は対称作用素であるから

$$a_{ij} = (\mathcal{L}\phi_i, \phi_j) = (\phi_i, \mathcal{L}\phi_j) = (\mathcal{L}\phi_j, \phi_i) = a_{ji} \quad \forall i, j$$

また $\phi_1, \cdots \phi_n$ は 1 次独立であるから $\boldsymbol{c} \neq \boldsymbol{0}$ のとき $\phi = \sum_{i=1}^{n} c_i \phi_i \not\equiv 0$ であり

$$\begin{aligned}
(A\boldsymbol{c}, \boldsymbol{c}) &= \sum_{i,j=1}^{n} a_{ij} c_i c_j = \sum_{i,j=1}^{n} (\mathcal{L}\phi_i, \phi_j) c_i c_j \\
&= \sum_{i=1}^{n} \left(\mathcal{L}\phi_i, \sum_{j=1}^{n} c_j \phi_j \right) c_i \\
&= \left(\mathcal{L}\left(\sum_{i=1}^{n} c_i \phi_i \right), \sum_{j=1}^{n} c_j \phi_j \right) \\
&= (\mathcal{L}\phi, \phi) \\
&= \int_a^b (p(\phi')^2 + r\phi^2) dx > 0 \qquad (命題 \textbf{4.1} による)
\end{aligned}$$

を得る。 ♠

定理 8.4

$\phi_1, \cdots, \phi_n, \cdots \in \mathcal{D}$ かつ各 n につき $\phi_1, \cdots, \phi_n$ は $[a, b]$ 上 1 次独立と仮定し

$$\mathcal{S}_n = \mathrm{span}\{\phi_1, \cdots, \phi_n\} = \left\{ \sum_{i=1}^{n} c_i \phi_i \middle| c_1, \cdots, c_n \in \boldsymbol{R} \right\}$$

と置く。$A, \boldsymbol{b}, \boldsymbol{c}$ を $(8.20) \sim (8.22)$ のように定義するとき, $u_n^* = \sum_{i=1}^{n} c_i^* \phi_i$ が $\mathcal{S}_n$ における変分問題の解, すなわち

$$\min_{u_n \in \mathcal{S}_n} I[u_n] = I[u_n^*] \tag{8.24}$$

であることと $\boldsymbol{c}^* = (c_1^*, \cdots, c_n^*)^t$ が n 元連立 1 次方程式 $A\boldsymbol{c} = \boldsymbol{b}$ の解であることとは同値である。さらに

$$I[u_n^*] \geq I[n_{n+1}^*] \geq \cdots \geq I[u^*] \tag{8.25}$$

ただし, u^* は (BVP)(したがって (VP)) の解である。

証明 $u_n = \sum_{i=1}^{n} c_i \phi_i$ と置けば, (8.19) より

$$I[u_n] = \sum_{i,j=1}^{n} a_{ij} c_i c_j - 2 \sum_{i=1}^{n} b_i c_i$$

よって

$$\frac{\partial I[u_n]}{\partial c_i} = 0 \ (1 \leq i \leq n) \Leftrightarrow 2\sum_{j=1}^{n} a_{ij} c_j - 2b_i = 0 \ (1 \leq i \leq n)$$

$$\Leftrightarrow A\boldsymbol{c} = \boldsymbol{b} \tag{8.26}$$

補題 **8.2** によって (8.26) は一意解 $\boldsymbol{c}^*$ をもつ. このとき (8.23) から

$$\begin{aligned}
I[u_n] &= (A\boldsymbol{c}, \boldsymbol{c}) - 2(\boldsymbol{b}, \boldsymbol{c}) \\
&= (A\boldsymbol{c}, \boldsymbol{c}) - 2(A\boldsymbol{c}^*, \boldsymbol{c}) \\
&= (A(\boldsymbol{c} - \boldsymbol{c}^*), \boldsymbol{c} - \boldsymbol{c}^*) - (A\boldsymbol{c}^*, \boldsymbol{c}^*) \\
&\geq -(A\boldsymbol{c}^*, \boldsymbol{c}^*) \tag{8.27} \\
&= (A\boldsymbol{c}^*, \boldsymbol{c}^*) - 2(\boldsymbol{b}, \boldsymbol{c}^*) = I[u_n^*]
\end{aligned}$$

(8.27) において等号が成り立つのは $\boldsymbol{c} = \boldsymbol{c}^*$ のときに限る. よって $u_n \neq u_n^*$ ならば $I[u_n] > I[u_n^*]$ である. また $\mathcal{D} \supset \mathcal{S}_{n+1} \supset \mathcal{S}_n$ であるから

$$I[u_n^*] \geq I[u_{n+1}^*] \geq \min_{u \in \mathcal{D}} I[u] = I[u^*] \qquad \spadesuit$$

(8.25) は $\lim_{n \to \infty} I[u_n] = I[u^*]$ を意味しない. これが成り立つためには $\phi_1, \phi_2, \cdots, \phi_n, \cdots$ がある条件を満たさねばならない.

定義 8.2 (相対完全系)　$\phi_1, \phi_2, \cdots$ が $\mathcal{D}$ 内の**相対完全系** (relatively complete system) であるとは, 任意に与えられた正数 ε と任意の $u \in \mathcal{D}$ に対して

$$\|u_n - u\|_\infty < \varepsilon, \quad \|u_n' - u'\|_\infty < \varepsilon$$

を満たす $u_n \in \mathcal{S}_n$ が存在するときをいう.

補題 8.3

$\mathcal{D}$ 内の相対完全系は存在する.

---

198   8. Ritz 法と有限要素法

証明 (Kantorovich-Krylov 22) による)　$\phi_i(x) = (x-a)^i(b-x)(i=1,2,\cdots)$ は求めるものであることを示そう。$u \in \mathcal{D}$, $\varepsilon > 0$ とすれば, Weierstrass の近似定理 (定理 **1.20**) によって

$$\|u' - p\|_\infty < \frac{\varepsilon}{2(b-a+1)}$$

を満たす多項式 $p = p(x)$ がある。$p(x)$ の次数を n とする。ここで

$$P(x) = \int_a^x p(t)dt - \frac{x-a}{b-a}\int_a^b p(t)dt \tag{8.28}$$

と置くと

$$\left|\int_a^b p(t)dt\right| = \left|\int_a^b (p(t) - u'(t))dt\right| \quad (\because u(a) = u(b) = 0)$$
$$< \frac{(b-a)\varepsilon}{2(b-a+1)}$$

$$\therefore \quad |u(x) - P(x)| \leq \int_a^x |u'(x) - p(t)|dt + \frac{x-a}{b-a}\left|\int_a^b p(t)dt\right|$$
$$< \frac{(x-a)\varepsilon}{2(b-a+1)} + \frac{x-a}{b-a} \cdot \frac{(b-a)\varepsilon}{2(b-a+1)}$$
$$< \frac{(b-a)\varepsilon}{b-a+1} < \varepsilon$$

$$|u'(x) - P'(x)| = \left|u'(x) - p(x) - \frac{1}{b-a}\int_a^b p(t)dt\right|$$
$$\leq |u'(x) - p(x)| + \frac{1}{b-a}\left|\int_a^b p(t)dt\right|$$
$$< \frac{\varepsilon}{2(b-a+1)} + \frac{1}{b-a}\frac{(b-a)\varepsilon}{2(b-a+1)}$$
$$= \frac{\varepsilon}{b-a+1} < \varepsilon$$

(8.28) より $P(x)$ は $n+1$ 次の多項式で $P(a) = P(b) = 0$ を満たす。したがって, $P(x)$ は $(x-a)(b-x)$ で割り切れて

$$P(x) = (x-a)(b-x)(a_1 + a_2 x + \cdots + a_n x^{n-1})$$

と書くことができる。$a_1 + a_2 x + \cdots + a_n x^{n-1}$ を $x = a$ で展開して

$$c_1 + c_2(x-a) + \cdots + c_n(x-a)^{n-1}$$

と書けば

$$P(x) = c_1\phi_1(x) + \cdots + c_n\phi_n(x)$$

$$\|u - P\|_\infty < \varepsilon, \quad \|u' - P'\|_\infty < \varepsilon$$

よって $\{\phi_i\}_{i=1}^\infty$ は $\mathcal{D}$ 内の相対完全系をなす。　♠

定理 8.5

u^* を (BVP) の解とする。$\{\phi_i\}$ が $\mathcal{D}$ 内の相対完全系ならば $n \to \infty$ のとき $u_n^*(x)$ は $u^*(x)$ に $[a,b]$ 上一様収束する。

証明 $u^* \in \mathcal{D}$ かつ $\{\phi_i\}$ は $\mathcal{D}$ 内の相対完全系であるから, 任意に与えられた $\varepsilon > 0$ に対し $u_n \in \mathcal{S}_n$ を適当に選んで

$$\|u_n - u^*\|_\infty < \varepsilon, \quad \|u_n' - u^{*\prime}\|_\infty < \varepsilon$$

とできる。このとき定理 **8.3** により

$$\begin{aligned} 0 &\leq I[u_n] - I[u^*] \\ &= \int_a^b \{p(x)(u_n' - u^{*\prime})^2 + r(x)(u_n - u^*)^2\} dx \\ &< \kappa \varepsilon^2 \quad (\text{ただし,}\ \kappa = (\|p\|_\infty + \|r\|_\infty)(b-a)) \end{aligned}$$

よって

$$I[u^*] \leq I[u_n] < I[u^*] + \kappa \varepsilon^2$$

このとき $m > n$ ならば

$$I[u^*] \leq I[u_m^*] \leq I[u_m] \leq I[u_n] < I[u^*] + \kappa \varepsilon^2$$

よって

$$0 \leq I[u_m^*] - I[u^*] < \kappa \varepsilon^2 \quad \forall m > n$$

ε は任意であったから, 上式は

$$\lim_{m \to \infty} I[u_m^*] = I[u^*] \tag{8.29}$$

を意味する。さらに, $p_* = \min_{a \leq x \leq b} p(x)$ とすれば $p_* > 0$ で

$$\begin{aligned} I[u_n^*] - I[u^*] &= \int_a^b \{p(x)(u_n^{*\prime} - u^{*\prime})^2 + r(x)(u_n^* - u^*)^2\} dx \\ &\geq \int_a^b p(x)(u_n^{*\prime} - u^{*\prime})^2 dx \\ &\geq p_* \int_a^b (u_n^{*\prime} - u^{*\prime})^2 dx \end{aligned}$$

$$\therefore \quad \int_a^b (u_n^{*\prime} - u^{*\prime})^2 dx \leq \frac{1}{p_*}(I[u_n^*] - I[u^*])$$

したがって, $x \in [a,b]$ に対し

$$|u_n^*(x) - u^*(x)| = \left|\int_a^x (u_n^{*\prime}(t) - u^{*\prime}(t))dt\right|$$

$$\leq \sqrt{\int_a^x |u_n^{*\prime}(t) - u^{*\prime}(t)|^2 dt \int_a^x 1^2 dt}$$

$$\leq \sqrt{(b-a)\int_a^b |u_n^{*\prime}(t) - u^{*\prime}(t)|^2 dt}$$

$$< \sqrt{\frac{b-a}{p_*}(I[u_n^*] - I[u^*])}$$

$$\to 0 \quad (n \to \infty) \quad\quad ((8.29)による)$$

を得る。　　　　　　　　　　　　　　　　　　　　　　　　　　♠

このようにして u^* の近似解 $u_n^*(x)$ を求める方法を **Ritz** (リッツ) 法という。また $u_n^*(x)$ を u^* に対する**第 n Ritz 近似**という。後述する有限要素法は, $\{\phi_i\}$ としてスプライン関数 (次節参照) を用いる Ritz 法にほかならない。

8.6　スプライン関数

有限区間 $[a,b]$ の分割を

$$\Delta: a = x_0 < x_1 < \cdots < x_n < x_{n+1} = b \tag{8.30}$$

とするとき, つぎの条件を満たす区分的 m 次多項式 $S_\Delta^m(x)$ を分割 Δ に属する m 次の**スプライン関数** (spline function) という。

(i)　$S_\Delta^m(x) \in C^{m-1}[a,b]$

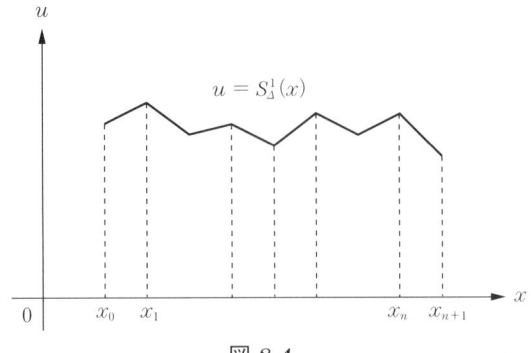

図 **8.4**

(ii) $S_\Delta^m(x)$ は各小区間 $[x_i, x_{i+1}]$ において m 次の多項式である。

図 **8.4** に示すように，1次のスプライン関数は連続な折れ線関数であって，各分点 x_i における値を指定すれば一意に定まる．2次，3次のスプライン関数の一意存在条件については山本 7) を参照されたい．

定理 8.6

$f \in C^2[a,b]$ とする．(8.30) の分割 Δ に属し，かつ各分点 x_i において値 $f(x_i)$ をとる 1 次のスプライン関数 $S_\Delta^1(x)$ を $S_\Delta(x)$ で表す． $h_j = x_j - x_{j-1}$, $h = \max_j h_j$ かつ $M = \max_{a \le x \le b} |f''(x)|$ とするとき，$x \in [a,b]$ に対し

$$|f'(x) - S'_\Delta(x)| \le \frac{1}{2} Mh$$

$$|f(x) - S_\Delta(x)| \le \frac{1}{4} Mh^2$$

ただし，$x = x_i$ においては $S'_\Delta(x_i) = S'_\Delta(x_i - 0)$ (または $S'_\Delta(x_i + 0)$) とする．

証明 開区間 (x_i, x_{i+1}) において

$$S'_\Delta(x) = \frac{f(x_{i+1}) - f(x_i)}{h_{i+1}}$$

よって

$$\begin{aligned}
f'(x) - S'_\Delta(x) &= f'(x) - \frac{f(x_{i+1}) - f(x_i)}{h_{i+1}} \\
&= f'(x) - \frac{f(x_{i+1}) - f(x) - \{f(x_i) - f(x)\}}{h_{i+1}} \\
&= f'(x) - \frac{1}{h_{i+1}} \left[\left\{ (x_{i+1} - x) f'(x) + \frac{1}{2}(x_{i+1} - x)^2 f''(\xi) \right\} \right. \\
&\quad \left. - \left\{ (x_i - x) f'(x) + \frac{1}{2}(x_i - x)^2 f''(\eta) \right\} \right] \\
&\qquad (x < \xi < x_{i+1}, \ x_i < \eta < x) \\
&= -\frac{1}{2 h_{i+1}} \{(x_{i+1} - x)^2 f''(\xi) - (x_i - x)^2 f''(\eta)\}
\end{aligned}$$

$$\therefore \ |f'(x) - S'_\Delta(x)| \le \frac{1}{2 h_{i+1}} \{(x_{i+1} - x)^2 + (x_i - x)^2\} M$$

$$\leq \frac{1}{2h_{i+1}}\{(x_{i+1}-x)+(x-x_i)\}^2 M$$
$$= \frac{1}{2h_{i+1}}(x_{i+1}-x_i)^2 M = \frac{1}{2}h_{i+1}M \leq \frac{1}{2}hM$$

また, x_i, x_{i+1} のうち x に近いほうを x_k (等距離にあればそのうちのどちらか) で表すとき
$$|x-x_k| \leq \frac{1}{2}h$$
かつ
$$f(x)-S_\Delta(x) = \int_{x_k}^{x}(f'(t)-S'_\Delta(t))dt$$
であるから
$$|f(x)-S_\Delta(x)| \leq \left|\int_{x_k}^{x}\frac{h}{2}Mdt\right| = \frac{h}{2}M|x-x_k| \leq \frac{M}{4}h^2$$
が成り立つ。 ♠

(8.30) の分割 Δ に属する 1 次のスプライン関数の全体は $n+2$ 次元線形空間をなし, 図 **8.5**~図 **8.7** の $\phi_0, \phi_1, \cdots, \phi_{n+1}$ が一つの基底をなす。実際, $\phi_0, \phi_1, \cdots, \phi_{n+1}$ は $[a,b]$ 上 1 次独立で, 任意の 1 次スプライン関数 $S^1_\Delta(x)$ は
$$S^1_\Delta(x) = \sum_{i=0}^{n+1} S^1_\Delta(x_i)\phi_i$$
と表される。また, 1 次のスプライン関数を $S^1_\Delta(a)=S^1_\Delta(b)=0$ なるものの全体に限ればそれらは n 次元線形空間をなし, $\phi_1, \phi_2, \cdots, \phi_n$ がその一つの基底を与える。

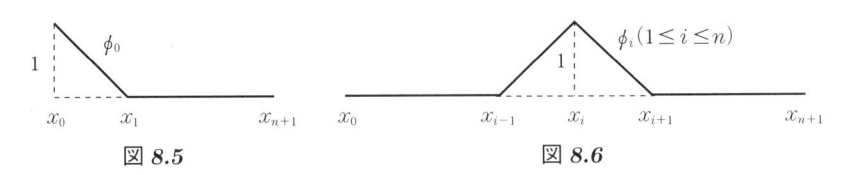

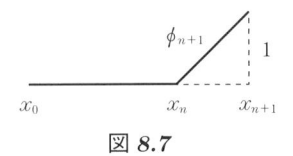

図 **8.5**

図 **8.6**

図 **8.7**

8.7 有限要素法

すでに述べたように,有限要素法は Ritz 法の特別な場合であって,Ritz 近似 $u_n^* = \sum_{i=1}^{n} c_i^* \phi_i$ の基底 $\{\phi_i\}$ としてスプライン関数を選ぶ方法である.しかしながら,1 次のスプライン関数 $S_\Delta^1(x)$ は Ritz 法で定めた関数のクラス

$$\mathcal{D} = \{u \in C^2[a,b] \mid u(a) = u(b) = 0\}$$

に属さないから,以下に示すように Ritz 法の議論を若干修正せねばならない.

再び仮定 $p \in C^1[a,b]$, $r, f \in C[a,b]$, $p > 0$, $r \geq 0$ の下に,境界値問題

$$\text{(BVP)} \quad \mathcal{L}u = -\frac{d}{dx}\left(p(x)\frac{du}{dx}\right) + r(x)u = f(x) \quad (a \leq x \leq b)$$
$$u \in \mathcal{D}$$

を考える.

つぎの条件を満たす関数 u の全体を $PC^1[a,b]$ と書く.

(i) $u \in C[a,b]$

(ii) $[a,b]$ の適当な分割 $\Delta : a = x_0 < x_1 < \cdots < x_{n+1} = b$ をとれば,各開区間 (x_i, x_{i-1}) において u は C^1 級

(iii) $\|u'\|_\infty = \max_i \sup_{x \in (x_i, x_{i+1})} |u'(x)| < +\infty$

このとき

$$V = \{u \in PC^1[a,b] \mid u(a) = u(b) = 0\}$$
$$[u,v] = \int_a^b \{p(t)u'(t)v'(t) + r(t)u(t)v(t)\}dt$$

と置くと,[,] は V 上の内積を与える(証明は容易であろう).さらにつぎが成り立つ.

補題 8.4

$u \in C^2[a,b]$, $v \in V$ ならば

$$(\mathcal{L}u,v) = [u,v] \tag{8.31}$$

「証明」

$$\begin{aligned}
(\mathcal{L}u,v) &= \int_a^b \{-(pu')' + ru\}v dt \\
&= -pu' \cdot v\big|_a^b + \int_a^b (pu'v' + ruv)dt \\
&= \int_a^b (pu'v' + ruv)dt = [u,v]
\end{aligned}$$

♠

いま

$$F[v] = \frac{1}{2}[v,v] - (f,v)$$

とおき次の二つの変分問題を考える。

(VP1)　$F[v] \to \min$　　$(v \in \mathcal{D})$

(VP2)　$F[v] \to \min$　　$(v \in V)$

このとき $\mathcal{D} \subset V$ であるから $\min_{v \in \mathcal{D}} F[v] \geq \min_{v \in V} F[v]$ であるが,定理 **8.2** と同様に

$$\min_{v \in \mathcal{D}} F[v] = \min_{v \in V} F[v]$$

が成り立つ。したがって (VP1)⇔(VP2) である。一方 8.5 節によって (BVP)⇔(VP)=(VP1) であるから, (BVP)⇔(VP2) となる。さらにつぎが成立する。

補題 8.5

(i)　$u = u^* \in \mathcal{D}$ が $(\mathcal{L}u,v) = (f,v)$ $\forall v \in \mathcal{D}$ の解ならば, u^* は (VP1) の解である (逆は自明である)。

(ii)　$u = u^* \in V$ が $[u,v] = (f,v)$ $\forall v \in V$ の解ならば, u^* は (VP2) の解である。

「証明」　(i)　$v \in \mathcal{D}$ のとき

$$F[v] = \frac{1}{2}[v,v] - (f,v)$$
$$= \frac{1}{2}(\mathcal{L}v,v) - (\mathcal{L}u^*,v)$$
$$= \frac{1}{2}(\mathcal{L}(v-u^*),v-u^*) - \frac{1}{2}(\mathcal{L}u^*,u^*)$$
$$\geq -\frac{1}{2}(\mathcal{L}u^*,u^*) \quad (\text{等号は } v-u^*=0 \text{ のときに限る})$$
$$= F[u^*]$$

ゆえに, u^* は (VP1) のただ一つの解である。

(ii) $v \in V$ のとき
$$F[v] = \frac{1}{2}[v,v] - [u^*,v] \quad (\because \ [u^*,v]=(f,v))$$
$$= \frac{1}{2}[v-u^*,v-u^*] - \frac{1}{2}[u^*,u^*]$$
$$\geq -\frac{1}{2}[u^*,u^*] \quad (\text{等号は } v-u^*=0 \text{ のときに限る})$$
$$= F[u^*] \quad (\because \ (f,u^*)=[u^*,u^*])$$

ゆえに, u^* は (VP2) のただ一つの解である。 ♠

以下, V における変分問題 (VP2) と対応する Ritz 近似の収束を議論しよう。$PC^1[a,b]$ の定義から, $v \in V$ ならば

$$\|v'\|_\infty = \max_{0\leq i\leq n} \sup_{x\in(x_i,x_{i+1})} |v'(x)| < +\infty$$
$$\|v\|_\infty = \max_{a\leq x\leq b} |v(x)|$$

であることをまず注意する。また, 内積 $[\ ,\ ]$ から導かれるノルムを $|||\cdot|||$ で表す。すなわち

$$|||v||| = \sqrt{[v,v]} \quad (v \in V)$$

さらに

$$p_* = \min_{a\leq x\leq b} p(x) \quad (\text{このとき } p_* > 0 \text{ である})$$
$$\lambda = \frac{p_*}{b-a}, \quad \Lambda = (b-a)\|p\|_\infty + (b-a)^3\|r\|_\infty$$

と置く。

補題 8.6

(i) $u \in \mathcal{D}$, $u \neq 0$ ならば
$$|||u||| = \sqrt{(\mathcal{L}u, u)} > 0$$

(ii) $u \in V$ ならば
$$\sqrt{\lambda}\|u\|_\infty \leq |||u||| \leq \sqrt{\Lambda}\|u'\|_\infty$$

証明 (i) $u \in \mathcal{D}$, $u \neq 0$ ならば
$$(\mathcal{L}u, u) = \int_a^b \{-(pu')' + ru\}u dt$$
$$= \int_a^b \{p(u')^2 + ru^2\}dt = [u, u] > 0$$

より明らかである。

(ii) $u \in V$ とすれば $u(x) = \int_a^x u'(t)dt$

$$\therefore \quad u(x)^2 \leq \left(\int_a^x u'(t)dt\right)^2 \leq \left(\int_a^x 1^2 dt\right)\left(\int_a^x |u'(t)|^2 dt\right)$$
$$\leq (b-a)\int_a^b |u'(t)|^2 dt = (b-a)\|u'\|^2 \tag{8.32}$$
$$\leq (b-a)^2 \|u'\|_\infty^2$$

$$\therefore \quad \|u\|_\infty \leq (b-a)\|u'\|_\infty \tag{8.33}$$

よって
$$[u, u] = \int_a^b \{p(u')^2 + ru^2\}dt$$
$$\leq (b-a)\|p\|_\infty \|u'\|_\infty^2 + (b-a)\|r\|_\infty \|u\|_\infty^2$$
$$\leq (b-a)\|p\|_\infty \|u'\|_\infty^2 + (b-a)\|r\|_\infty ((b-a)\|u'\|_\infty)^2 \quad ((8.33) \text{による})$$
$$= \Lambda \|u'\|_\infty^2$$

また (8.32) より
$$\|u\|_\infty^2 \leq (b-a)\|u'\|^2$$

であるから

$$[u,u] \geq \int_a^b p(u')^2 dt \geq p_* \|u'\|^2$$
$$\geq \frac{p_*}{b-a}\|u\|_\infty^2 = \lambda \|u\|_\infty^2$$
を得る。したがって
$$\lambda \|u\|_\infty^2 \leq [u,u] = \|\|u\|\|^2 \leq \Lambda \|u'\|_\infty^2$$
が成り立つ。 ♠

補題 8.7

$\mathcal{S}$ を V の n 次元部分空間, $\phi_1,\cdots,\phi_n$ を $\mathcal{S}$ の基底, $\boldsymbol{c}^* = (c_1^*,\cdots,c_n^*)^t$ を n 元連立 1 次方程式

$$\begin{bmatrix} [\phi_1,\phi_1] & \cdots & [\phi_1,\phi_n] \\ \vdots & & \vdots \\ [\phi_n,\phi_1] & \cdots & [\phi_n,\phi_n] \end{bmatrix} \begin{bmatrix} c_1 \\ \vdots \\ c_n \end{bmatrix} = \begin{bmatrix} (f,\phi_1) \\ \vdots \\ (f,\phi_n) \end{bmatrix} \quad (8.34)$$

の解とする。このとき $\phi^* = \displaystyle\sum_{i=1}^n c_i^* \phi_i$ は

$$\min_{\phi \in \mathcal{S}} F[\phi] = F[\phi^*]$$

を満たす。

証明 定理 **8.4** と同じ証明を繰り返す。$\phi = \displaystyle\sum_{i=1}^n c_i \phi_i$ とすれば $\phi \in \mathcal{S}$ であり

$$F[\phi] = \frac{1}{2}\left[\sum_{i=1}^n c_i\phi_i, \sum_{j=1}^n c_j\phi_j\right] - \left(f, \sum_{i=1}^n c_i\phi_i\right)$$
$$= \frac{1}{2}\sum_{i,j=1}^n [\phi_i,\phi_j]c_i c_j - \sum_{i=1}^n c_i(f,\phi_i)$$

ここで $\hat{A} = ([\phi_i,\phi_j])$, $\boldsymbol{c} = (c_1,\cdots,c_n)^t$, $b_i = (f,\phi_i)$, $\boldsymbol{b} = (b_1,\cdots,b_n)^t$ と置けば

$$F[\phi] = \frac{1}{2}(\hat{A}\boldsymbol{c},\boldsymbol{c}) - (\boldsymbol{b},\boldsymbol{c}) = \frac{1}{2}(\hat{A}\boldsymbol{c},\boldsymbol{c}) - (\hat{A}\boldsymbol{c}^*,\boldsymbol{c})$$
$$= \frac{1}{2}(\hat{A}(\boldsymbol{c}-\boldsymbol{c}^*),\boldsymbol{c}-\boldsymbol{c}^*) - \frac{1}{2}(\hat{A}\boldsymbol{c}^*,\boldsymbol{c}^*)$$

$$\geq -\frac{1}{2}(\hat{A}\boldsymbol{c}^*, \boldsymbol{c}^*) = F[\phi^*]$$

となる。 ♠

補題 8.8

u^* を (BVP) の解とすれば, 補題 **8.7** の記号と仮定の下で, つぎが成り立つ。

(i) $\||\phi^* - u^*\|| \leq \||\phi - u^*\||\ \ \forall \phi \in \mathcal{S}$

(ii) $\|\phi^* - u^*\|_\infty \leq \sqrt{\dfrac{\Lambda}{\lambda}}\|\phi' - u^{*\prime}\|_\infty\ \ \forall \phi \in \mathcal{S}$

証明 (i) $\phi \in \mathcal{S}$ ならば補題 **8.4** により

$$[u^*, \phi] = (\mathcal{L}u^*, \phi) = (f, \phi)$$

であるから

$$\begin{aligned}{}[\phi - u^*, \phi - u^*] &= [\phi, \phi] - 2[\phi, u^*] + [u^*, u^*] \\ &= 2F[\phi] + [u^*, u^*] \\ &\geq 2F[\phi^*] + [u^*, u^*] \\ &= [\phi^* - u^*, \phi^* - u^*]\end{aligned}$$

よって

$$\||\phi^* - u^*\|| \leq \||\phi - u^*\||$$

(ii) 補題 **8.6** (ii) と, いま証明した (i) によって

$$\begin{aligned}\lambda \|\phi^* - u^*\|_\infty^2 &\leq \||\phi^* - u^*\||^2 \leq \||\phi - u^*\||^2 \\ &\leq \Lambda \|(\phi - u^*)'\|_\infty^2 \\ &= \Lambda \|\phi' - u^{*\prime}\|_\infty^2\end{aligned}$$

ゆえに

$$\|\phi^* - u^*\|_\infty \leq \sqrt{\dfrac{\Lambda}{\lambda}}\|\phi' - u^{*\prime}\|_\infty$$

♠

定義 8.3 (有限要素法) 1 次のスプライン関数からなる V の有限次元部分空間 S における Ritz 近似を **1 次要素を用いる** (あるいは区分的 1 次多項式を用いる) **有限要素近似** (finite element approximation) という。また対応する Ritz 法を**有限要素法** (finite element method) という。一般に m 次要素を用いる有限要素法も同様にして定義される。

注意 8.2 有限要素法の真価は 2 次元, 3 次元の偏微分方程式に対する境界値問題を解く場合に発揮される。興味ある読者は専門家による適当な書物 (例えば菊地 3)) を参照されたい。

さて, 1 次要素を用いる有限要素法の収束はつぎの定理で与えられる。ただし, この評価は次節においてさらに改良されることをあらかじめ注意しておく。

定理 8.7 (有限要素法の収束)

u を (BVP) の解とし, $\phi_1, \cdots, \phi_n$ を 8.6 節 (図 **8.6**) において定義された 1 次のスプライン関数とする。$\{\phi_i\}$ により張られる n 次元線形空間 V_h における有限要素近似を $\phi^* = \sum_{i=1}^{n} c_i^* \phi_i$ とすれば

$$\|\phi^* - u\|_\infty \leq O(h) \tag{8.35}$$

ただし, $h = \max_{i} h_i$, $h_i = x_i - x_{i-1}$, $i = 1, 2, \cdots, n+1$ である。

証明 $\phi(x) = \sum_{i=1}^{n} u(x_i)\phi_i$ とおけば $\phi \in V_h$ である。ゆえに, 定理 **8.6** によって

$$\|\phi' - u'\|_\infty \leq \frac{1}{2} h \|u''\|_\infty \tag{8.36}$$

したがって, 補題 **8.8** (ii) と (8.36) により

$$\|\phi^* - u\|_\infty \leq \sqrt{\frac{\Lambda}{\lambda}} \|\phi' - u'\|_\infty$$

$$\leq \sqrt{\frac{\Lambda}{\lambda}} \cdot \frac{1}{2} h \|u''\|_\infty = O(h) \tag{8.37}$$

を得る。 ♠

注意 8.3 1 次要素を用いる有限要素法において, 方程式 (8.34) の係数行列の第 (i,j) 要素 $[\phi_i, \phi_j]$ は, $|i-j| \geq 2$ のとき $[\phi_i, \phi_j] = 0$ となる。実際

$$[\phi_i, \phi_j] = \int_a^b (p(t)\phi_i'\phi_j' + r(t)\phi_i\phi_j)dt \tag{8.38}$$

であり, 区間 $[x_{i-1}, x_{i+1}]$ の外では $\phi_i = 0$ であるから, $|i-j| \geq 2$ ならば $\phi_i\phi_j = 0$, $\phi_i'\phi_j' = 0$ となり (8.38) の右辺の積分は零となる。

ゆえに, 係数行列 $([\phi_i, \phi_j])$ は

$$\begin{bmatrix} * & * & & & & \\ * & * & * & & & \\ & \ddots & \ddots & \ddots & & \\ & & & * & * & * \\ & & & & * & * \end{bmatrix}$$

の形の実対称 3 重対角行列である。また 1 次独立な関数 ϕ_i からつくられる **Gram** (グラム) **行列** (山本 7) 参照) であるから, 正定値である (証明は補題 **8.2** において, 内積 (,) を [,] で置き換えればよい)。

さらに

$$\phi_i = \begin{cases} \dfrac{1}{h_i}(x - x_{i-1}) & (x_{i-1} \leq x \leq x_i) \\ \dfrac{1}{h_{i+1}}(x_{i+1} - x) & (x_i \leq x \leq x_{i+1}) \\ 0 & (その他) \end{cases}$$

として計算を実行すれば

$$\begin{aligned}
[\phi_i, \phi_i] &= \int_{x_{i-1}}^{x_{i+1}} (p(x)(\phi_i')^2 + r(x)\phi_i^2)dx \\
&= \frac{1}{h_i^2}\int_{x_{i-1}}^{x_i} \{p(x) + r(x)(x - x_{i-1})^2\}dx \\
&\quad + \frac{1}{h_{i+1}^2}\int_{x_i}^{x_{i+1}} \{p(x) + r(x)(x_{i+1} - x)^2\}dx
\end{aligned}$$

$$\begin{aligned}
[\phi_i, \phi_{i+1}] &= [\phi_{i+1}, \phi_i] \\
&= \int_{x_i}^{x_{i+1}} \left\{ p(x)\left(-\frac{1}{h_{i+1}}\right)\left(\frac{1}{h_{i+1}}\right) \right. \\
&\quad \left. + r(x)\left(\frac{x_{i+1} - x}{h_{i+1}}\right)\left(\frac{x - x_i}{h_{i+1}}\right) \right\}dx \\
&= -\frac{1}{h_{i+1}^2}\int_{x_i}^{x_{i+1}} \{p(x) + r(x)(x - x_i)(x - x_{i+1})\}dx
\end{aligned}$$

$$(f, \phi_i) = \int_{x_{i-1}}^{x_i} f(x)\frac{x - x_{i-1}}{h_i}dx + \int_{x_i}^{x_{i+1}} f(x)\frac{x_{i+1} - x}{h_{i+1}}dx$$

$$= \frac{1}{h_i} \int_{x_{i-1}}^{x_i} f(x)(x - x_{i-1})dx + \frac{1}{h_{i+1}} \int_{x_i}^{x_{i+1}} f(x)(x_{i+1} - x)dx$$

特に, $p(x) = 1$, $r(x) = c$ (定数), $f(x) = d$ (定数) とすれば

$$[\phi_i, \phi_i] = \frac{1}{h_i} + \frac{1}{h_{i+1}} + \frac{c}{3}(h_i + h_{i+1}) \qquad (1 \leq i \leq n)$$

$$[\phi_i, \phi_{i+1}] = -\frac{1}{h_{i+1}} + \frac{c}{6}h_{i+1} \qquad (1 \leq i \leq n-1)$$

$$(f, \phi_i) = \frac{d}{2}(h_i + h_{i+1})$$

ゆえに, 連立 1 次方程式 (8.34) はつぎのようになる。

$$H\hat{A}c = de$$

ただし

$$H = \begin{bmatrix} \frac{2}{h_1 + h_2} & & \\ & \ddots & \\ & & \frac{2}{h_n + h_{n+1}} \end{bmatrix}, \quad c = \begin{bmatrix} c_1 \\ \vdots \\ c_n \end{bmatrix}, \quad e = \begin{bmatrix} 1 \\ \vdots \\ 1 \end{bmatrix}$$

$$\hat{A} = \begin{bmatrix} \frac{1}{h_1} + \frac{1}{h_2} + \frac{c}{3}(h_1 + h_2) & -\frac{1}{h_2} + \frac{c}{6}h_2 & & \\ -\frac{1}{h_2} + \frac{c}{6}h_2 & \frac{1}{h_2} + \frac{1}{h_3} + \frac{c}{3}(h_2 + h_3) & -\frac{1}{h_3} + \frac{c}{6}h_3 & \\ & \ddots & \ddots & \ddots \end{bmatrix}$$

である。一方差分近似 (7.33) に対応する差分方程式は

$$HAU = de$$

である。ただし

$$A = \begin{bmatrix} \frac{1}{h_1} + \frac{1}{h_2} + \frac{c}{2}(h_1 + h_2) & -\frac{1}{h_2} & & \\ -\frac{1}{h_2} & \frac{1}{h_2} + \frac{1}{h_3} + \frac{c}{2}(h_2 + h_3) & -\frac{1}{h_3} & \\ & \ddots & \ddots & \ddots \end{bmatrix}$$

$$U = (U_1, \cdots, U_n)^t$$

と置いている。$\hat{A}$ と A の微妙な違いに注意されたい。

8.8 Nitsche のトリック

最大ノルム $\|\cdot\|_\infty$ による (8.35) の評価は L^2 ノルム $\|\cdot\|$ による評価

$$\|\phi^* - u\| \leq O(h^2) \tag{8.39}$$

で置き換えられることを示そう。以下定理 **8.7** における記号を保持する。

補題 8.9

v を境界値問題

$$\mathcal{L}v \equiv -\frac{d}{dx}\left(p(x)\frac{dv}{dx}\right) + r(x)v = \phi^* - u \qquad (a \leq x \leq b)$$

$$v \in \mathcal{D}$$

の解とし, $\hat{\phi} = \sum_{i=1}^{n} v(x_i)\phi_i$ と置けばつぎが成り立つ。

(i) $\quad \|\hat{\phi}' - v'\| \leq \sqrt{\dfrac{7}{3}} h \|v''\| \tag{8.40}$

(ii) $\quad \|\hat{\phi} - v\| \leq \sqrt{\dfrac{7}{3}} h^2 \|v''\| \tag{8.41}$

証明 (i) $x \in (x_{i-1}, x_i)$ のとき

$$\begin{aligned}
\hat{\phi}'(x) - v'(x) &= \hat{\phi}'(x_{i-1}) - v'(x_{i-1}) + \int_{x_{i-1}}^{x} (\hat{\phi}''(t) - v''(t))dt \\
&= \frac{v(x_i)}{h_i} - \frac{v(x_{i-1})}{h_i} - v'(x_{i-1}) - \int_{x_{i-1}}^{x} v''(t)dt \\
&= \frac{1}{h_i}(v(x_i) - v(x_{i-1}) - h_i v'(x_{i-1})) - \int_{x_{i-1}}^{x} v''(t)dt \\
&= \frac{1}{h_i}\int_{x_{i-1}}^{x_i}(x_i - t)v''(t)dt - \int_{x_{i-1}}^{x} v''(t)dt
\end{aligned}$$

$$\begin{aligned}
|\hat{\phi}'(x) - v'(x)| &\leq \int_{x_{i-1}}^{x_i} \frac{x_i - t}{h_i}|v''(t)|dt + \int_{x_{i-1}}^{x_i} |v''(t)|dt \\
&= \int_{x_{i-1}}^{x_i} \frac{x_i + h_i - t}{h_i}|v''(t)|dt
\end{aligned}$$

$$\begin{aligned}
\therefore \quad |\hat{\phi}'(x) - v'(x)|^2 &\leq \left(\int_{x_{i-1}}^{x_i} \frac{x_i + h_i - t}{h_i} \cdot |v''(t)|dt\right)^2 \\
&\leq \int_{x_{i-1}}^{x_i} \left(\frac{x_i + h_i - t}{h_i}\right)^2 dt \int_{x_{i-1}}^{x_i} |v''(t)|^2 dt
\end{aligned}$$

$$= \frac{7}{3}h_i \int_{x_{i-1}}^{x_i} |v''(t)|^2 dt$$

よって
$$\|\hat{\phi}' - v'\|^2 = \sum_{i=1}^{n+1} \int_{x_{i-1}}^{x_i} |\hat{\phi}'(x) - v'(x)|^2 dt$$
$$\leq \frac{7}{3}h^2 \sum_{i=1}^{n+1} \int_{x_{i-1}}^{x_i} |v''(t)|^2 dt = \frac{7}{3}h^2 \|v''\|^2$$

これは (8.40) を意味する。

(ii) $\hat{\phi}(x_i) - v(x_i) = 0\ \forall i$ であるから, $x \in (x_{i-1}, x_i)$ のとき
$$\hat{\phi}(x) - v(x) = \int_{x_{i-1}}^{x} (\hat{\phi}'(t) - v'(t))dt$$

$$|\hat{\phi}(x) - v(x)|^2 \leq \left(\int_{x_{i-1}}^{x} (\hat{\phi}'(t) - v'(t))dt \right)^2$$
$$\leq \int_{x_{i-1}}^{x_i} 1^2 dt \int_{x_{i-1}}^{x_i} |\hat{\phi}'(t) - v'(t)|^2 dt$$
$$= h_i \int_{x_{i-1}}^{x_i} |\hat{\phi}'(t) - v'(t)|^2 dt$$

よって
$$\int_{x_{i-1}}^{x_i} |\hat{\phi}(x) - v(x)|^2 dx \leq h_i^2 \int_{x_{i-1}}^{x_i} |\hat{\phi}'(t) - v'(t)|^2 dt$$

よって
$$\|\hat{\phi} - v\|^2 = \sum_{i=1}^{n+1} \int_{x_{i-1}}^{x_i} |\hat{\phi}(x) - v(x)|^2 dx$$
$$\leq h^2 \sum_{i=1}^{n+1} \int_{x_{i-1}}^{x_i} |\hat{\phi}'(t) - v'(t)|^2 dt = h^2 \|\hat{\phi}' - v'\|^2$$

$$\therefore\quad \|\hat{\phi} - v\| \leq h\|\hat{\phi}' - v'\| \leq \sqrt{\frac{7}{3}h^2}\|v''\|\quad \spadesuit$$

補題 8.10

v を補題 8.9 で定義された境界値問題の解とすれば適当な正の定数 K が存在して

$$\|v''\| \leq K\|\phi^* - u\|$$

が成り立つ。

214   8. Ritz 法と有限要素法

証明 $(\mathcal{L}, \mathcal{D})$ の Green 関数を $G(x, \xi)$ で表せば
$$v(x) = \int_a^b G(x, \xi)(\phi^*(\xi) - u(\xi))d\xi$$
(4.22) により
$$v''(x) = \int_a^b \frac{\partial^2 G(x, \xi)}{\partial x^2}(\phi^*(\xi) - u(\xi))d\xi - \frac{1}{p(x)}(\phi^*(x) - u(x))$$
$$\therefore \quad |v''(x)|^2 \leq 2\left[\left\{\int_a^b \frac{\partial^2 G(x, \xi)}{\partial x^2}(\phi^*(\xi) - u(\xi))d\xi\right\}^2 + \frac{1}{p(x)^2}(\phi^*(x) - u(x))^2\right]$$
$$\therefore \quad \int_a^b |v''(x)|^2 dx \leq 2\left\{\int_a^b \int_a^b \left(\frac{\partial^2 G(x, \xi)}{\partial x^2}\right)^2 d\xi dx \|\phi^* - u\|^2 + \frac{1}{p_*^2}\|\phi^* - u\|^2\right\}$$
$$\leq K^2 \|\phi^* - u\|^2$$
$$\left(\text{ただし } K^2 = 2\left\{\int_a^b \int_a^b \left(\frac{\partial^2 G(x, \xi)}{\partial x^2}\right)^2 d\xi dx + \frac{1}{p_*^2}\right\}\right)$$
$$\therefore \quad \|v''\| \leq K\|\phi^* - u\|. \quad \spadesuit$$

補題 8.11

V_h の任意の元は内積 $[\ ,\ ]$ に関して $\phi^* - u$ と直交する。すなわち
$$[\phi^* - u, \phi] = 0 \quad \forall \phi \in V_h$$

証明 仮にある $\phi \in V_h$ につき $[\phi^* - u, \phi] \neq 0$ となったとすれば, $\phi = \sum_{i=1}^n c_i \phi_i \ (c_1, \cdots, c_n \in \mathbf{R})$ として
$$[\phi^* - u, \sum_{i=1}^n c_i \phi_i] = \sum_{i=1}^n c_i [\phi^* - u, \phi_i] \neq 0$$
よって, ある i_0 につき $[\phi^* - u, \phi_{i_0}] \neq 0$ となる。このとき
$$[\phi^*, \phi_{i_0}] \neq [u, \phi_{i_0}] = (\mathcal{L}u, \phi_{i_0}) = (f, \phi_{i_0})$$
$\phi^* = \sum_{j=1}^n c_j^* \phi_j$ を上式の左辺に代入すれば, $[\phi^*, \phi_{i_0}] = [\phi_{i_0}, \phi^*]$ に注意して
$$\sum_{j=1}^n [\phi_{i_0}, \phi_j] c_j^* \neq (f, \phi_{i_0})$$

これは $c^* = (c_1^*, \cdots, c_n^*)^t$ が (8.34) の解であることに矛盾する。 ♠

以上の結果を用いて (8.39) を証明しよう。

定理 8.8

1 次要素を用いる有限要素解 ϕ^* は L^2 ノルムに関して 2 次の精度をもつ。すなわち (8.39) が成り立つ。

証明 v と $\hat{\phi}$ を補題 8.9 のように定義する。このとき
$$\begin{aligned}
\|\phi^* - u\|^2 &= (\phi^* - u, \phi^* - u) = (\mathcal{L}v, \phi^* - u) \\
&= [v, \phi^* - u] = [\phi^* - u, v] \\
&= [\phi^* - u, v] - [\phi^* - u, \hat{\phi}] \quad \text{(補題 8.11 による)} \\
&= [\phi^* - u, v - \hat{\phi}] \\
&\leq \sqrt{[\phi^* - u, \phi^* - u][v - \hat{\phi}, v - \hat{\phi}]}
\end{aligned} \quad (8.42)$$

(内積 [,] に関する Cauchy-Schwarz の不等式)

ここで, 補題 8.8 (i) において ϕ として $\sum_{i=1}^{n} u(x_i)\phi_i$ をとれば

$$\begin{aligned}
[\phi^* - u, \phi^* - u] &= \||\phi^* - u\||^2 \leq \||\phi - u\||^2 \\
&= \int_a^b \{p(\phi' - u')^2 + r(\phi - u)^2\}dx \\
&\leq (\|p\|_\infty \|\phi' - u'\|_\infty^2 + \|r\|_\infty \|\phi - u\|_\infty^2)(b-a) \\
&\leq \left\{ \|p\|_\infty \left(\frac{1}{2}h\|u''\|_\infty\right)^2 + \|r\|_\infty \left(\frac{1}{4}h^2\|u''\|_\infty\right)^2 \right\}(b-a)
\end{aligned}$$

(定理 8.6 による)

$$= C_1 h^2 \|u''\|_\infty^2 \quad (8.43)$$

ただし
$$C_1 = \frac{1}{4}\left(\|p\|_\infty + \frac{1}{4}\|r\|_\infty h^2\right)(b-a)$$

と置いた。また補題 8.9 と補題 8.10 によって

$$\begin{aligned}
[v - \hat{\phi}, v - \hat{\phi}] &= \||v - \hat{\phi}\||^2 \\
&= \int_a^b \{p(v' - \hat{\phi}')^2 + r(v - \hat{\phi})^2\}dx \\
&\leq \|p\|_\infty \|v' - \hat{\phi}'\|^2 + \|r\|_\infty \|v - \hat{\phi}\|^2
\end{aligned}$$

$$\leq \frac{7}{3}(\|p\|_\infty + \|r\|_\infty h^2)h^2\|v''\|^2$$
$$\leq \frac{7}{3}(\|p\|_\infty + \|r\|_\infty h^2)h^2(K\|\phi^* - u\|)^2$$
$$= C_2 h^2 \|\phi^* - u\|^2 \tag{8.44}$$

ただし
$$C_2 = \frac{7}{3}(\|p\|_\infty + \|r\|_\infty h^2)K^2$$

である．よって (8.42), (8.43), (8.44) より
$$\|\phi^* - u\|^2 \leq \sqrt{(C_1 h^2 \|u''\|_\infty^2) C_2 h^2 \|\phi^* - u\|^2}$$
$$= \sqrt{C_1 C_2} \|u''\|_\infty h^2 \|\phi^* - u\| \tag{8.45}$$

を得る．$\|\phi^* - u\| > 0$ のとき (8.45) より
$$\|\phi^* - u\| \leq \sqrt{C_1 C_2} \|u''\|_\infty h^2 = O(h^2)$$

となるが，この不等式は $\|\phi^* - u\| = 0$ のときも成り立つ． ♠

この定理の証明の核心は (8.42) から (8.45) を導き h^2 をしぼり出したうえで，(8.45) の両辺を $\|\phi^* - u\|$ で割るところにある．この手続きは創始者 Nitsche (ニッシェ) に因んで **Nitsche のトリック**，または **Nitsche のリフト** (持上げ) と呼ばれている．

結局，任意分点を用いる差分解の精度は最大ノルムに関して 2 次の精度をもつが，1 次要素を用いる有限要素解も L^2 ノルムに関して 2 次の精度をもつわけである．両者は絶妙なバランスを保っているといえよう．

付録A 多変数関数の微積分

A.1 多変数関数の Taylor 展開と平均値定理

1変数関数 $f(x)$ が C^m 級のとき

$$f(a+h) = f(a) + \frac{f'(a)}{1!}h + \cdots + \frac{f^{(m-1)}(a)}{(m-1)!}h^{m-1} + R_m \tag{A.1}$$

$$R_m = \frac{f^{(m)}(a+\theta h)}{m!}h^m \quad (0 < \theta < 1) \tag{A.2}$$

と Taylor 展開できることはよく知られており, R_m は **Lagrange** の剰余項 (remainder) と呼ばれている。しかしこの表現の欠点は θ の値がはっきりしないことである。この難点を避けるには R_m を

$$\begin{aligned}
R_m &= \frac{1}{(m-1)!}\int_a^{a+h}(a+h-x)^{m-1}f^{(m)}(x)dx \\
&= \frac{h^m}{(m-1)!}\int_0^1 (1-\theta)^{m-1}f^{(m)}(a+\theta h)d\theta \\
&\quad (x = a+\theta h \text{ として変換})
\end{aligned} \tag{A.3}$$

と積分表示すればよい。実際, (A.3) の積分を I_m と置き, 部分積分を実行すれば漸化式

$$\begin{aligned}
I_m &= \frac{h^m}{(m-1)!}\int_0^1 (1-\theta)^{m-1}f^{(m)}(a+\theta h)d\theta \\
&= \frac{h^m}{(m-1)!}\left\{\left[(1-\theta)^{m-1}\frac{f^{(m-1)}(a+\theta h)}{h}\right]_{\theta=0}^{\theta=1} \right. \\
&\quad \left. + \frac{(m-1)}{h}\int_0^1 (1-\theta)^{m-2}f^{(m-1)}(a+\theta h)d\theta\right\} \\
&= -\frac{f^{(m-1)}(a)}{(m-1)!}h^{m-1} + \frac{h^{m-1}}{(m-2)!}\int_0^1 (1-\theta)^{m-2}f^{(m-1)}(a+\theta h)d\theta \\
&= -\frac{f^{(m-1)}(a)}{(m-1)!}h^{m-1} + I_{m-1}
\end{aligned}$$

を得る。したがって

$$\begin{aligned}
I_m &= (I_m - I_{m-1}) + \cdots + (I_2 - I_1) + I_1 \\
&= -\left\{ \frac{f^{(m-1)}(a)}{(m-1)!} h^{m-1} + \cdots + \frac{f'(a)}{1!} h \right\} + h \int_0^1 f'(a + \theta h) d\theta \\
&= -\sum_{k=1}^{m-1} \frac{f^{(k)}(a)}{k!} h^k + f(a+h) - f(a) = R_m
\end{aligned}$$

となる。(A.1), (A.3) は n 変数関数 $f(\boldsymbol{x}) = f(x_1, \cdots, x_n)$ の場合にも拡張されて

$$\begin{aligned}
&f(a_1 + h_1, \cdots, a_n + h_n) \\
&= f(a_1, \cdots, a_n) + \frac{1}{1!} \left(\sum_{i=1}^n h_i \frac{\partial}{\partial x_i} \right) f(a_1, \cdots, a_n) + \cdots \\
&\quad + \frac{1}{(m-1)!} \left(\sum_{i=1}^n h_i \frac{\partial}{\partial x_i} \right)^{m-1} f(a_1, \cdots, a_n) + R_m \\
R_m &= \frac{1}{m!} \left(\sum_{i=1}^n h_i \frac{\partial}{\partial x_i} \right)^m f(a_1 + \theta h_1, \cdots, a_n + \theta h_n) \quad (0 < \theta < 1) \\
&= \frac{1}{(m-1)!} \int_0^1 (1-\theta)^{m-1} \left(\sum_{i=1}^n h_i \frac{\partial}{\partial x_i} \right)^m \\
&\quad \times f(a_1 + \theta h_1, \cdots, a_n + \theta h_n) d\theta
\end{aligned}$$

となる。特に $m=1$ の場合, 上式は

$$\begin{aligned}
&f(a_1 + h_1, \cdots, a_n + h_n) - f(a_1, \cdots, a_n) \\
&= \int_0^1 \left(h_1 \frac{\partial}{\partial x_1} + \cdots + h_n \frac{\partial}{\partial x_n} \right) f(a_1 + \theta h_1, \cdots, a_n + \theta h_n) d\theta \quad (A.4)
\end{aligned}$$

となる。(A.4) は**平均値定理** (mean value theorem) と呼ばれる。さらにベクトル値関数 $\boldsymbol{f}: \boldsymbol{R}^n \to \boldsymbol{R}^n$ の場合には

$$\boldsymbol{f}(\boldsymbol{x}) = \begin{bmatrix} f_1(\boldsymbol{x}) \\ \vdots \\ f_n(\boldsymbol{x}) \end{bmatrix} = \begin{bmatrix} f_1(x_1, \cdots, x_n) \\ \vdots \\ f_n(x_1, \cdots, x_n) \end{bmatrix}$$

と置くとき, (A.4) の f を f_i で置き換えて

$$f_i(a_1 + \theta h_1, \cdots, a_n + \theta h_n) = f_i(\boldsymbol{a} + \theta \boldsymbol{h}) \tag{A.5}$$

$$\boldsymbol{a} = (a_1, \cdots, a_n), \quad \boldsymbol{h} = (h_1, \cdots, h_n) \tag{A.6}$$

と書けば

$$\left(h_1 \frac{\partial}{\partial x_1} + \cdots + h_n \frac{\partial}{\partial x_n} \right) f_i(\boldsymbol{a} + \theta \boldsymbol{h})$$

A.1 多変数関数の Taylor 展開と平均値定理

$$= \left(\frac{\partial}{\partial x_1} f_i(\boldsymbol{a}+\theta\boldsymbol{h}), \cdots, \frac{\partial}{\partial x_n} f_i(\boldsymbol{a}+\theta\boldsymbol{h})\right) \begin{bmatrix} h_1 \\ \vdots \\ h_n \end{bmatrix}$$

$$= \left(\frac{\partial}{\partial x_1} f_i(\boldsymbol{a}+\theta\boldsymbol{h}), \cdots, \frac{\partial}{\partial x_n} f_i(\boldsymbol{a}+\theta\boldsymbol{h})\right) \boldsymbol{h} \qquad (A.7)$$

となる。ただし, (A.7) の $\boldsymbol{h}$ は列ベクトル $(h_1, \cdots, h_n)^t$ を表すものとする。これは (A.6) における $\boldsymbol{h}$ の定義と矛盾し, (A.5) の右辺の表現とも矛盾するから, 違和感をもつ読者があるかもしれないが, 行列とベクトルの演算を考えるときには $\boldsymbol{h}$ を列ベクトルとみなすほうが便利であるから, 多変数関数を扱うときにはこのような混同した表現はよく用いられるのである。同様に行ベクトルとして定義した $\boldsymbol{a}$ も必要に応じて列ベクトルとみなす。すると

$$\boldsymbol{f}(\boldsymbol{a}+\boldsymbol{h}) - \boldsymbol{f}(\boldsymbol{a}) = \begin{bmatrix} f_1(\boldsymbol{a}+\boldsymbol{h}) - f_1(\boldsymbol{a}) \\ \vdots \\ f_n(\boldsymbol{a}+\boldsymbol{h}) - f_n(\boldsymbol{a}) \end{bmatrix}$$

$$= \begin{bmatrix} \int_0^1 \frac{\partial f_1(\boldsymbol{a}+\theta\boldsymbol{h})}{\partial x_1} d\theta & \cdots & \int_0^1 \frac{\partial f_1(\boldsymbol{a}+\theta\boldsymbol{h})}{\partial x_n} d\theta \\ \vdots & & \vdots \\ \int_0^1 \frac{\partial f_n(\boldsymbol{a}+\theta\boldsymbol{h})}{\partial x_1} d\theta & \cdots & \int_0^1 \frac{\partial f_n(\boldsymbol{a}+\theta\boldsymbol{h})}{\partial x_n} d\theta \end{bmatrix} \begin{bmatrix} h_1 \\ \vdots \\ h_n \end{bmatrix}$$

$$= \int_0^1 J(\boldsymbol{a}+\theta\boldsymbol{h}) d\theta \boldsymbol{h} \qquad (A.8)$$

ただし

$$J(\boldsymbol{x}) = \begin{bmatrix} \frac{\partial f_1(\boldsymbol{x})}{\partial x_1} & \cdots & \frac{\partial f_1(\boldsymbol{x})}{\partial x_n} \\ \vdots & & \vdots \\ \frac{\partial f_n(\boldsymbol{x})}{\partial x_1} & \cdots & \frac{\partial f_n(\boldsymbol{x})}{\partial x_n} \end{bmatrix} \qquad (n \text{ 次 Jacobi 行列})$$

と置いた。これが n 変数ベクトル値関数に対する平均値定理であるが, (A.8) は Lagrange 剰余項のように未知量を含まないのが特徴である。

同様に $m=2$ まで展開すれば

$$\boldsymbol{f}(\boldsymbol{a}+\boldsymbol{h}) = \boldsymbol{f}(\boldsymbol{a}) + J(\boldsymbol{a})\boldsymbol{h} + \int_0^1 (1-\theta)(H(\boldsymbol{a}+\theta\boldsymbol{h})\boldsymbol{h})\boldsymbol{h} d\theta \qquad (A.9)$$

ただし

$$H(\boldsymbol{x}) = \left(\frac{\partial^2 f_i(\boldsymbol{x})}{\partial x_j \partial x_k}\right) \qquad (3 \text{ 次テンソル})$$

で演算を

$$H(\boldsymbol{x})\boldsymbol{h} = \begin{bmatrix} \sum_{j=1}^{n} \frac{\partial^2 f_1(\boldsymbol{x})}{\partial x_j \partial x_1} h_j & \cdots & \sum_{j=1}^{n} \frac{\partial^2 f_1(\boldsymbol{x})}{\partial x_j \partial x_n} h_j \\ \vdots & & \vdots \\ \sum_{j=1}^{n} \frac{\partial^2 f_n(\boldsymbol{x})}{\partial x_j \partial x_1} h_j & \cdots & \sum_{j=1}^{n} \frac{\partial^2 f_n(\boldsymbol{x})}{\partial x_j \partial x_n} h_j \end{bmatrix} \quad (n \text{ 次行列})$$

と定義する。$(H(\boldsymbol{x})\boldsymbol{h})\boldsymbol{h}$ を $H(\boldsymbol{x})\boldsymbol{h}^2$ と略記することもある。したがって (A.9) の積分は n 次元ベクトル

$$\begin{bmatrix} \int_0^1 (1-\theta) \sum_{j,k=1}^{n} \frac{\partial^2 f_1(\boldsymbol{a}+\theta\boldsymbol{h})}{\partial x_j \partial x_k} h_j h_k d\theta \\ \vdots \\ \int_0^1 (1-\theta) \sum_{j,k=1}^{n} \frac{\partial^2 f_n(\boldsymbol{a}+\theta\boldsymbol{h})}{\partial x_j \partial x_k} h_j h_k d\theta \end{bmatrix}$$

を表す。

A.2 発 散 定 理

n 重積分を $n-1$ 重積分に変換する公式として**発散定理** (divergence theorem)

$$\int_D \left(\frac{\partial F_1}{\partial x_1} + \cdots + \frac{\partial F_n}{\partial x_n} \right) dx_1 \cdots dx_n$$
$$= \int_{\partial D} \sum_{i=1}^{n} (-1)^{i-1} F_i dx_1 \cdots \widehat{dx_i} \cdots dx_n \tag{A.10}$$

が知られている。ここに D は $\boldsymbol{R}^n$ の有界領域,∂D は D の境界,$\widehat{dx_i}$ はこれを取り除くこと,すなわち

$$dx_1 \cdots \widehat{dx_i} \cdots dx_n = dx_1 \cdots dx_{i-1} dx_{i+1} \cdots dx_n$$

を意味する。この公式は $n=2$ のとき **Green** の定理,$n=3$ のとき **Gauss** (ガウス) の発散定理と呼ばれるが,一般には **Stokes** (ストークス) の定理と呼ばれるようである (Buck 14), Spivak 8) などを参照されたい)。また $n=1$ のときは微分積分学の基本定理にほかならないから,高次元空間における微分積分学の基本定理とも呼ばれる。

さて,∂D 上の点 $P(x_1, \cdots, x_n)$ における単位外法線を $\boldsymbol{n} = (n_1, \cdots, n_n)$,面積要素を dS とし,∂D を $(x_1, \cdots, x_{i-1}, x_{i+1}, \cdots, x_n)$ 平面に射影して得られる領域を Ω_i とすれば

$$(-1)^{i-1} dx_1 \cdots \widehat{dx_i} \cdots dx_n = n_i dS$$

であり

$$\int_{\partial D} (-1)^{i-1} F_i dx_1 \cdots \widehat{dx_i} \cdots dx_n$$

は面積分

$$\int_{\Omega_i} (-1)^{i-1} F_i dx_1 \cdots \widehat{dx_i} \cdots dx_n$$
を意味する. したがって $\boldsymbol{F} = (F_1, \cdots, F_n)$ と置くとき, (A.10) は
$$\int_D (\operatorname{div} \boldsymbol{F}) dx_1 \cdots dx_n = \int_{\partial D} \boldsymbol{F} \cdot \boldsymbol{n} dS \tag{A.11}$$
とも書ける. ただし, $\boldsymbol{F} \cdot \boldsymbol{n}$ はベクトル $\boldsymbol{F}$ と $\boldsymbol{n}$ の内積を表す. なお, 微分型式の理論によれば
$$dx_1 dx_2 \cdots dx_n = -dx_2 dx_1 \cdots dx_n = -dx_2 dx_1 \widehat{dx_2} \cdots dx_n$$
などであって, $dx_1 \cdots dx_i \cdots dx_n$ を $dx_i dx_1 \cdots \widehat{dx_i} \cdots dx_n$ に変換するためには $(i-1)$ 回の互換 $dx_j dx_i = -dx_i dx_j \ (1 \leq j \leq i-1)$ を要するから, (A.10) の右辺に $(-1)^{i-1}$ が現れると考えれば (A.10) の理解が容易になる (詳細は前掲の書物を参照されたい).

特に, $n = 2$ の場合 $x_1 = x$, $x_2 = y$ として (A.10) は
$$\begin{aligned}\iint_D \left(\frac{\partial F_1}{\partial x} + \frac{\partial F_2}{\partial y} \right) dx dy &= \int_{\partial D} (F_1 dy - F_2 dx) \\ &= \int_C \boldsymbol{F} \cdot \boldsymbol{n} ds \end{aligned} \tag{A.12}$$
$$(\boldsymbol{F} = (F_1, F_2), \ \boldsymbol{n} = (\cos \alpha, \cos \beta), \ ds \text{ は線素})$$
となり, **Green** の定理と呼ばれる. この場合
$$-dx = ds \cos \beta, \quad dy = ds \cos \alpha$$
である (図 **A.1**, 図 **A.2**).

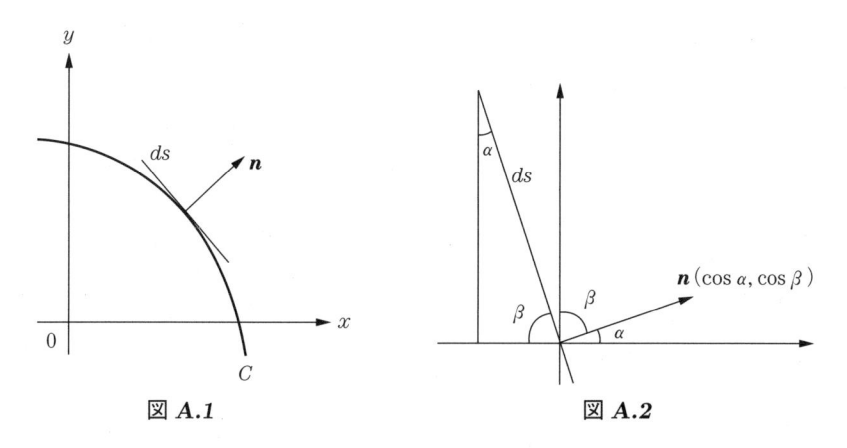

図 **A.1**

図 **A.2**

また $n = 3$ のとき, $x_1 = x$, $x_2 = y$, $x_3 = z$ として (A.10) は
$$\iiint_D \left(\frac{\partial F_1}{\partial x} + \frac{\partial F_2}{\partial y} + \frac{\partial F_3}{\partial z} \right) dx dy dz = \iint_{\partial D} \boldsymbol{F} \cdot \boldsymbol{n} dS$$

となり, **Gauss の発散定理**と呼ばれる。ただし

$$\boldsymbol{F} = (F_1, F_2, F_3)$$

$$\boldsymbol{n} = (\cos\alpha, \cos\beta, \cos\gamma)$$

(α, β, γ はそれぞれ x, y, z 軸と $\boldsymbol{n}$ のなす角を表す)

dS は ∂D 上の面素である (図 **A.3**)。

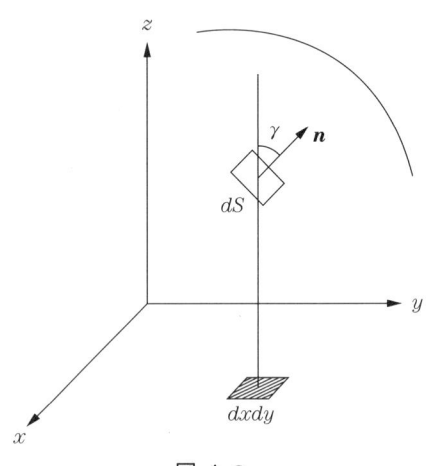

図 A.3

さらに付言すれば, $\boldsymbol{n}$ と z 軸のなす角が γ なら面素 dS が xy 平面となす角も γ であり

$$dxdy = dS\cos\gamma$$

となる。同様に

$$dydz = dS\cos\alpha$$

$$dzdx = dS\cos\beta$$

である。

付録B Newton 法

B.1 Newton 法

7章で見たように，非線形方程式に対する境界値問題を離散化すれば，Dirichlet 境界条件のとき n 元連立非線形方程式

$$f_i(U_1, \cdots, U_n) = 0 \qquad (i = 1, 2, \cdots, n)$$

が得られる（一般な境界条件 (6.2),(6.3) のときは，$U_0, U_1, \cdots, U_{n+1}$ に関する $n+2$ 元連立非線形方程式となる）。この方程式を解く最も基本的な手法は Newton（ニュートン）法である。以下 $U_1, \cdots, U_n$ を $x_1, \cdots x_n$ で置き換え

$$\boldsymbol{f}(\boldsymbol{x}) = \begin{bmatrix} f_1(x_1, \cdots, x_n) \\ \vdots \\ f_n(x_1, \cdots, x_n) \end{bmatrix} = \boldsymbol{0} \tag{B.1}$$

と置く。(B.1) を解く **Newton 法** (Newton's method) は適当な初期値 $\boldsymbol{x}^{(0)} = (x_1^{(0)}, \cdots, x_n^{(0)})^t$ から出発する反復法

$$\boldsymbol{x}^{(\nu+1)} = \boldsymbol{x}^{(\nu)} - [J(\boldsymbol{x}^{(\nu)})]^{-1} \boldsymbol{f}(\boldsymbol{x}^{(\nu)}) \qquad (\nu \geq 0) \tag{B.2}$$

$$J(\boldsymbol{x}) = \left(\frac{\partial f_i(\boldsymbol{x})}{\partial x_j} \right) \quad (n \text{ 次 Jacobi 行列})$$

である。実際の計算では (B.2) において逆行列 $[J(\boldsymbol{x}^\nu)]^{-1}$ を求めるのではなく，つぎの手順に従う。

Newton 法のアルゴリズム　　各 $\nu = 0, 1, 2, \cdots$ につき
- N1. $\boldsymbol{h} = (h_1, \cdots, h_n)^t$ に関する n 元連立 1 次方程式

$$J(\boldsymbol{x}^{(\nu)})\boldsymbol{h} = -\boldsymbol{f}(\boldsymbol{x}^{(\nu)})$$

  を解く。解を $\boldsymbol{h} = \boldsymbol{h}^{(\nu)}$ と置く。
- N2. $\boldsymbol{x}^{(\nu)} = \boldsymbol{x}^{(\nu)} + \boldsymbol{h}^{(\nu)}$ と置く。
- N3. $\nu + 1$ を新しい ν として N1 へ

いま $\boldsymbol{x}^* = (x_1^*, \cdots, x_n^*)^t$ を $(B.1)$ の一つの解とし, $\boldsymbol{h} = \boldsymbol{x}^* - \boldsymbol{x}^{(\nu)}$ と置けば

$$\begin{aligned}
0 = \boldsymbol{f}(\boldsymbol{x}^*) &= \boldsymbol{f}(\boldsymbol{x}^{(\nu)} + \boldsymbol{h}) \\
&= \boldsymbol{f}(\boldsymbol{x}^{(\nu)}) + J(\boldsymbol{x}^{(\nu)})\boldsymbol{h} + \cdots
\end{aligned} \qquad (B.3)$$

$(B.3)$ の第 2 項までとって

$$\boldsymbol{f}(\boldsymbol{x}^{(\nu)}) + J(\boldsymbol{x}^{(\nu)})\boldsymbol{h} \doteq 0$$

ここで $J(\boldsymbol{x}^{(\nu)})$ が正則ならば

$$\boldsymbol{h} \doteq -[J(\boldsymbol{x}^{(\nu)})]^{-1} \boldsymbol{f}(\boldsymbol{x}^{(\nu)})$$

$$\therefore \quad \boldsymbol{x}^* \doteq \boldsymbol{x}^{(\nu)} - [J(\boldsymbol{x}^{(\nu)})]^{-1} \boldsymbol{f}(\boldsymbol{x}^{(\nu)}) \qquad (B.4)$$

$(B.4)$ の右辺は $\boldsymbol{x}^{(\nu)}$ よりよい近似であることが期待される. 反復 $(B.2)$ はこのようにして得られたものである. 実際 Newton は 1669 年 3 次代数方程式 $x^3 - 2x - 5 = 0$ にこの原理を適用して解を求めて見せた.

よく知られているように, Newton 法の収束は 2 次であって, 適当な正の定数 M をとれば

$$\|\boldsymbol{x}^* - \boldsymbol{x}^{(\nu+1)}\| \leq M \|\boldsymbol{x}^* - \boldsymbol{x}^{(\nu)}\|^2 \qquad (\nu \geq 0)$$

が成り立つ. 証明は例えば山本 7) に記してあるが, 本質的には, 単独方程式 $f(x) = 0$ に対する次の証明で納得できることである. この場合 Newton 法は

$$x_{\nu+1} = x_\nu - \frac{f(x_\nu)}{f'(x_\nu)} \qquad (\nu \geq 0) \qquad (B.5)$$

であり, x^* を一つの解とすれば f は C^2 級と仮定して

$$\begin{aligned}
x_{\nu+1} - x^* &= x_\nu - x^* - \frac{f(x_\nu) - f(x^*)}{f'(x_\nu)} \\
&= \frac{1}{f'(x_\nu)} \{f(x^*) - f(x_\nu) - f'(x_\nu)(x^* - x_\nu)\} \\
&= \frac{1}{f'(x_\nu)} \left\{ \frac{1}{2} f''(x_\nu + \theta(x^* - x_\nu))(x^* - x_\nu)^2 \right\} \quad (0 < \theta < 1)
\end{aligned}$$

ゆえに, x^* が適当な区間 I に属し, x_0 が x^* に十分近くかつ

$$M = \frac{1}{2} \frac{\max\limits_{x \in I} |f''(x)|}{\min\limits_{x \in I} |f'(x)|} < \infty$$

ならば, $x_\nu \in I \ (\nu \geq 0)$ かつ

$$|x_{\nu+1} - x^*| \leq M |x_\nu - x^*|^2 \qquad (\nu \geq 0)$$

これは 1818 年 Fourier(フーリエ) が与えた証明である. Newton 法の 2 次収束性に対する最初の証明として名高い.

図 B.1

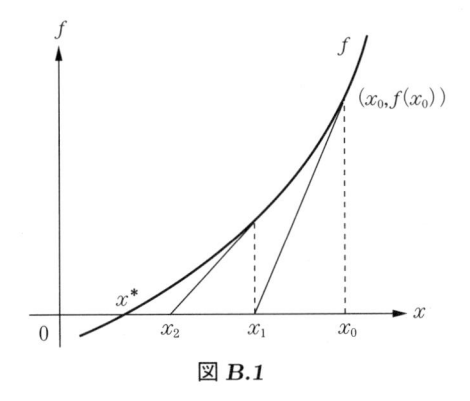

なお, (B.5) で定義される $x_{\nu+1}$ は $(x_\nu, f(x_\nu))$ における f の接線と x 軸との交点の x 座標を表している (図 **B.1**)。

B.2 Newton-Kantorovich の定理

Newton 法の収束は,単独方程式の場合に,古くは Fourier (1818)[†], Cauchy (1829), などにより議論され, n 元連立方程式に対しては Fine (ファイン) (1916) による結果がある。その後,現在の Banach 空間に相当する **B** 型空間 (space of type (B)) の概念が 1932 年 S. Banach により導入され,抽象空間における Newton 法への関心が高まったようである。就中,ロシアの数学者 L.V. Kantorovich (カントロビッチ) は, Banach 空間における Newton 法を考え,初期値 $\boldsymbol{x}^{(0)}$ がある条件を満たすときその近傍 S に (B.1) の解が存在し, Newton 法はその解に収束することを示すとともに, $S \subset \tilde{S}$ なるある領域 $\tilde{S}$ において解はただ一つであることを示した。この定理は解の存在を最初に仮定していないから, Banach 空間における非線形方程式の解の存在と一意性を保証する定理であるともみなされ,現在では **Newton-Kantorovich の定理**と呼ばれている。

ここでは,空間が $\boldsymbol{R}^n$ (または $\boldsymbol{C}^n$) の場合に,その定理を述べ証明を与える。その証明はそのまま Banach 空間に移行できるものである。

定理 B.1 (**Newton-Kantorovich の定理**)
 $X = \boldsymbol{R}^n$ (または $\boldsymbol{C}^n$) とし, $\boldsymbol{f} : D \subset X \to X$ は定義域 D のある開凸部分集合 D_0 において微分可能, かつ 1 点 $\boldsymbol{x}^{(0)} \in D_0$ において $J(\boldsymbol{x}^{(0)})$ は正則と仮定す

[†] ( ) 内は論文発表年。

る。このとき, $\boldsymbol{x}^{(0)}$ を初期値とする Newton 法 (B.2) を考える。一般性を失うことなく $\boldsymbol{f}(\boldsymbol{x}^{(0)}) \neq \boldsymbol{0}$ と仮定して ($\boldsymbol{f}(\boldsymbol{x}^{(0)}) = \boldsymbol{0}$ ならば $\boldsymbol{x}^{(0)}$ が解である), あるノルム $\|\cdot\|$ につきつぎを仮定する。

$$\|[J(\boldsymbol{x}^{(0)})]^{-1}(J(\boldsymbol{x}) - J(\boldsymbol{y}))\| \leq K\|\boldsymbol{x} - \boldsymbol{y}\| \qquad (\boldsymbol{x}, \boldsymbol{y} \in D_0, \; K \text{ は定数})$$

$$\eta = \|[J(\boldsymbol{x}^{(0)})]^{-1}\boldsymbol{f}(\boldsymbol{x}^{(0)})\|$$

$$h = K\eta \leq \frac{1}{2}$$

$$t^* = \frac{2\eta}{1+\sqrt{1-2h}}, \quad t^{**} = \frac{1+\sqrt{1-2h}}{K}$$

$$\left(t^*, t^{**} \text{は 2 次方程式 } f(t) = \frac{1}{2}Kt^2 - t + \eta = 0 \text{ の 2 根, } t^* \leq t^{**}\right)$$

$$\bar{S} = \bar{S}(\boldsymbol{x}^{(1)}, t^* - \eta) = \{\boldsymbol{x} \in X \mid \|\boldsymbol{x} - \boldsymbol{x}^{(0)}\| \leq t^* - \eta\} \subseteq D_0$$

このときつぎが成り立つ。

(i) 各 ν につき $\boldsymbol{x}^{(\nu)}$ は定義され, $\boldsymbol{x}^{(\nu)} \in S$ ($\bar{S}$ の内部) かつ $\nu \to \infty$ のとき $\boldsymbol{x}^{(\nu)}$ は $\bar{S}$ のある点 $\boldsymbol{x}^*$ に収束する。$\boldsymbol{x}^*$ は (B.1) の一つの解である。

(ii) 解 $\boldsymbol{x}^*$ は

$$\tilde{S} = \begin{cases} S(\boldsymbol{x}^{(0)}, t^{**}) \cap D_0 & (2h < 1 \text{ のとき}) \\ \bar{S}(\boldsymbol{x}^{(0)}, t^{**}) \cap D_0 & (2h = 1 \text{ のとき}) \end{cases}$$

においてただ一つである。

(iii) $\{B_\nu\}, \{\eta_\nu\}, \{h_\nu\}$ を漸化式

$$B_0 = 1, \quad \eta_0 = \eta, \quad h_0 = h = K\eta,$$
$$B_\nu = \frac{B_{\nu-1}}{1 - h_{\nu-1}}, \quad \eta_\nu = \frac{h_{\nu-1}\eta_{\nu-1}}{2(1 - h_{\nu-1})}, \quad h_\nu = KB_\nu\eta_\nu \qquad (\nu \geq 1)$$

により定義する。また $\{t_\nu\}$ は 2 次方程式 $f(t) = 0$ に適用された Newton 列で

$$t_0 = 0, \quad t_{\nu+1} = t_\nu - \frac{f(t_\nu)}{f'(t_\nu)} \quad (\nu = 0, 1, 2, \cdots)$$

とすれば, 誤差評価

$$\|\boldsymbol{x}^* - \boldsymbol{x}^{(\nu)}\| \leq t^* - t_\nu \tag{B.6}$$

$$= \frac{2\eta_\nu}{1+\sqrt{1-2h_\nu}} \tag{B.7}$$

$$\leq 2^{1-\nu}(2h)^{2^\nu - 1}\eta \qquad (\nu \geq 0)$$

が成り立つ。

Kantorovich は Banach 空間における Newton 法に対し (B.6) を除く上の結果を 1948 年に発表した。そして 1951 年に (B.6) を, $\|\boldsymbol{x}^{(\nu)} - \boldsymbol{x}^{(\mu)}\| \leq t_\nu - t_\mu$ ($\nu \geq \mu$)

を証明することにより，示した．この結果は Banach 空間における Newton 列の挙動を調べる問題を R^1 における Newton 列の挙動を調べる問題に単純化するもので，**Kantorovich の優原理** (majorant principle) として名高い．なお (B.6) と (B.7) が等しいことは著者 30) による．

定理 **B.1** を示すために若干の補題を準備する．まず，優原理の証明から始めよう．以下定理 **B.1** の仮定は成り立つものとする．また同じ記号を用いる．

補題 B.1

各 $\nu \geq 0$ につき $h_\nu \leq \dfrac{1}{2}$ かつ $J(\boldsymbol{x}^{(\nu)})$ は正則で

$$\|[J(\boldsymbol{x}^{(\nu)})]^{-1} J(\boldsymbol{x}^{(0)})\| \leq B_\nu, \tag{B.8}$$

$$\|\boldsymbol{x}^{(\nu+1)} - \boldsymbol{x}^{(\nu)}\| \leq t_{\nu+1} - t_\nu = \eta_\nu \tag{B.9}$$

証明 まず $h_\mu \leq \dfrac{1}{2}$ ($\mu \leq \nu - 1$) と仮定すると

$$h_\nu = K B_\nu \eta_\nu = K \frac{B_{\nu-1}}{1 - h_{\nu-1}} \cdot \frac{h_{\nu-1} \eta_{\nu-1}}{2(1 - h_{\nu-1})} = \frac{h_{\nu-1}^2}{2(1 - h_{\nu-1})^2} \leq \frac{\left(\frac{1}{2}\right)^2}{2\left(1 - \frac{1}{2}\right)^2} = \frac{1}{2}$$

であるから $h_\nu \leq \dfrac{1}{2}$ ($\nu \geq 0$) である．つぎに (B.8) と (B.9) を ν に関する帰納法により示す．$\nu = 0$ のときは明らかである．(B.8) と (B.9) が $\nu - 1 (\geq 0)$ まで成り立つとすれば，$\boldsymbol{x}^{(\nu)}$ は (B.2) により定義され

$$\|\boldsymbol{x}^{(\nu)} - \boldsymbol{x}^{(1)}\| \leq \|\boldsymbol{x}^{(\nu)} - \boldsymbol{x}^{(\nu-1)}\| + \|\boldsymbol{x}^{(\nu-1)} - \boldsymbol{x}^{(\nu-2)}\| + \cdots + \|\boldsymbol{x}^{(2)} - \boldsymbol{x}^{(1)}\|$$
$$\leq (t_\nu - t_{\nu-1}) + (t_{\nu-1} - t_{\nu-2}) + \cdots + (t_2 - t_1)$$
$$= t_\nu - t_1 < t^* - t_1 \quad (\text{図 B.2 により } t_0 < t_1 < \cdots < t^* \text{である})$$

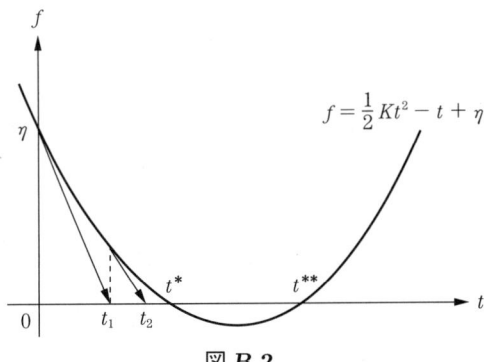

図 **B.2**

$$= t^* - \eta$$
$$\left(\because \quad t_1 = t_0 - \frac{f(t_0)}{f'(t_0)} = -\frac{f(0)}{f'(0)} = \eta\right)$$

$$\therefore \quad \boldsymbol{x}^{(\nu)} \in S$$

さらに
$$J(\boldsymbol{x}^{(\nu)}) = J(\boldsymbol{x}^{(0)})\{I + [J(\boldsymbol{x}^{(0)})]^{-1}(J(\boldsymbol{x}^{(\nu)}) - J(\boldsymbol{x}^{(0)}))\}$$

かつ
$$\|[J(\boldsymbol{x}^{(0)})]^{-1}(J(\boldsymbol{x}^{(\nu)}) - J(\boldsymbol{x}^{(0)}))\|$$
$$\leq K\|\boldsymbol{x}^{(\nu)} - \boldsymbol{x}^{(0)}\|$$
$$\leq K(\|\boldsymbol{x}^{(\nu)} - \boldsymbol{x}^{(\nu-1)}\| + \|\boldsymbol{x}^{(\nu-1)} - \boldsymbol{x}^{(\nu-2)}\| + \cdots + \|\boldsymbol{x}^{(1)} - \boldsymbol{x}^{(0)}\|)$$
$$\leq K\{(t_\nu - t_{\nu-1}) + (t_{\nu-1} - t_{\nu-2}) + \cdots + (t_1 - t_0)\}$$
$$= K(t_\nu - t_0) = Kt_\nu < Kt^* \leq 1 \quad \left(\because \quad f\left(\frac{1}{K}\right) = \eta - \frac{1}{2K} \leq 0\right)$$

よって, 系 **1.11.1** によって $B = I + [J(\boldsymbol{x}^{(0)})]^{-1}(J(\boldsymbol{x}^{(\nu)}) - J(\boldsymbol{x}^{(0)}))$ は正則。
したがって, $J(\boldsymbol{x}^{(\nu)}) = J(\boldsymbol{x}^{(0)})B$ も正則で $\boldsymbol{x}^{(\nu+1)}$ が定義される。

さらに
$$\|[J(\boldsymbol{x}^{(\nu)})]^{-1}J(\boldsymbol{x}^{(0)})\| = \|B^{-1}\| \leq \frac{1}{1 - K\|\boldsymbol{x}^{(\nu)} - \boldsymbol{x}^{(0)}\|} \leq \frac{1}{1 - Kt_\nu}$$

また
$$\boldsymbol{x}^{(\nu+1)} - \boldsymbol{x}^{(\nu)} = -[J(\boldsymbol{x}^{(\nu)})]^{-1}\boldsymbol{f}(\boldsymbol{x}^{(\nu)})$$
$$= -[J(\boldsymbol{x}^{(\nu)})]^{-1}\{\boldsymbol{f}(\boldsymbol{x}^{(\nu)}) - \boldsymbol{f}(\boldsymbol{x}^{(\nu-1)})$$
$$\quad - J(\boldsymbol{x}^{(\nu-1)})(\boldsymbol{x}^{(\nu)} - \boldsymbol{x}^{(\nu-1)})\}$$
$$= -[J(\boldsymbol{x}^{(\nu)})]^{-1}J(\boldsymbol{x}^{(0)})\int_0^1 [J(\boldsymbol{x}^{(0)})]^{-1}\{J(\boldsymbol{x}^{(\nu-1)})$$
$$\quad + \theta(\boldsymbol{x}^{(\nu)} - \boldsymbol{x}^{(\nu-1)})) - J(\boldsymbol{x}^{(\nu-1)})\}(\boldsymbol{x}^{(\nu)} - \boldsymbol{x}^{(\nu-1)})d\theta$$

であるから
$$\|\boldsymbol{x}^{(\nu+1)} - \boldsymbol{x}^{(\nu)}\| \leq \|[J(\boldsymbol{x}^{(\nu)})]^{-1}J(\boldsymbol{x}^{(0)})\|\int_0^1 K\|\boldsymbol{x}^{(\nu)} - \boldsymbol{x}^{(\nu-1)}\|^2\theta d\theta$$
$$\leq \frac{1}{1 - K\|\boldsymbol{x}^{(\nu)} - \boldsymbol{x}^{(0)}\|} \cdot \frac{K}{2}\|\boldsymbol{x}^{(\nu)} - \boldsymbol{x}^{(\nu-1)}\|^2$$
$$\leq \frac{1}{1 - K\|\boldsymbol{x}^{(\nu)} - \boldsymbol{x}^{(0)}\|} \cdot \frac{K}{2}\eta_{\nu-1}^2 \qquad (B.10)$$

ただし, $(B.10)$ を導くのに帰納法の仮定 $\|\boldsymbol{x}^{(\nu)} - \boldsymbol{x}^{(\nu-1)}\| \leq \eta_{\nu-1}$ を用いた。
ここで

B.2 Newton-Kantorovich の定理

$$K\|x^{(\nu)} - x^{(0)}\| \leq K(\|x^{(\nu)} - x^{(\nu-1)}\| + \cdots + \|x^{(1)} - x^{(0)}\|)$$
$$\leq K(\eta_{\nu-1} + \eta_{\nu-2} + \cdots + \eta_0) \tag{B.11}$$

である。また $m \geq 0$ のとき

$$\frac{2\eta_{m+1}}{1 + \sqrt{1 - 2h_{m+1}}} = \frac{2\eta_{m+1}}{1 + \sqrt{1 - 2KB_{m+1}\eta_{m+1}}}$$

$$= \frac{\dfrac{h_m \eta_m}{1 - h_m}}{1 + \sqrt{1 - 2K \dfrac{B_m}{1 - h_m} \dfrac{h_m \eta_m}{2(1 - h_m)}}}$$

$$= \frac{\dfrac{h_m \eta_m}{1 - h_m}}{1 + \sqrt{1 - \left(\dfrac{h_m}{1 - h_m}\right)^2}} = \frac{h_m \eta_m}{1 - h_m + \sqrt{1 - 2h_m}}$$

$$= \frac{h_m(1 - h_m - \sqrt{1 - 2h_m})}{(1 - h_m)^2 - (1 - 2h_m)} \eta_m$$

$$= \frac{1 - h_m - \sqrt{1 - 2h_m}}{h_m} \eta_m$$

$$= \frac{(1 - h_m - \sqrt{1 - 2h_m})(1 + \sqrt{1 - 2h_m})}{h_m(1 + \sqrt{1 - 2h_m})} \eta_m$$

$$= \frac{h_m(1 - \sqrt{1 - 2h_m})}{h_m(1 + \sqrt{1 - 2h_m})} \eta_m = \frac{1 - \sqrt{1 - 2h_m}}{1 + \sqrt{1 - 2h_m}} \eta_m$$

$$= \frac{2\eta_m}{1 + \sqrt{1 - 2h_m}} - \eta_m$$

よって

$$\eta_m = \frac{2\eta_m}{1 + \sqrt{1 - 2h_m}} - \frac{2\eta_{m+1}}{1 + \sqrt{1 - 2h_{m+1}}} \tag{B.12}$$

これを (B.11) に代入して

$$K(\eta_0 + \eta_1 + \cdots + \eta_{\nu-1})$$
$$= \left(\frac{2K\eta}{1 + \sqrt{1 - 2h}} - \frac{2K\eta_1}{1 + \sqrt{1 - 2h_1}}\right) + \cdots$$
$$\quad + \left(\frac{2K\eta_{\nu-1}}{1 + \sqrt{1 - 2h_{\nu-1}}} - \frac{2K\eta_\nu}{1 + \sqrt{1 - 2h_\nu}}\right)$$
$$= \frac{2K\eta}{1 + \sqrt{1 - 2h}} - \frac{2K\eta_\nu}{1 + \sqrt{1 - 2h_\nu}}$$
$$= \frac{2h}{1 + \sqrt{1 - 2h}} - \frac{1}{B_\nu} \frac{2h_\nu}{1 + \sqrt{1 - 2h_\nu}}$$
$$= 1 - \sqrt{1 - 2h} - \frac{1}{B_\nu}(1 - \sqrt{1 - 2h_\nu}) \tag{B.13}$$

さらに

$$\begin{aligned}
\frac{1}{B_\nu}\sqrt{1-2h_\nu} &= \frac{1}{B_\nu}\sqrt{1-2KB_\nu\eta_\nu} \\
&= \frac{1}{B_\nu}\sqrt{1-\frac{2KB_{\nu-1}}{1-h_{\nu-1}}\cdot\frac{h_{\nu-1}\eta_{\nu-1}}{2(1-h_{\nu-1})}} = \frac{1}{B_\nu}\frac{\sqrt{1-2h_{\nu-1}}}{1-h_{\nu-1}} \\
&= \frac{1}{B_{\nu-1}}\sqrt{1-2h_{\nu-1}} \qquad (\because\ B_\nu(1-h_{\nu-1}) = B_{\nu-1}) \\
&= \cdots = \frac{1}{B_0}\sqrt{1-2h_0} = \sqrt{1-2h} \qquad (B.14)
\end{aligned}$$

よって (B.13) より

$$K(\eta_0 + \eta_1 + \cdots + \eta_{\nu-1}) = 1 - \frac{1}{B_\nu}$$

したがって

$$\begin{aligned}
B_\nu &= \frac{1}{1 - K(\eta_0 + \eta_1 + \cdots + \eta_{\nu-1})} \\
&= \frac{1}{1 - K\{(t_1 - t_0) + \cdots + (t_\nu - t_{\nu-1})\}} \\
&= \frac{1}{1 - Kt_\nu}
\end{aligned}$$

を得る。ただし, 上式において帰納法の仮定 $t_{j+1} - t_j = \eta_j$ $(j \leq \nu - 1)$ を用いた。ゆえに, (B.10) と (B.11) によって

$$\begin{aligned}
\|\boldsymbol{x}^{(\nu+1)} - \boldsymbol{x}^{(\nu)}\| &\leq \frac{1}{1 - \left(1 - \frac{1}{B_\nu}\right)}\cdot\frac{K}{2}\eta_{\nu-1}^2 \\
&= \frac{K}{2}B_\nu\eta_{\nu-1}^2 = \frac{K}{2}\left(\frac{B_{\nu-1}}{1-h_{\nu-1}}\right)\eta_{\nu-1}^2 \\
&= \frac{(KB_{\nu-1}\eta_{\nu-1})}{2(1-h_{\nu-1})}\eta_{\nu-1} = \frac{h_{\nu-1}}{2(1-h_{\nu-1})}\eta_{\nu-1} \\
&= \eta_\nu
\end{aligned}$$

さらに帰納法の仮定を用いて

$$\begin{aligned}
\frac{1}{2}KB_\nu\eta_{\nu-1}^2 &= \frac{1}{2}K\cdot\frac{1}{1 - Kt_\nu}(t_\nu - t_{\nu-1})^2 \\
&= \frac{1}{2}K\cdot\frac{-1}{f'(t_\nu)}(t_\nu - t_{\nu-1})^2 \qquad (B.15)
\end{aligned}$$

ここで f は 2 次多項式で $f''(t) = K$ であるから

$$\begin{aligned}
f(t_\nu) &= f(t_{\nu-1}) + f'(t_{\nu-1})(t_\nu - t_{\nu-1}) + \frac{1}{2}K(t_\nu - t_{\nu-1})^2 \\
&= \frac{1}{2}K(t_\nu - t_{\nu-1})^2
\end{aligned}$$

である。よって (B.15) の右辺は $-\dfrac{f(t_\nu)}{f'(t_\nu)}$ に等しく

B.2 Newton-Kantorovich の定理

$$\frac{1}{2}KB_\nu \eta_{\nu-1}^2 = -\frac{f(t_\nu)}{f'(t_\nu)} = t_{\nu+1} - t_\nu$$

となる。最後に

$$\|[J(\bm{x}^{(\nu)})]^{-1}J(\bm{x}^{(0)})\| = \|\{J(\bm{x}^{(\nu-1)}) + (J(\bm{x}^{(\nu)}) - J(\bm{x}^{(\nu-1)}))\}^{-1}J(\bm{x}^{(0)})\|$$
$$\leq \left\|\{I + [J(\bm{x}^{(\nu-1)})]^{-1}(J(\bm{x}^{(\nu)}) - J(\bm{x}^{(\nu-1)}))\}^{-1}\right\| \cdot \left\|[J(\bm{x}^{(\nu-1)})]^{-1}J(\bm{x}^{(0)})\right\|$$
$$\leq \frac{B_{\nu-1}}{1 - B_{\nu-1}K\|\bm{x}^{(\nu)} - \bm{x}^{(\nu-1)}\|} = \frac{B_{\nu-1}}{1 - B_{\nu-1}K\eta_{\nu-1}} = \frac{B_{\nu-1}}{1 - h_{\nu-1}}$$
$$= B_\nu$$

が示される。以上によって (B.8) と (B.9) は ν のときに成り立ち帰納法が完了する。 ♠

補題 B.2
$\eta_\nu \leq \dfrac{1}{2^\nu}(2h)^{2^\nu-1}\eta \ (\nu \geq 0)$ が成り立つ。

証明 補題 **B.1** により $h_\nu \leq \dfrac{1}{2} \ (\nu \geq 0)$ であるが

$$h_\nu = \frac{h_{\nu-1}^2}{2(1-h_{\nu-1})^2} \qquad (\text{補題 } \bm{B.1} \text{ の証明参照})$$

であるから

$$h_\nu = \frac{h_{\nu-1}}{2(1-h_{\nu-1})^2}h_{\nu-1} \leq \frac{\dfrac{1}{2}}{2\left(1-\dfrac{1}{2}\right)^2}h_{\nu-1} = h_{\nu-1}$$
$$\leq \cdots \leq h$$

よって

$$2h_\nu = \frac{h_{\nu-1}^2}{(1-h_{\nu-1})^2} \leq \frac{h_{\nu-1}^2}{\left(1-\dfrac{1}{2}\right)^2} = (2h_{\nu-1})^2$$
$$\leq (2h_{\nu-2})^{2^2} \leq \cdots \leq (2h)^{2^\nu} \qquad (B.16)$$
$$\eta_\nu = \frac{h_{\nu-1}}{2(1-h_{\nu-1})}\eta_{\nu-1} \leq \frac{1}{2}\frac{h_{\nu-1}}{1-\dfrac{1}{2}}\eta_{\nu-1} = \frac{1}{2}(2h_{\nu-1})\eta_{\nu-1}$$
$$\leq \frac{1}{2}(2h)^{2^{\nu-1}}\eta_{\nu-1}$$
$$\leq \frac{1}{2}(2h)^{2^{\nu-1}} \cdot \frac{1}{2}(2h)^{2^{\nu-2}} \cdots \cdot \frac{1}{2}(2h)^{2^0}\eta$$
$$= \frac{1}{2^\nu}(2h)^{2^{\nu-1}+2^{\nu-2}+\cdots+1}\eta$$

$$= \frac{1}{2^\nu}(2h)^{2^\nu-1}\eta$$

♠

補題 B.3

$\{\boldsymbol{x}^{(\nu)}\}$ は収束する。収束先を $\boldsymbol{x}^*$ とすれば $\boldsymbol{x}^*$ は (B.1) の解であり，つぎが成り立つ。

$$\|\boldsymbol{x}^* - \boldsymbol{x}^{(\nu)}\| \leq t^* - t_\nu = \frac{2\eta_\nu}{1+\sqrt{1-2h_\nu}} \leq \frac{1}{2^{\nu-1}}(2h)^{2^\nu-1}\eta \ (\nu \geq 0)$$

証明 $\mu \geq \nu$ のとき

$$\|\boldsymbol{x}^{(\mu)} - \boldsymbol{x}^{(\nu)}\| \leq \|\boldsymbol{x}^{(\mu)} - \boldsymbol{x}^{(\mu-1)}\| + \cdots + \|\boldsymbol{x}^{(\nu+1)} - \boldsymbol{x}^{(\nu)}\|$$
$$\leq (t_\mu - t_{\mu-1}) + \cdots + (t_{\nu+1} - t_\nu) = t_\mu - t_\nu \quad (B.17)$$
$$= \eta_{\mu-1} + \cdots + \eta_\nu \quad ((B.9) \text{ による})$$
$$= \frac{2\eta_\nu}{1+\sqrt{1-2h_\nu}} - \frac{2\eta_{\mu-1}}{1+\sqrt{1-2h_{\mu-1}}} \quad (B.18)$$

ただし，上式において (B.12) を用いた。$\{t_\mu\}$ は収束列であるから (B.17) によって $\mu \geq \nu \to \infty$ のとき

$$\|\boldsymbol{x}^{(\mu)} - \boldsymbol{x}^{(\nu)}\| \leq t_\mu - t_\nu \to 0$$

となり，$\{\boldsymbol{x}^{(\mu)}\}$ は S 内の Cauchy 列をなす。その収束先を $\boldsymbol{x}^*$ とすれば $\boldsymbol{x}^* \in \bar{S}$ であり，(B.17) と (B.18) において ν を固定し $\mu \to \infty$ とすれば

$$\|\boldsymbol{x}^* - \boldsymbol{x}^{(\nu)}\| \leq t^* - t_\nu = \frac{2\eta_\nu}{1+\sqrt{1-2h_\nu}}$$
$$\leq 2\eta_\nu \leq \frac{1}{2^{\nu-1}}(2h)^{2^\nu-1}\eta \quad (B.19)$$

また等式

$$J(\boldsymbol{x}^{(\nu)})(\boldsymbol{x}^{(\nu+1)} - \boldsymbol{x}^{(\nu)}) = -\boldsymbol{f}(\boldsymbol{x}^{(\nu)}) \quad (\nu \geq 0)$$

において $\nu \to \infty$ とすれば $\boldsymbol{f}(\boldsymbol{x}^*) = \boldsymbol{0}$ となり，$\boldsymbol{x}^*$ は (B.1) の解である。 ♠

証明 (定理 B.1) 補題 B.1〜B.3 によって，(ii) を示すことだけが残されている。補題 B.3 により

$$t^* - t_\nu = \frac{2\eta_\nu}{1+\sqrt{1-2h_\nu}} = \frac{\eta_\nu}{h_\nu}(1-\sqrt{1-2h_\nu})$$
$$= \frac{1}{KB_\nu}(1-\sqrt{1-2h_\nu})$$

であり，(B.14) により $B_\nu\sqrt{1-2h} = \sqrt{1-2h_\nu}$ であるから

B.2 Newton-Kantorovich の定理

$$t^{**} - t_\nu = (t^{**} - t^*) + (t^* - t_\nu) = \frac{2\sqrt{1-2h}}{K} + \frac{1-\sqrt{1-2h_\nu}}{KB_\nu}$$
$$= \frac{1+\sqrt{1-2h_\nu}}{KB_\nu}$$

これは $t^{**} - t_\nu$ が 2 次方程式

$$\frac{1}{2}KB_\nu t^2 - t + \eta_\nu = 0 \tag{B.20}$$

の根であることを示している。

さて, $\tilde{\boldsymbol{x}}^*$ を

$$\tilde{S} = \begin{cases} S(\boldsymbol{x}^{(0)}, t^{**}) \cap D_0 & (2h < 1 \text{ のとき}) \\ \bar{S}(\boldsymbol{x}^{(0)}, t^{**}) \cap D_0 & (2h = 1 \text{ のとき}) \end{cases}$$

内の一つの解とすれば

$$\|\tilde{\boldsymbol{x}}^* - \boldsymbol{x}^{(0)}\| \leq r t^{**}$$

と書ける。ただし, r は $2h < 1$ のとき $r < 1$, $2h = 1$ のとき $r = 1$ なる正数である。このとき

$$\|\tilde{\boldsymbol{x}}^* - \boldsymbol{x}^{(\nu)}\| \leq r^{2^\nu}(t^{**} - t_\nu) \qquad (\nu \geq 0) \tag{B.21}$$

が成り立つ。これを ν に関する帰納法で証明しよう。まず

$$\tilde{\boldsymbol{x}}^* - \boldsymbol{x}^{(\nu+1)}$$
$$= \tilde{\boldsymbol{x}}^* - \boldsymbol{x}^{(\nu)} + [J(\boldsymbol{x}^{(\nu)})]^{-1}\boldsymbol{f}(\boldsymbol{x}^{(\nu)})$$
$$= [J(\boldsymbol{x}^{(\nu)})]^{-1}\{J(\boldsymbol{x}^{(\nu)})(\tilde{\boldsymbol{x}}^* - \boldsymbol{x}^{(\nu)}) + \boldsymbol{f}(\boldsymbol{x}^{(\nu)}) - \boldsymbol{f}(\tilde{\boldsymbol{x}}^*)\}$$
$$= [J(\boldsymbol{x}^{(\nu)})]^{-1}\int_0^1 \{J(\boldsymbol{x}^{(\nu)}) - J(\boldsymbol{x}^{(\nu)} + \theta(\tilde{\boldsymbol{x}}^* - \boldsymbol{x}^{(\nu)}))\}(\tilde{\boldsymbol{x}}^* - \boldsymbol{x}^{(\nu)})d\theta$$
$$= [J(\boldsymbol{x}^{(\nu)})]^{-1}J(\boldsymbol{x}^{(0)})\int_0^1 [J(\boldsymbol{x}^{(0)})]^{-1}\{J(\boldsymbol{x}^{(\nu)}) - J(\boldsymbol{x}^{(\nu)} + \theta(\tilde{\boldsymbol{x}}^* - \boldsymbol{x}^{(\nu)}))\}$$
$$\times (\tilde{\boldsymbol{x}}^* - \boldsymbol{x}^{(\nu)})d\theta$$

$$\therefore \quad \|\tilde{\boldsymbol{x}}^* - \boldsymbol{x}^{(\nu+1)}\| \leq \|[J(\boldsymbol{x}^{(\nu)})]^{-1}J(\boldsymbol{x}^{(0)})\|\int_0^1 K\|\tilde{\boldsymbol{x}}^* - \boldsymbol{x}^{(\nu)}\|^2 \theta d\theta$$
$$\leq \frac{1}{2}KB_\nu\|\tilde{\boldsymbol{x}}^* - \boldsymbol{x}^{(\nu)}\|^2 \qquad ((B.8) \text{ による})$$

ここで, (B.21) が ν のときに成り立つと仮定すれば

$$\|\tilde{\boldsymbol{x}}^* - \boldsymbol{x}^{(\nu+1)}\| \leq \frac{1}{2}KB_\nu\{r^{2^\nu}(t^{**} - t_\nu)\}^2 = r^{2^{\nu+1}}\left\{\frac{1}{2}KB_\nu(t^{**} - t_\nu)^2\right\}$$
$$= r^{2^{\nu+1}}(t^{**} - t_\nu - \eta_\nu) \qquad (t^{**} - t_\nu \text{ は } (B.20) \text{ の根})$$
$$= r^{2^{\nu+1}}(t^{**} - t_{\nu+1})$$

となって, (B.21) は $\nu+1$ のときも成り立つ。$2h<1$ のとき $r<1$ であるから

$$r^{2^\nu}(t^{**}-t_\nu) \to 0 \quad (\nu \to \infty)$$

であり, $2h=1$ のときは $r=1$ かつ $t^{**}=t^*$ であるから

$$r^{2^\nu}(t^{**}-t_\nu) = t^*-t_\nu \to 0 \quad (\nu \to \infty)$$

よって, いずれにせよ $\|\tilde{\boldsymbol{x}}^*-\boldsymbol{x}^{(\nu)}\| \to 0 \ (\nu \to \infty)$ となる。$\lim_{\nu \to \infty}\boldsymbol{x}^{(\nu)}=\boldsymbol{x}^*$ であったから $\tilde{\boldsymbol{x}}^*=\boldsymbol{x}^*$ を得て, $\boldsymbol{x}^*$ は $\bar{S}$ 内のただ一つの解である。 ♠

B.3 誤差の上・下界評価

Newton 法で得られる近似解 $\boldsymbol{x}^{(\nu)}$ の誤差については多くの研究があるが, 実は得られている結果はすべて定理 **B.1** から導かれ, しかも定理の結果を超えるものではないことを著者は 1986 年に明らかにした (山本 30))。以下にその一部を証明なしに掲げる。証明に興味ある読者は原論文を参照されたい。ただし, 定理 **B.1** の記号に加えて

$$d_\nu = \|\boldsymbol{x}^{(\nu+1)}-\boldsymbol{x}^{(\nu)}\| = \|[J(\boldsymbol{x}^{(\nu)})]^{-1}\boldsymbol{f}(\boldsymbol{x}^{(\nu)})\| \quad (\nu \geq 0)$$
$$\Delta_\nu = \|\boldsymbol{x}^{(\nu)}-\boldsymbol{x}^{(0)}\| \quad (\nu \geq 1)$$
$$\Delta = t^{**}-t^*, \quad \theta = \frac{t^*}{t^{**}}$$
$$\nabla t_{\nu+1} = t_{\nu+1}-t_\nu$$

と置く。定理 **B.1** によって $d_\nu \leq \nabla t_{\nu+1}$ である。

定理 B.2 (上界評価)

Newton-Kantorovich の定理の仮定の下でつぎの誤差評価が成り立つ。

$$\|\boldsymbol{x}^*-\boldsymbol{x}^{(\nu)}\| \leq \kappa_\nu \equiv \frac{2d_\nu}{1+\sqrt{1-2Kd_\nu}} \quad (\nu \geq 0) \qquad \text{(Kantorovich 1948)}^\dagger$$

$$\leq \frac{2d_\nu}{1+\sqrt{1-2K(1-K\Delta_\nu)^{-1}d_\nu}} \quad (\nu \geq 0) \qquad \text{(Moret 1984)}$$

$$\leq \frac{2d_\nu}{1+\sqrt{1-2K(1-Kt_\nu)^{-1}d_\nu}} \quad (\nu \geq 0) \qquad \text{(山本 1986)}$$

$$\leq \frac{2d_\nu}{1+\sqrt{1-2KB_\nu d_\nu}} \quad (\nu \geq 0) \qquad \text{(Kantorovich 1948)}$$

---

† ( ) 内は, 論文発表者と発表年。

$$
\begin{aligned}
&= \begin{cases} \dfrac{2d_\nu}{1+\sqrt{1-\dfrac{4}{\Delta}\dfrac{1-\theta^{2^\nu}}{1+\theta^{2^\nu}}d_\nu}} & (2h<1) \\ \dfrac{2d_\nu}{1+\sqrt{1-\dfrac{2^\nu}{\eta}d_\nu}} & (2h=1)(\nu\geq 0) \end{cases} \quad \text{(Miel 1981)} \\
&= (t^*-t_\nu)\dfrac{d_\nu}{\nabla t_{\nu+1}} \quad (\nu\geq 0) \quad \text{(山本 1985)} \\
&= \dfrac{2d_\nu}{1+\sqrt{1-2h_\nu}} \quad (\nu\geq 0) \quad \text{(Döring 1969)} \\
&\leq \dfrac{KB_\nu d_{\nu-1}^2}{1+\sqrt{1-2h_\nu}} \quad (\nu\geq 1) \quad \text{(Döring 1969)} \\
&= (t^*-t_\nu)\left(\dfrac{d_{\nu-1}}{\nabla t_\nu}\right)^2 \quad (\nu\geq 1) \quad \text{(Miel 1979)} \\
&= \begin{cases} \dfrac{1-\theta^{2^\nu}}{\Delta}d_{\nu-1}^2 & (2h<1) \\ \dfrac{2^{\nu-1}}{\eta}d_{\nu-1}^2 & (2h=1)(\nu\geq 1) \end{cases} \quad \text{(Miel 1981)} \\
&\leq \dfrac{Kd_{\nu-1}^2}{\sqrt{1-2h}+\sqrt{1-2h+(Kd_{\nu-1})^2}} \quad (\nu\geq 1) \\
&\qquad\qquad\qquad\qquad\qquad\qquad\qquad \text{(Potra-Ptak 1980)} \\
&\leq \dfrac{K\eta_{\nu-1}d_{\nu-1}}{\sqrt{1-2h}+\sqrt{1-2h+(K\eta_{\nu-1})^2}} \quad (\nu\geq 1) \\
&= e^{-2^{\nu-1}\phi}d_{\nu-1} \quad (\nu\geq 1) \ (\phi\text{は}(1+\cosh\phi)h=1\text{ の根}) \\
&\qquad\qquad\qquad\qquad\qquad\qquad\qquad \text{(Ostrowski 1973)} \\
&= \theta^{2^{\nu-1}}d_{\nu-1} \quad (\nu\geq 1) \quad \text{(Gragg-Tapia 1974)} \\
&= (t^*-t_\nu)\dfrac{d_{\nu-1}}{\nabla t_\nu} \quad (\nu\geq 1) \quad \text{(Miel 1980)} \\
&\leq t^*-t_\nu \quad (\nu\geq 0) \quad \text{(Kantorovich 1951)} \\
&= \dfrac{2\eta_\nu}{1+\sqrt{1-2h_\nu}} \quad \text{(Kantorovich 1948)} \\
&= \begin{cases} e^{-2^{\nu-1}\phi}\dfrac{\sinh\phi}{\sinh 2^{\nu-1}\phi}\eta & (2h<1) \\ 2^{1-\nu}\eta & (2h=1) \end{cases} \quad (\nu\geq 0) \quad \text{(Ostrowski 1971)} \\
&= \begin{cases} \dfrac{\Delta\theta^{2^\nu}}{1-\theta^{2^\nu}} & (2h<1) \\ 2^{1-\nu}\eta & (2h=1) \end{cases} \quad \text{(Gragg-Tapia 1974)}
\end{aligned}
$$

$$= \frac{s_\nu}{2^\nu K}\left(\frac{2h}{1+\sqrt{1-2h}}\right)^{2^\nu} \quad (\nu \geq 0) \quad \text{(Rall-Tapia 1970)}$$

$$\left(\text{ただし},\ s_0 = 1,\ s_\nu = \frac{s_{\nu-1}^2}{2^{\nu-1}\sqrt{1-2h}+s_{\nu-1}(1-\sqrt{1-2h})^{2^{\nu-1}}}\right)$$

$$= \frac{1}{2^\nu K}\left(\frac{2h}{1+\sqrt{1-2h}}\right)^{2^\nu} \quad (\nu \geq 0)$$

$$\text{(Dennis 1969, Tapia 1971)}$$

$$\leq \frac{1}{2^{\nu-1}}(2h)^{2^\nu-1}\eta \quad (\nu \geq 0) \quad \text{(Kantorovich 1948)}$$

注意 B.1 上の評価において κ_ν は $\bm{x}^{(\nu)}$ を初期値とする Newton 法を考え, 定理 **B.1** を適用したものである. いま, これを眺めてみると, 上掲の誤差評価は Newton-Kantorovich の定理を一歩も踏み出ていないことがわかる.

定理 B.3 (下界評価)

Newton-Kantorovich の定理の仮定の下で

$$\|\bm{x}^* - \bm{x}^{(\nu)}\| \geq \underline{\kappa}_\nu \equiv \frac{2d_\nu}{1+\sqrt{1+2Kd_\nu}} \quad (\nu \geq 0) \quad \text{(山本 1985)}$$

$$\geq \frac{2d_\nu}{1+\sqrt{1+2K(1-K\Delta_\nu)^{-1}d_\nu}} \quad (\nu \geq 0) \quad \text{(山本 1985)}$$

$$\geq \frac{2d_\nu}{1+\sqrt{1+2K(1-Kt_\nu)^{-1}d_\nu}} \quad (\nu \geq 0) \quad \text{(Schmidt 1978)}$$

$$= \begin{cases} \dfrac{2d_\nu}{1+\sqrt{1+\dfrac{4}{\Delta}\dfrac{1-\theta^{2^\nu}}{1+\theta^{2^\nu}}d_\nu}} & (2h < 1) \\[2ex] \dfrac{2d_\nu}{1+\sqrt{1+\dfrac{2^\nu}{\eta}d_\nu}} & (2h = 1)(\nu \geq 0) \end{cases} \quad \text{(Miel 1981)}$$

$$= \frac{2d_\nu}{1+\sqrt{1+4\dfrac{t^*-t_{\nu+1}}{(t^*-t_\nu)^2}d_\nu}} \quad (\nu \geq 0) \quad \text{(Miel 1981)}$$

$$= \frac{2d_\nu}{1+\sqrt{1+4\dfrac{\nabla t_{\nu+1}}{(\nabla t_\nu)^2}d_\nu}} \quad (\nu \geq 1) \quad \text{(Miel 1981)}$$

$$= \frac{2d_\nu}{1+\sqrt{1+\dfrac{2Kd_\nu}{\sqrt{1-2h+(K\eta_{\nu-1})^2}}}} \quad (\nu \geq 1) \quad (\text{山本 1985})$$

$$\geq \frac{2d_\nu}{1+\sqrt{1+\dfrac{2Kd_\nu}{\sqrt{1-2h+(Kd_{\nu-1})^2}}}} \quad (\nu \geq 1) \quad (\text{山本 1985})$$

$$= \frac{2d_\nu}{1+\sqrt{1+\dfrac{2d_\nu}{\sqrt{a^2+d_{\nu-1}^2}}}} \quad \left(a=\frac{\sqrt{1-2h}}{K}\right) \quad (\nu \geq 1)$$

$$\geq \frac{2d_\nu}{1+\sqrt{1+\dfrac{2d_\nu}{d_\nu+\sqrt{a^2+d_\nu^2}}}} \quad (\nu \geq 0) \quad (\text{Potra-Ptak 1980})$$

$$\geq \frac{2d_\nu}{1+\sqrt{1+2h_\nu}} \quad (\nu \geq 0) \quad (\text{Gragg-Tapia 1974})$$

$$= \frac{2d_\nu}{1+\sqrt{1+\dfrac{4\theta^{2^\nu}}{(1+\theta^{2^\nu})^2}}} \quad (\nu \geq 0) \quad (\text{Gragg-Tapia 1974})$$

引用・参考文献

1) 伊藤清三：ルベーグ積分入門, 裳華房 (1963)
2) 大石進一：非線形解析入門, コロナ社 (1997)
3) 菊地文雄：有限要素法の数理, 培風館 (1994)
4) 草野　尚：境界値問題入門, 朝倉書店 (1971, 復刻版 2003)
5) 藤田祐作：常微分方程式の境界値問題に対する不等分割近似を用いた差分法, 早稲田大学理工学部情報学科 平成 15 年度卒業論文 (2004)
6) 増田久弥：関数解析, 裳華房 (1994)
7) 山本哲朗：数値解析入門 [増訂版], サイエンス社 (2003)
8) M. Spivak(斉藤正彦 訳)：多変数解析学, 東京図書 (1972)
9) S. Aguchi, T. Yamamoto : Numerical methods with fourth order accuracy for two-point boundary value problems, 京都大学数理解析研究所 講究録, 1381, pp.11-20 (2004)
10) M.B. Allen III and E.L. Isaacson : Numerical Analysis for Applied Science, John Wiley & Sons (1998)
11) U.M. Ascher, R.M.M. Mattheij and R.D. Russell : Numerical Solution of Boundary Value Problems for Ordinary Differential Equations, Prentice Hall (1988)
12) G. Bachman and L. Narici : Functional Analysis, Academic Press (1966)
13) R.T. Brown : A Topological Introduction to Nonlinear Analysis, Second Edition, Birkhäuser (2004)
14) R.G. Buck : Advanced Calculus, McGraw-Hill (1965)
15) R.H. Cole : Theory of Ordinary Differential Equations, Appleton-Century-Crofts, (1968)
16) N. Dunford and J.T. Schwartz : Linear Operators, Part I : General Theory, Interscience Publishers (1966)

17) Q. Fang, T. Matsubara, Y. Shogenji and T. Yamamoto : Convergence of inconsistent finite difference scheme for Dirichlet problem whose solutions has singular derivatives at the boundary, Information, 4, pp.161-170 (2001)

18) Q. Fang, Y. Shogenji and T. Yamamoto : Convergence analysis of adaptive finite difference methods using stretching functions for boundary value problems with singular solutions, Asian Information-Science-Life, 1, pp.49-64 (2002)

19) Q. Fang, Y. Shogenji and T. Yamamoto : Error analysis of adaptive finite difference methods using stretching functions for polar coordinate form of Poisson-type equation, Numer. Funct. Anal. Optimiz., 24, pp.17-44 (2003)

20) Q. Fang, T. Tsuchiya and T. Yamamoto : Finite difference, finite element and finite volume methods applied to two-point boundary value problems, J. Comp. Appl. Math., 139, pp.9-19 (2002)

21) L.V. Kantorovich and G.P. Akilov : Functional Analysis, Second Edition, Pergamon (1982)

22) L.V. Kantorovich and V.I. Krylov : Approximate Methods of Higher Analysis, P. Noordhoff Ltd. (1964)

23) H.B. Keller : Numerical Methods for Two-Point Boundary-Value Problems, Blaisdell (1968)

24) M. Lees : Discrete methods for nonlinear two-point boundary value problems, in Numerical Solution of Partial Differential Equations(J.H. Bramble ed.), Academic Press (1966)

25) N. Matsunaga and T. Yamamoto : Convergence of Swartztrauber-Sweet's approximation for the Poisson-type equation on a disk, Numer. Funct. Anal. & Optimiz., 20, pp.917-928 (1999)

26) N. Matsunaga and T. Yamamoto : Superconvergence of the Shortley-Weller approximation for Dirichlet problems, J. Comp. Appl. Math. 116, pp.263-273 (2000)

27) J.M. Ortega and W.C. Rheinboldt : Iterative Solution of Nonlinear Equations in Several Variables, SIAM (2000)

28) T.L. Saaty and J. Bram : Nonlinear Mathematics, Dover (1964)

29) G.H. Shortley and R. Weller : The numerical solution of Laplace's equation, J. Appl. Physics, 9, pp.334-344 (1938)

30) T. Yamamoto : A method for finding sharp error bounds for Newton's method under the Kantorovich assumptions, Numer. Math., 49, pp.203-220 (1986)

31) T. Yamamoto : Harmonic relations between Green's functions and Green's matrices for boundary value problems, 京都大学数理解析研究所 講究録, 1169, pp.15-26 (1998)

32) T. Yamamoto : Historical development in convergence analysis for Newton's and Newton-like methods, J. Comp. Appl. Math., 124, pp.1-23 (2000)

33) T. Yamamoto : Inversion formulas for tridiagonal matrices with applications to boundary value problems, Numer. Funct. Anal. Optimiz., 22, pp.357-385 (2001)

34) T. Yamamoto : Convergence of consistent and inconsistent finite difference schemes and an acceleration technique, J. Comp. Appl. Math., 140, pp.849-866 (2002)

35) T. Yamamoto : Harmonic relations between Green's functions and Green's matrices for boundary value problems II, 京都大学数理解析研究所 講究録, 1286, pp.27-33 (2002)

36) T. Yamamoto : 同上 III, 京都大学数理解析研究所 講究録, 1381, pp.1-10 (2004)

37) T. Yamamoto, Q. Fang and X. Chen : Superconvergence and nonsuperconvergence of the Shortley-Weller approximations for Dirichlet problems, Numer. Funct. Anal. Optimiz., 22, pp.455-470 (2001)

38) T. Yamamoto and S. Oishi : A mathematical theory for numerical treatment of nonlinear two-point boundary value problems, Japan JIAM, 23, pp.31–62 (2006)

39) T. Yamamoto and S. Oishi : On three theorems of Lees for numerical treatment of semilinear two-point boundary value problems, Japan JIAM, 23, pp.293-313 (2006)

40) T. Yamamoto : Discretization principles for linear two-point boundary value problems, Numer. Funct. Anal. Optimiz., 28, pp.149-172 (2007) (Erratum. ibid., 28, p.1421)

41) T. Yamamoto, S. Oishi and Q. Fang : Discretization principles for linear two-point boundary value problems, II, Numer. Funct. Anal. Optimiz., 29, pp.213-224 (2008)

42) T. Yamamoto, S. Oishi, M.Z. Nashed, Z.C. Li and Q. Fang : Discretization principles for linear two-point boundary value problems, III, Numer. Funct. Anal. Optimiz., 29, pp.1180-1200 (2008)

索　　　　引

あ

Ascoli-Arzela の定理	38
Abel の公式	77

い

1 次従属	2, 76
1 次独立	2, 76
ε 近似解	72
ε 近傍	32
インデックス集合	33

う

打切り誤差	156

え

n 階常微分方程式	60
L^p ノルム	24
Hermite 行列	27

お

Euler の微分方程式	187

か

開集合	32
解の局所存在定理	66
解の大域存在定理	69
開被覆	33
Gauss の発散定理	220, 222
重ね合わせの原理	75
仮想分点法	153
片側 Dirichlet 条件	153
片側 Neumann 条件	153
カテナリー	90
カテノイド	190

関数の 1 次独立と 1 次従属	75
完全系	132
完全正規直交系	132
Cantor の対角線論法	38
Kantorovich の優原理	227
完　備	6, 14
完備化	8

き

基　底	2
基本解	80
逆　元	1
求積法	84
境界条件	61, 92
境界値問題	92
行列の p ノルム	25
行列ノルム	20
距　離	14
距離関数	14
距離空間	14
距離の公理	14

く

Gram 行列	210
Gram-Schmidt の直交化法	116
Green 関数	96
Green 関数の存在	97
Green 作用素	101
Green の定理	220, 221
Gronwall の補題	64

け

k 位の ε 近傍	184

懸垂線	90, 190

こ

広義導関数	31
Cauchy-Schwarz の不等式	4, 10
Cauchy 列	5
固有関数	109
固有関数展開	125, 130
固有空間	109
固有値	109
固有値問題	109
コンパクト	33

さ

サイクロイド	189
作用素	15
作用素ノルム	19

し

次　元	2
自己随伴作用素	103
実線形空間	1
実対称行列	27
実内積空間	9
実ベクトル空間	1
実 Euclid 空間	2
Schauder の不動点定理	56, 57, 59
収　束	4
縮小写像	45
縮小写像の原理	44
初期条件	61
初期値問題	61

索　　引

初期データに関する解の
　連続性　74
Shortley-Weller 近似　151
伸長関数　177
伸長変換　177

す

随伴作用素　103
スカラー積　1
Sturm-Liouville 型境界値
　問題　192
Stokes の定理　220
スプライン関数　200
スペクトルノルム　28
スペクトル半径　27

せ

正規直交系　116
正規直交固有関数　117
整合スキーム　178
斉次線形方程式　75
正値対称作用素　104
零　元　1
線　形　15
線形（常）微分方程式　60
全単射　93
全有界　33

そ

相対完全系　197
相対コンパクト　33
Sobolev ノルム　31

た

第 1 積分　190
対称作用素　104
第 2 積分　190
たたみ込み　127
単　射　93

ち

中心差分近似　150
稠　密　8
重複度　109
直　径　32

て

定義域　15
定数係数 2 階線形方程式　86
定数変化法　84
Dirichlet 条件　151
停留関数　183
点　1

と

同程度一様連続　36
同程度連続　36
特殊解　81
特性方程式　86, 109
凸集合　53
凸　包　57

な

内　積　9
内積空間　9
内　点　32

に

Nitsche のトリック　216
Nitsche のリフト　216
2 点境界条件　92
2 点境界値問題　61, 92
Newton-Kantorovich の
　定理　225
Newton 法　223

の

Neumann 級数　29
Neumann 条件　153

ノルム　3
ノルム空間　3

は

Parseval の等式　132
発散定理　220
Banach 空間　6
Banach の不動点定理　44
汎関数　183

ひ

Pearson の近似公式　153
比較関数　185
B 型空間　225
非整合スキーム　178
非斉次線形方程式　75
非線形　15
非線形微分方程式　60
被　覆　33
微分作用素　75
非有界作用素　17
Hilbert 空間　11

ふ

Fourier 展開　125
複素線形空間　1
複素ベクトル空間　1
複素 Euclid 空間　2
不動点　44
不動点定理　44
Brouwer の不動点定理
　46, 51
分離境界条件　97

へ

平均値定理　218
閉集合　32
閉　包　33
ベクトル　1
Bessel の不等式　124

Hölder の不等式	21, 23	有限 ε ネット	33	Lipschitz 条件	66
Bernstein 多項式	40	有限開被覆	33	Lipschitz 定数	66
変数分離形	85	有限差分法	151		
変分学の基本補題	186	有限差分方程式	152	**れ**	
変分問題	183	有限要素近似	209	連　続	15
		有限要素法	209	連続作用素	18

み

Minkowski の不等式	22, 23	**ら**		**ろ**	
		Lagrange の剰余項	217	ロンスキアン	76
や		Lagrange の等式	103	Wronski 行列式	76
Jacobi 行列	162				
		り		**わ**	
ゆ		離散化原理	181	Weierstrass の多項式近似	
有　界	17	離散化誤差	156	定理	40
有界作用素	17, 18	Ritz 近似	200		
有界集合	32	Ritz 法	200		

―― 著者略歴 ――

1961 年　広島大学大学院修士課程修了（数学専攻）
1966 年　広島大学講師
1968 年　理学博士(広島大学)
1969 年　愛媛大学助教授
1975 年　愛媛大学教授
2002 年　愛媛大学名誉教授
2002 年　早稲田大学客員教授（専任）
2005 年　早稲田大学退職

2 点境界値問題の数理
Two—Point Boundary Value Problems—Theory and Numerical Methods—
Ⓒ Tetsuro Yamamoto 2006

2006 年 6 月 30 日　初版第 1 刷発行
2009 年 2 月 20 日　初版第 2 刷発行

検印省略

著　者　山本 哲朗（やまもと　てつろう）
発行者　株式会社　コロナ社
代表者　牛来辰巳
印刷所　三美印刷株式会社

112-0011 東京都文京区千石 4-46-10
発行所　株式会社　コロナ社
CORONA PUBLISHING CO., LTD.
Tokyo Japan
振替 00140-8-14844・電話(03)3941-3131(代)

ホームページ http://www.coronasha.co.jp

ISBN 978-4-339-02610-8　　（金）　　（製本：愛千製本所）
Printed in Japan

無断複写・転載を禁ずる
落丁・乱丁本はお取替えいたします

現代非線形科学シリーズ

(各巻A5判)

■編集委員長　大石進一
■編　集　委　員　合原一幸・香田　徹・田中　衛

	書名	著者	頁	定価
1.	非線形解析入門	大石進一著	254	2940円
2.	離散力学系のカオス	香田　徹著	294	3360円
3.	アルゴリズムの自動微分と応用	久保田光一・伊理正夫共著	298	3465円
4.	神経システムの非線形現象	林　初男著	202	2415円
5.	ニューラルネットと回路	田中利衛・斉藤通共著	236	2940円
6.	精度保証付き数値計算	大石進一著	198	2310円
7.	電子回路シミュレーション	牛田明夫・田中衛共著	284	3570円
8.	フラクタルと画像処理 ―差分力学系の基礎と応用―	徳永隆治著	166	2100円
9.	非線形制御	平井一正著	232	2940円
10.	非線形回路	遠藤哲郎著	220	2940円
11.	2点境界値問題の数理	山本哲朗著	254	2940円
12.	カオス現象論	上田睆亮著	232	3150円

以下続刊

ニューロダイナミックス	吉澤修治・寺田和子共著	カオスニューラルネットワーク	合原一幸他著
非線形経済理論	大和瀬達二他著	ソリトン	大石進一著
非線形の回路解析	西哲生著	複雑系の科学	西村和雄他著
カオスと情報通信	西尾芳文著	非線形方程式の数理解法	
非線形の数理計画法		非線形物理	
連続力学系のカオス			

定価は本体価格+税5％です。
定価は変更されることがありますのでご了承下さい。

◆図書目録進呈◆